V&R

Umwelt und Gesellschaft

Herausgegeben von

Christof Mauch und
Helmuth Trischler

Band 22

Martin Spenger

Green Beat

Gary Snyder und
die moderne amerikanische Umweltbewegung

Mit 47 Abbildungen

Vandenhoeck & Ruprecht

Gedruckt mit Unterstützung des Bundesministeriums für Bildung und Forschung,
des Rachel Carson Center for Environment and Society, LMU München.

Bundesministerium
für Bildung
und Forschung

Rachel Carson Center
Environment and Society

Zugl.: Ludwig-Maximilians-Universität München, Dissertation »Green Beat:
Die Umweltbiographie des Gary Snyder« (2016).

Bibliografische Information der Deutschen Nationalbibliothek:
Die Deutsche Nationalbibliothek verzeichnet diese Publikation in der
Deutschen Nationalbibliografie; detaillierte bibliografische Daten sind
im Internet über https://dnb.de abrufbar.

Umschlagabbildung: Gary Snyder in der Sierra Nevada, 1969
© Phillip Harrington / Alamy Stock Foto

Lektorat: Susanne Darabas, München
Satz: textformart, Daniela Weiland, Göttingen
Druck und Bindung: Hubert & Co. BuchPartner, Göttingen
Printed in the EU

Vandenhoeck & Ruprecht Verlage | www.vandenhoeck-ruprecht-verlage.com

ISSN 2198-7157
ISBN 978-3-525-31098-4

Inhalt

Einleitung

Am 25. September 2014 war in der kalifornischen Sierra Nevada eine Gruppe Bergsteiger auf dem Weg zum Gipfel des *Peak 12,691*. Dieser Gipfel ist Teil der *John Muir Wilderness* und liegt in Sichtweite des Mount Emerson. Der Umweltschützer John Muir selbst hatte ihn einst nach dem Transzendentalisten Ralph Waldo Emerson benannt.[1] Über 100 Jahre später war nun eine Gruppe von Künstlern, Autoren und Bergsteigern[2] auf einer ähnlichen Mission wie Muir. Unter ihnen fanden sich der Autor Kim Stanley Robinson, der Holzdruck-Künstler Tom Killion und der Dichter Gary Snyder.

Sie wollten dem ungetauften Gipfel einen Namen geben. Bisher war er auf den Karten nur durch seine Höhe von 12,691 Fuß (3868 Meter) gekennzeichnet gewesen. Seit dem *Wilderness Act* von 1964 sowie seinen späteren Ergänzungen ist es in den Vereinigten Staaten nicht mehr vorgesehen, in als Wildnis definierten Gebieten Namen für Berge, Seen oder sonstige landschaftliche Merkmale zu vergeben.

Though wilderness designations are a modern invention, a fundamental characteristic of elemental wilderness is that features are nameless and the cultural overlay of civilization is absent. No wilderness is today totally free of placenames and cultural artifacts, but a goal of Federal wilderness area administration is to minimize the impacts and traces of people.[3]

Dessen ungeachtet hatte sich die Gruppe für den Gipfel einen Namen ausgesucht, der passender nicht sein konnte: Mount Thoreau. Unter diesem Namen war der Gipfel bei den Einheimischen schon länger bekannt. Von den zuständigen Behörden wurde die Benennung mit Verweis auf den *Wilderness Act* abgelehnt. Die Namensgebung, allerdings nur in dem von den Teilnehmern hinterlassenen Gipfelbuch dokumentiert, ist daher symbolisch zu verstehen – auf offiziellen Karten sollte dieser Name nie auftauchen. Dennoch handelte es sich um eine denkwürdige Aktion, die noch dazu im Jahr des 50-jährigen Bestehens des *Wilderness Acts* stattfand.

Diese Anekdote um den Namen des *Peak 12,691* – oder eben Mount Thoreau – zeigt zugleich wichtige Stationen der amerikanischen Umweltgeschichte. Sie

1 William Frederic Badè, The Life and Letters of John Muir, Vol.1. Boston 1924, 389.

2 Die Verwendung des generischen Maskulinums in dieser Arbeit soll geschlechtsunabhängig verstanden werden.

3 Principles, Policies, and Procedures: Domestic Geographic Names. Reston, VA 1997, 20.

beginnt mit den Transzendentalisten Thoreau und Emerson, die den Begründer der Nationalparks, John Muir, beeinflussten. Für die neuere Geschichte ist der *Wilderness Act* als wichtiger Gesetzesbeschluss zum Schutze der Natur in den 1960er-Jahren wegweisend und bis heute von großer Bedeutung.

Diese Attribute gelten auch für eine Person der Expeditionsgruppe: Gary Snyder, geboren 1930, hatte sich mit auf den Weg zum Gipfel gemacht. Auch wenn der damals 84-Jährige im letzten Basislager vor dem Gipfel auf die Rückkehr der übrigen Bergsteiger wartete, so ist seine Rolle als »Schutzpatron« der Gruppe zentral. Snyder ist tief verwurzelt in der amerikanischen Westküsten-Identität, und sein Lebensweg ging ebenso in die amerikanische Geschichtsschreibung ein wie die von John Muir und Henry David Thoreau. Snyder kennt die Sierra Nevada wie kaum ein anderer, und seine Wanderungen in den 1950er-Jahren sind durch Jack Kerouacs literarische Verarbeitung für viele Amerikaner fester Bestandteil ihrer Kultur geworden. Bis heute findet Gary Snyder in den Gipfelbüchern der Sierra Nevada oft Erwähnung. »Thank you Gary Snyder we love you« steht da zum Beispiel.[4] Vor allem auf dem *Matterhorn Peak*, der in Kerouacs Buch *The Dharma Bums* vorkommt, häufen sich solche Texte.

Wer war oder ist Gary Snyder? Welche Rolle spielte er in der amerikanischen Umweltbewegung? Was motivierte ihn, sich für den Umweltschutz einzusetzen? Um diese Fragen zu beantworten, widmet sich die vorliegende Arbeit den vielen beispielhaften Stationen in Snyders Leben, die oft weitreichende Folgen für die amerikanische Literaturlandschaft hatten und sich auf Subkulturen, auf die Politik sowie auf die Haltung der amerikanischen Bevölkerung gegenüber der Umwelt auswirkten und heute noch auswirken.

Eine Biografie ist die beste Form, die universalen Ideen und Ansätze in Gary Snyders Umweltauffassung zu verstehen und in den breiteren Kontext der amerikanischen Gesellschaft des 20. Jahrhunderts einzubetten. Dabei spielen unterschiedliche Faktoren eine Rolle. Zum einen wird der Weg Snyders als Person betrachtet, zum anderen soll die Biografie Aufschluss über die komplexe Verstrickung verschiedener politischer, philosophischer und umwelthistorischer Entwicklungen geben. Ein chronologischer Aufbau hilft, die Entwicklung Snyders in diesen Bereichen durch die einzelnen Stationen seines Lebens besser zu verstehen.

Das erste Kapitel behandelt die Kindheit und Jugend Snyders, der in den 1930er- und 1940er-Jahren an der Westküste der Vereinigten Staaten aufwuchs. Anhand der Geschichte des pazifischen Nordwestens wird auf Snyders frühe Entwicklung eingegangen. Er fühlte sich schon sehr früh zur Natur und zu den Bergen hingezogen und unternahm erste Versuche, seine Erfahrungen literarisch zu verarbeiten. Etwa in seiner College-Zeit, als er sich im Rahmen seines

4 Kim Stanley Robinson, The Actual World: ›Mount Thoreau‹ and the naming of things in the wilderness, in: Slate (22.10.2014).

Studiums der Anthropologie und Literatur den Bräuchen der indigenen Völker Nordamerikas widmete. Währenddessen arbeitete er mehrfach in Nationalparks als Holzfäller und Brandwächter. Diese Beschäftigungen kamen auch den schriftstellerischen Fähigkeiten Snyders zugute, da seine Erfahrungen in Gedichte eingingen. Nach dem Abschluss ging er nach San Francisco, wo er in den literarischen Bewegungen der *San Francisco Renaissance* und der *Beat Generation* eine Plattform und ein Publikum für seine Gedichte fand. Das Zusammentreffen mit den Autoren Allen Ginsberg und Jack Kerouac war besonders prägend. Kerouac, der Snyder als Vorbild für den naturnahen Japhy Ryder im Roman *The Dharma Bums* nutzte, sorgte für einen gewissen Bekanntheitsgrad Snyders. Zentral waren schließlich Snyders Entdeckung des Zen-Buddhismus und sein Studium asiatischer Kulturen und Sprachen. An der Universität von Kalifornien, Berkeley studierte er *Oriental Languages*, wobei er den Fokus auf die fernöstlichen Sprachen Chinesisch und Japanisch legte. Dies war gleichzeitig seine Vorbereitung auf einen fast zehnjährigen Aufenthalt in Japan und Indien, welcher ebenfalls ausführlich betrachtet wird. Der Zeitrahmen des ersten Teils erstreckt sich von 1930 bis 1967.

Im zweiten Kapitel stehen Snyders Kalifornien-Erfahrungen im Vordergrund. Nach seinem Aufenthalt in Japan und dem damit verbundenen tiefen Studium des Zen-Buddhismus und der japanischen Kultur kehrte er an die Westküste zurück. Dort widmete er sich ganz dem Schreiben von Essays und Gedichten. In diesen Jahren bildete sich auch sein starkes Umweltbewusstsein heraus, das sich in fast all seinen Werken widerspiegelt. Mit seiner Rückkehr 1967/1968 geriet Snyder in eine große Umwälzung der amerikanischen Westküsten-Kultur. So war in Kalifornien die Hippie-Bewegung auf ihrem Höhepunkt, Rachel Carson hatte wenige Jahre zuvor ihr Buch *Silent Spring* veröffentlicht, und Paul R. Ehrlich schrieb mit seiner Frau Anne *The Population Bomb*. Überbevölkerung und Umweltverschmutzung waren aktuelle Themen, die ausgehend von der nordamerikanischen Umweltbewegung auch weltweit großen Anklang fanden. Das liberale Kalifornien übernahm einmal mehr eine Vorreiter-Funktion und half Snyder dabei, seine Ideen umzusetzen. So kaufte er bereits in den frühen 1970er-Jahren Land in den westlichen Ausläufern der Sierra Nevada und begann mit dem Bau seines Hauses *Kitkitdizze*, bis heute sein Heim. Von dort aus korrespondierte er mit Umweltaktivisten und -philosophen und war maßgeblich an der Entstehung umweltphilosophischer Konzepte wie der *Deep Ecology* beteiligt.

Zudem beschäftigt sich dieses Kapitel mit Snyders Karriere und seiner steigenden Popularität. 1975 gewann er den Pulitzer-Preis für die Gedichtsammlung *Turtle Island*. Dieses Werk beinhaltet den bereits 1969 erschienen Essay *Four Changes*, in dem sich sowohl Zivilisationskritik als auch Lösungswege für eine bessere Zukunft finden. *Four Changes* ist Snyders Beitrag zum amerikanischen Umweltaktivismus der 1960er- und 1970er-Jahre und kann als einer seiner zentralen Texte angesehen werden, der eine Spaltung in der Umweltbewegung hervorrief. Davon ausgehend vollzog sich eine Radikalisierung, die sich am Beispiel von Gruppen wie *Earth First!* zeigte. Snyder nahm eine Vermittlerrolle zwischen gemäßigten und radikalen Umweltschützern ein, diente aber durch seine Beteiligung an *Deep Ecology* radikaleren Gruppen als Vorbild.

Das letzte Kapitel beschäftigt sich mit Snyders wichtigsten Publikationen zwischen 1990 und heute. Bereits in den 1980er-Jahren hatte er mit einer langsamen Abwendung von *Deep Ecology* und einer Hinwendung zum Konzept des Bioregionalismus eine neue Form des Umweltaktivismus praktiziert. Daher richtete er Anfang 1990 seine ganze Arbeit auf die Veröffentlichung von *The Practice of the Wild* aus, das bis heute als Snyders bestes Werk gilt und für Umweltbewegungen innerhalb und außerhalb der Vereinigten Staaten zentral ist.

Gary Snyder hat es während der letzten 50 Jahre geschafft, eine Westküstenidentität aufzubauen und zu pflegen. Dies bestätigte er selbst in einem Interview. Ursprünglich war die vorliegende Arbeit als umfassende amerikanische Umweltgeschichte am Beispiel Snyders geplant. Snyder betonte jedoch, dass der Schwerpunkt auf die amerikanische Westküste gesetzt werden sollte, da er sich mit diesem Ort stark verbunden fühlte.[5] Die Rolle der Westküste als Wirkungsraum Snyders wird in diesem Teil ausführlich behandelt. Snyder arbeitete auch für die kalifornische Regierung im *California Arts Council* und trug aktiv zu Entscheidungen und Formierungsprozessen an der Westküste bei. Seine Westküstenidentität wird hier mit dem utopischen Werk von Ernest Callenbach und Joel Garreaus' *The Nine Nations of North America* verglichen.

Doch wie viele von Snyders Ideen sind Utopien, und welche seiner Ansichten sind wirklich praktikabel? Der Bioregionalismus Snyders spielt bei einer möglichen Integration utopischer Ansätze in den Alltag eine besondere Rolle. Auch die Auswirkung seines Werkes auf andere Regionen der Erde wird betrachtet. So führten zahlreiche Übersetzungen von Snyders Werken zu einer Renaissance lokaler Umweltbewegungen, vor allem der des Bioregionalismus, zum Beispiel in Italien und in Umweltdiskursen Osteuropas.

1996 wurde *Mountains and Rivers Without End* veröffentlicht – ein Gedicht, das fast 40 Jahre bis zu seiner Fertigstellung brauchte und als Reise durch Snyders Biografie interpretiert werden kann. Das Gedicht spiegelt auch eine Reihe von historischen und politischen Entwicklungen in den USA wider. Wie diese Veröffentlichung war auch der 2016 erschienene Essayband *The Great Clod* gespannt erwartet worden. Basierend auf einer Idee aus den 1960er-Jahren ist der Band eine einführende und regionale Umweltgeschichte Japans und Chinas. Bereits in den 1970er-Jahren förderte David Brower, Direktor des *Sierra Clubs* und von *Friends of the Earth*, diese Veröffentlichung.

Das Leben Gary Snyders, der seine Karriere als Dichter begann, zeigt, wie eng Literatur und umweltpolitische Entwicklungen verbunden sein können. Eine

5 Interview mit Gary Snyder. Audio 17.11.2012, 41:18.

Schnittstelle ist seit den frühen 1990er-Jahren als *Ecocriticism* bekannt und verzeichnet seitdem stetig Zulauf.[6] Wie schon die *Environmental Humanities* zuvor, so begann auch der *Ecocriticism* zunächst in Nordamerika. Die Amerikanisten Christof Mauch und Silvia Mayer bewiesen, dass dies daran liegt, dass die Natur – insbesondere die »wilde Natur« und »die Wildnis« – in der amerikanischen Kultur einen großen Stellenwert hat.[7] Historische Erzählungen aber auch Fiktionen treiben den Prozess der Produktion von Umweltwissen und ökologischen Erkenntnissen voran.[8] Organisationen wie die 1992 gegründete ASLE, *Association for the Study of Literature and Environment*, nehmen dabei eine bedeutende Rolle ein. Die Literaturwissenschaftler Lawrence Buell, Ursula Heise und Karen Thornber verstehen die erste Welle des *Ecocriticism* als Auseinandersetzung mit der Ästhetik und Ethik von Orten auf einer lokalen oder regionalen Skala.[9] Sie sehen die Essaywerke Snyders als einflussreichen Katalysator für den *Ecocriticism*. Es darf aber nicht vergessen werden, dass bei Snyder zwar das Regionale im Zentrum steht, er jedoch auch Anleitungen gibt, wie die Erkenntnisse aus dem Lokalen auf Städte oder andere Regionen der Erde anzuwenden sind. Buell beschreibt dies als »Think globally, act locally.«[10] Um zu verstehen, weshalb die Texte Snyders solch einen großen Einfluss haben, lohnt es sich ebenfalls, seine Person genauer zu betrachten.

Biografien und Autobiografien sind in den Geschichtswissenschaften vielseitig genutzte Quellen. Die Begriffe *biography* und *life-writing* sind im 17. Jahrhundert aufgekommen, jedoch gab es schon zuvor Werke, die diesen Gattungen zuzurechnen sind.[11] Die Historikerin Simone Lässig macht darauf aufmerksam, dass Biografien in Historikerkreisen lange Zeit als nicht-akademisch und antiquiert galten. Erst in den 1980er-Jahren zeigte sich ein *biographical turn*, und in den 1990er-Jahren gewannen Biografien in der Wissenschaftswelt erneut an Ansehen.[12] Hans Renders und Binne de Haan stellen in der Einleitung zu ihrem Sammelband *Theoretical Discussions of Biography* fest, dass das Genre, welches zuvor überwiegend von Nichtakademikern geprägt war, mittlerweile wieder

6 Lawrence Buell et al., Literature and Environment, in: The Annual Review of Environment and Resources, 36, 2011, 417.

7 Christof Mauch, Sylvia Mayer, Introduction, in: Dies. (Hrsg.), American Environments: Climates – Cultures – Catastrophe. Heidelberg 2012, 1.

8 Ebd.

9 Buell, Literature and Environment, 420.

10 Ebd., 421.

11 Binne de Haan, The Eclipse of Biography in Life Writing, in: Hans Renders, Binne de Haan (Hrsg.), Theoretical Discussions of Biography: Approaches from History, Microhistory, and Life Writing. Leiden 2014, 179.

12 Simone Lässig, Introduction: Biography in Modern History – Modern Historiography in Biography, in: Volker R. Berghahn, Simone Lässig (Hrsg.), Biography between Structure and Agency: Central European Lives in International Historiography. New York 2008, 3.

Einzug in die akademische Welt gefunden hat. Der Umwelthistoriker Donald Worster sagt zur Rolle der Biografien in den Geisteswissenschaften:

> In the end, biography does not produce any arguments or explanations on the larger scales that most historians try to understand. Instead, it helps us recover lost perceptions, forgotten emotions, the dense tangle of thoughts and feelings at the individual level. It analyses the impact of material forces, natural and man-made, on the individual life. We should not ask biography for its own abilities and allow it to flourish as part of our multi-scaled enterprise. We should acknowledge the value of what it can do that history cannot do so well.[13]

Das individuelle Leben einer Person steht also im Vordergrund. Eine Frage, die traditionell an die Form der Biografie gestellt wird, ist daher, über wen es sich lohnt, eine solche Arbeit anzufertigen.[14] Waren es früher vor allem Persönlichkeiten, die durch besondere Leistungen in Politik, Kunst, Wissenschaft und Wirtschaft herausstachen, so gibt es seit Kurzem immer mehr Beschäftigungen mit Minderheiten und unbekannteren Individuen und deren Lebensstilen.[15] Teilweise kann man hier schon von Mikrogeschichte sprechen.[16]

Die Biografie ist ein beliebtes Genre und hat in den letzten Jahren einen großen Aufschwung erlebt. Allerdings lässt sich feststellen, dass ein Mangel an biografierten Persönlichkeiten besteht, die in Sachen Umweltschutz Außerordentliches geleistet haben. John Muir ist dabei in seiner Vorreiterrolle noch die Ausnahme. Es gibt mehrere Autoren, die sich mit ihm auseinandersetzten, so zum Beispiel Steven J. Holmes, der mit *The Young John Muir: An Environmental Biography* die frühen Jahre Muirs nachvollzieht und interpretiert. Während Holmes die letzten 42 Lebensjahre Muirs ausspart, wird in weiteren Muir-Biografien sein komplettes Leben beleuchtet. Als Beispiel für eine herausragende Umweltbiografie kann Donald Worsters *A Passion for Nature: The Life of John Muir* gelten. Worster gelang es, sie sowohl für Umwelthistoriker als auch für Historiker ansprechend zu gestalten. Sein Schreibstil macht das Buch darüber hinaus auch einer breiten Leserschaft zugänglich. In den letzten Jahren gab es einige neue Biografien über Rachel Carson, Howard Zahniser (Autor des *Wilderness Acts*), Gaylord Nelson (Gründer des *Earth Day*) oder David Brower

13 Donald Worster, Living in Nature: Biography and Environmental History, in: Timo Myllyntaus (Hrsg.), Thinking through the Environment: Green Approaches to Global History. Cambridge 2011, 28.

14 Lässig, Introduction, 4.

15 Ebd.

16 Die Mikrogeschichte ist eine neuere Forschungsrichtung in den Geisteswissenschaften und beschäftigt sich mit sehr kleinen Forschungseinheiten. Durch die Fragestellungen wird jedoch der Kontext erweitert und die Mikrogeschichte in einen größeren Bedeutungszusammenhang gestellt.

(Umweltschützer und Gründer von *Friends of the Earth*).[17] Viele dieser Schriften setzen allerdings den Schwerpunkt auf ein bestimmtes Dokument oder einen Karrierehöhepunkt der biografierten Personen. Das Gesamtbild eines Lebens und die dazugehörigen Einflüsse, die eine Person prägten, sind immer noch selten in einem Buch zu bekommen.

Ein Grund für den Mangel an Umweltbiografien könnte sein, dass Autoren sich in ihrer Objektivität beeinträchtigt sehen, wie es Volker R. Berghahn formuliert.

> Indeed, biography may well be the most difficult genre of historical writing, certainly if compared to the history of an organization or institution. There is, to begin with, the challenge of detachment and »objectivity«. It is at least questionable whether it is possible to write about an individual's life in a well-balanced and »neutral« mode, and maybe one should not even try.[18]

Es stellt sich die Frage, was zur Objektivität beiträgt und inwieweit sie überhaupt angestrebt werden sollte. Mit der Einsicht in persönliche Tagebücher und Briefe öffnet sich einem Historiker eine ganz neue Sichtweise auf den Biografierten.

Zu Gary Snyders Person existiert umfangreiches Material und erlaubt einen Fokus auf bestimmte Themen. Es gibt Aspekte in Snyders Leben, die man in einer Biografie zum Schwerpunkt machen könnte: sein Leben als Buddhist, sein Leben als Dichter oder sein Leben als *Beat*. Zentral ist jedoch bei genauerer Betrachtung seine Affinität zur Umwelt. Schon früh machte er den Umweltschutz zur Lebensaufgabe und setzte Buddhismus und Dichtung als Mittel ein, um die Umwelt besser zu machen. So wurde er zur zentralen Figur in der amerikanischen Umweltbewegung.

Der Amerikanist Alfred Hornung hat die Bände *Auto/Biography and Mediation* und *Ecology and Life Writing* herausgegeben, die auch zahlreiche Aspekte von Umweltbiografien aufgreifen. Er erwähnt in der Einleitung von *Ecology and Life Writing* den von Jay Parini in der New York Times veröffentlichten Artikel »The Greening of the Humanities«.[19] In vielen Bereichen ist ein solches »Greening« bereits geschehen, es gibt heute großes Interesse an *Ecocriticism*

17 Vgl. zum Beispiel: Linda Lear, Rachel Carson: Witness for Nature (1997); Mark Harvey, Wilderness Forever: Howard Zahniser and the Path to the Wilderness Act (2005); Bill Christofferson, The Man from Clear Lake: Earth Day Founder Senator Gaylord Nelson (2004); Tom Turner, David Brower: The Making of the Environmental Movement (2015).

18 Volker R. Berghahn, Structuralism and Biography: Some Concluding Thoughts on the Uncertainties of a Historiographical Genre, in: Volker R. Berghahn, Simone Lässig (Hrsg.), Biography between Structure and Agency: Central European Lives in International Historiography. New York 2008, 245.

19 Alfred Hornung, Ecology and Life Writing: Preface, in: Alfred Hornung, Zhao Baisheng (Hrsg.), Ecology and Life Writing. Heidelberg 2013, IX.

in den Literaturwissenschaften und auch die Geschichtswissenschaften sind »grüner« geworden.

Snyders Werk ist, wie auch das von Thoreau, sehr autobiografisch geprägt. Thoreaus *Walden; or a Life in the Woods* war ausschlaggebend für Lawrence Buells Idee der *Environmental Imagination*.[20] Alfred Hornung schrieb über die Einflüsse von Thoreaus *Walden*:

As one of the most influential texts in the American canon of environmental writing, Thoreau's *Walden* is not only concerned with the environmental changes in mid-nineteenth-century New England, but also with ecological and cultural relationality on a global scale.[21]

Diese Aussage lässt sich fast eins zu eins auf Gary Snyders Werk übertragen, nur mit einer anderen Zeit und an anderem Ort. Bei Snyder ist es die zweite Hälfte des 20. Jahrhunderts und die amerikanische Westküste, von der aus er seinen Umweltaktivismus begann. Diese Verbindung mit der Natur und Landschaft des Pazifischen Nordwestens lenkt Snyders Biografie in Richtung einer Umweltbiografie. Eine solche Herangehensweise wird auch von dem Literaturwissenschaftler Hubert Zapf als notwendig angesehen:

Any ecological approach [of life writing] would first of all have to reconsider the anthropocentric premise of traditional life writing and open up the text and the self to a broader meaning of human life in its vital interrelatedness with nature and nonhuman life.[22]

Wie geht man nun eine Biografie über Gary Snyder an? Viele Erlebnisse wie seine Erstbesteigung des Mount St. Helens oder der erste Kontakt mit chinesischer Landschaftsmalerei machen seine besondere, mit der Westküste verbundene Identität aus und helfen dabei, ein einzigartiges Narrativ zu errichten, basierend auf seinen Erfahrungen. Erlebnisse und Lebenserkenntnisse wie auch bewusste Studien verhalfen ihm letztlich zu einer eigenen ökologischen Vision für Nordamerika.

Hans Renders, Historiker und Leiter des *Biography Institute* an der Universität Groningen, sieht die Arbeit an Biografien als »gap-filling exercise«.[23] Welche Lücke schließt eine Biografie über Gary Snyder? Während es unzählige Biografien über Jack Kerouac oder Allen Ginsberg gibt, die Hauptvertreter der

20 Ebd., X.

21 Ebd.

22 Hubert Zapf, Cultural Ecology, Literature, and Life Writing, in: Alfred Hornung, Zhao Baisheng (Hrsg.), Ecology and Life Writing. Heidelberg 2013, 4.

23 Hans Renders, The Biographical Method, in: Hans Renders, Binne de Haan (Hrsg.), Theoretical Discussions of Biography: Approaches from History, Microhistory, and Life Writing. Leiden 2014, 222.

literarischen *Beat Generation*, so ist bisher noch keine Biografie über Snyder veröffentlicht worden. Dabei ist Snyders Rolle als Schriftsteller ebenso wichtig wie die als Protagonist der amerikanischen Umweltbewegung seit den 1960er-Jahren. So trägt die vorliegende Arbeit den Titel *Green Beat*, um diese Verbindung zu verdeutlichen. Damit ist auch die Antwort auf eine weitere Frage Renders gegeben: »Does our knowledge of the personal life of a certain individual add anything to the understanding of his public achievements?«[24] Im Falle Snyders wird man durch eine genaue Betrachtung seiner Biografie darauf aufmerksam, wie viele seiner öffentlichen Leistungen ihren Ursprung in persönlichen Erfahrungen haben.

Renders stellte fest, dass aktuelle Publikationen von Politikwissenschaftlern in der Analyse von Beziehungen zwischen Politik und politischer Kultur, sowie zwischen Politik und Gesellschaft immer häufiger das übergeordnete große Ganze auslassen. Dieses Defizit könnte man durch eine Biografie ausgleichen, indem man Fragen erläutert, die nicht nur die biografierte Person betreffen, sondern auch Auswirkungen auf viele andere Personen haben.[25] In Snyders Fall lässt sich das gut bewerkstelligen, da er in seiner Arbeit oft die Gesellschaft direkt anspricht. Der Historiker Giovanni Levi erläutert in seinem Aufsatz »The Uses of Biography«, wie sich eine Biografie zu ihrem Kontext verhält. Man kann ein Leben nicht nur durch seine besonderen oder einzigartigen Qualitäten beschreiben, sondern sollte auch deutlich machen, welchen Platz die Person in einem großen historischen Kontext einnimmt.[26]

Als Quellen für diese Arbeit dienen vor allem die Gedicht- und Essaybände Snyders. Diese wurden in langjähriger Arbeit von John Sherlock katalogisiert. Als Bibliothekar an der *University of California, Davis* ist er für die Sammlung und das Archiv über Gary Snyder zuständig. Sherlock brachte 2010 eine von ihm kompilierte Bibliografie der Publikationen von und über Gary Snyder heraus, die fast 400 Seiten umfasst. Dafür nahm er auch internationale Publikationen auf und machte so auf eine langjährige Rezeption von Snyders Werk außerhalb von Amerika aufmerksam.[27] Teilweise basiert Sherlocks Bibliografie auf der 1983 erschienenen Ausgabe der von *Beat*-Archivistin Katherine McNeil zusammengestellten ersten Bibliografie Snyders. McNeil listete zudem die Anzahl der jeweils erschienenen Exemplare und Editionen auf. Dies ist besonders in Bezug auf Snyders frühe Veröffentlichungen interessant, da sie nur von kleinen

24 Ebd., 223.

25 Ebd.

26 Giovanni Levi, The Uses of Biography, in: Hans Renders, Binne de Haan (Hrsg.): Theoretical Discussions of Biography: Approaches from History, Microhistory, and Life Writing. Leiden 2014, 69.

27 John Sherlock, A Bibliography of Works By and About Gary Snyder: Based in part on the Gary Snyder Papers and Other Holdings of the University of California, Davis. Davis 2010.

Underground-Verlagen herausgegeben wurden. Snyder selbst äußerte sich über Bibliografien:

About bibliographies, everything's impermanent anyway, so nothing is really going to be saved. I have no attachment to the idea of a record being kept of what I published; it doesn't matter to me one way or the other. The poems are in the world, that's good enough.[28]

Die beiden Bibliografien bilden eine wichtige Grundlage für diese Dissertation und haben dabei geholfen, Snyder aus einer kulturhistorischen Perspektive zu betrachten. Anhand der Verbreitung und der Auflagenstärke von Snyders Publikationen können zum Beispiel Rückschlüsse auf seinen Bekanntheitsgrad und die Reichweite seiner Texte gezogen werden. Gary Snyders Aussage über Bibliografien wird jedoch in den Herangehensweisen von Akademikern und Kritikern reflektiert, die sich mit seinem Werk auseinandersetzten. Vor allem sein literarisches Werk stand stets im Fokus der wissenschaftlichen Literatur, die sich mit Snyder auseinandersetzt. Die meisten Aufsätze und kritischen Arbeiten beziehen sich auf seine Poesiebände und die einzeln in Magazinen veröffentlichten Gedichte. Obwohl bereits in den späten 1960er-Jahren Essays von Snyder erschienen, entstand eine kulturgeschichtlich ausgerichtete Kritik erst in den 1980er-Jahren. Ab da ist Snyders Rolle als Umweltaktivist von Bedeutung. Zu den wichtigsten Kritikern gehört der Literaturprofessor Patrick D. Murphy, der sich nicht nur in seinen eigenen Aufsätzen mit Snyder beschäftigt, sondern auch Herausgeber der Sammlung *Critical Essays on Gary Snyder* ist. Besonders aufschlussreich sind außerdem die Essays von Literaturkritiker Thomas J. Lyon. Mit »The Ecological Vision of Gary Snyder« hat er schon in den frühen 1970er-Jahren die Auswirkungen erahnt, die Snyders Werke auf die entstehende Umweltbewegung haben sollten.

Als weitere Primärquelle war eine Sammlung im Archiv an der *University of California, Davis* unerlässlich. Unter der Sammlungsnummer D-050 findet sich dort auf 83 Regalmetern der Großteil von Snyders persönlichen Dokumenten. Mit Snyders Lehrtätigkeit an der UC Davis in den 1980er-Jahren begann auch diese Sammlung zu wachsen. Heute beinhaltet sie die Tagebücher, Briefe und Manuskripte aus der Karriere des Dichters. In weiteren Sammlungen finden sich unter anderem Dokumente von Snyders Bibliografin Katherine McNeil (D-485) oder Snyders Jugendfreundin Joann Cohn Cazden (D-228). Ebenfalls hat Snyder aus seiner privaten Sammlung viele seiner umweltrelevanten Bücher und Zeitschriften an die Universitätsbibliothek abgegeben. Die *Shields Library* in Davis bietet also die beste Grundlage, um Gary Snyder und sein Werk zu studieren.

28 Katherine McNeil, Gary Snyder: A Bibliography (Compiled by Katherine McNeil). New York City 1983, XII.

Für die Rekonstruktion von Snyders Biografie wird in dieser Arbeit eine Vielzahl seiner unveröffentlichten und veröffentlichten Tagebücher und Briefwechseln verwendet. Auch die Berichte seiner Weggefährten werden berücksichtigt. In den vergangenen zwei Jahrzehnten wurden viele Schriftstellerbriefwechsel von Jack Kerouac, Allen Ginsberg, Gary Snyder sowie Philip Whalen und Wendell Berry in sorgfältig editierten Bänden herausgegeben. Diese ermöglichen einen detaillierten Einblick in das Leben Snyders. Auch sind viele Interviews und Vorträge von Gary Snyder verfügbar und eine große Hilfe bei der detaillierten Rekonstruktion seiner Biografie. In Interviews, die vor allem im Zuge seiner wachsenden Berühmtheit ab Mitte der 1960er-Jahre in großer Zahl veröffentlicht wurden, zeigt sich Snyder stets aufgeschlossen und teilt mit seinen Gesprächspartnern bereitwillig Berichte und Anekdoten aus Abschnitten seines Lebens. Viele der verfügbaren Interviews und Konferenzmitschnitte liegen nur im Audio- oder Videoformat vor und wurden für diese Arbeit transkribiert.

1991 erschien eine Festschrift für Snyder, herausgegeben von dem Umweltaktivsten Jon Halper unter dem Titel *Dimensions of a Life*. Das Buch aus der Reihe *Sierra Club Books* beinhaltet kurze Texte über Snyder, die von Spielkameraden aus seiner Kindheit bis hin zu Politikern und Umweltaktivisten verfasst sind. Die wichtige Quelle versammelt eine Vielzahl von Aussagen über Snyder und veranschaulicht so verschiedene Dimensionen seines Lebens. In einem Brief schrieb Snyder ein Jahr nach Erscheinen des Buches, dass er selbst wenig mit dem Buch zu tun hätte, es aber zukünftigen Forschern helfen würde, sich ein genaueres Bild von ihm zu machen. Er schrieb weiter: »it speaks to my life, our lives, our times, along the Eastern Pacific/Western Turtle Island: a bit of cultural history.«[29]

Die wahrscheinlich wichtigste Quelle ist Snyder selbst, der 2015 seinen 85. Geburtstag feierte. Für diese Arbeit führte ich Interviews mit Snyder, die in San Francisco, Grass Valley und in seinem Haus *Kitkitdizze* stattfanden. In Gesprächen bei einer Kanne Tee haben sich zu Beginn und während der Arbeit viele Türen zu Bereichen geöffnet, die bei einer ausschließlichen Bearbeitung der Bücher und Papiere verloren gegangen wären. Der Besuch in *Kitkitdizze* hat es zudem möglich gemacht, den Ort, an dem Snyder lebt und schreibt, und so auch das ihn umgebende Ökosystem und die Verortung Snyders als Westküstenintellektuellen aus erster Hand kennenzulernen. Donald Worster beschrieb die Gegend im Norden der Sierra Nevada in einem Brief als »Snyder Sierra Scene«.[30]

Worster, dessen Essay »Living in Nature: Biography and Environmental History« viel zu der Struktur dieser Arbeit beigetragen hat, zeigt darin die Gemeinsamkeiten von Umweltgeschichte und Umweltbiografien auf.[31] Für seine

29 Gary Snyder, Julia Martin, Nobody Home: Writing, Buddhism, and Living in Places. San Antonio 2014, 163.

30 D-050. Box II 207:46, Worster, Donald E. April 15, 1992.

31 Worster, Living in Nature, 30.

Biografien über Muir und John Wesley Powell war es für ihn zentral, sich auf die wesentliche, aussagekräftige und prägende Mensch-Natur Beziehung der beiden Persönlichkeiten zu konzentrieren.[32] Es ist eben diese Beziehung, die auch Snyders Lebensweg früh beeinflusste. Genau wie Snyder, so waren auch Muir und Powell viel in der freien Natur unterwegs, was sich nachhaltig auf ihr Werk und Leben auswirkte. Diese Erfahrungen sind meist noch wichtiger, als eine Prägung durch die Familie oder den Einfluss eines besonderen Lehrers oder Freundes.[33] Bei Snyder sind es fernöstliche Philosophien und politische Entwicklungen, die ihm im Lauf seines Lebens Richtungen weisen, jedoch ist die Natur mit Abstand der für ihn wichtigste Faktor. Daher ist es für Historiker wichtig, wie Worster sagt, nicht nur ökologisch zu denken, sondern die Ökologie mit anderen Faktoren in Verbindung zu bringen. Sie müssen einsehen, dass Individuen wie auch die Gesellschaft von natürlichen und kulturellen Einflüssen gestaltet werden.[34]

In the U.S. we talk a lot about how the physical landscape changed dramatically over a short period of time, under the influence of ideas about Manifest Destiny or the economic logic of capitalism. We talk about disappearing grasslands or increasing pollution of rivers. We talk, as other nation's historians do, about the rise of ›conservation movement‹ and the passage of many laws and policies. Nevertheless, often missing is what such environmental change looked like to a single individual who went through it. An environmentally attuned biography can recover a fuller and deeper sense of that change over time.[35]

Solche Veränderungen in der nordamerikanischen Auffassung zum Thema Umwelt will diese Biografie Gary Snyders im Folgenden aufzeigen und in einem größeren Kontext einbetten.

32 Ebd., 31.
33 Ebd., 35.
34 Ebd., 37.
35 Ebd.

1. *Rip Rap:* Grundsteine für ein Umweltbewusstsein (1930–1967)

1.1 *Danger on Peaks*: Kindheit und Jugend an der Westküste

Die Westküste der Vereinigten Staaten war in den 1930er-Jahren geprägt von der *Great Depression*, die mit dem Börsencrash 1929 begonnen hatte. Während dieser Zeit war fast ein Viertel der amerikanischen Bevölkerung arbeitslos. Nachdem Städte wie Los Angeles und San Francisco in den vorangegangenen Jahrzehnten rasant gewachsen waren, sorgte die schlechte Wirtschaftslage für einen starken Einbruch. Viele Familien zogen von Stadt zu Stadt, in der Hoffnung, an anderen Orten eine bessere Situation und mehr Sicherheit vorzufinden.

Gary Sherman Snyder wurde am 8. Mai 1930 in diese Krisenjahre der *Great Depression* hineingeboren. Seine Eltern, Harold Snyder und Lois Hennessy Snyder, gehörten der weißen Arbeiterschicht San Franciscos an. Kurz nach der Geburt ihres Sohnes zogen sie nach Seattle in den Bundesstaat Washington, wo Harold Snyder aufgewachsen war. Harold Snyders Großvater war 1848 während der Revolution von Deutschland nach Amerika ausgewandert. Dessen Sohn hatte sich im amerikanischen Nordwesten niedergelassen und dort für die Gewerkschaft *Industrial Workers of the World* (I. W. W. oder kurz *Wobblies*) Minenarbeiter, Holzfäller und Fischer rekrutiert. Während seiner Jugend war auch Harold vom Marxismus sehr angetan und trat bereits in den 1930er-Jahren der kommunistischen Partei bei, in der er sehr aktiv war.[1]

Die Familie litt unter den Auswirkungen der Großen Depression und lebte notgedrungen zum Teil als Selbstversorger auf einer Farm in der Umgebung von Seattle. Was zunächst nur eine Hütte mit Teerpappe und ein halber Hektar mit Baumstümpfen nördlich der Stadt war, werteten die Snyders mit viel handwerklichem Geschick auf.[2] Garys Vater zäunte das Grundstück ein, kaufte einen weiteren halben Hektar Land, renovierte das Haus und baute eine Scheune für die neu angeschafften Kühe und Hühner. Später nannte Gary Snyder das Anwesen »a diversified, semi-subsistent, poor country depression farm«.[3] Schon früh musste er auf der Farm mithelfen, er kümmerte sich um die Hühner und

1 D-050. Box I 22:9, [University of Michigan, Gary Snyder's Writer-in-Residence-Appearances], talks transcribed by Russell Gregory, 1971, 2.

2 Al Aronowitz, Part 12: The Beat Papers of Al Aronowitz, in: The Blacklisted Journalist, 1998.

3 Gary Snyder at the Brockport Writers Forum. Video 1972, 1:43.

versorgte die Nachbarn mit Milch, wobei er sich in den kalten Wintern oft beinahe die Finger abfror.[4]

Im Alter von sieben Jahren zog sich Gary bei der Farmarbeit schwere Verbrennungen an den Füßen zu und musste vier Monate lang das Bett hüten. Seine Eltern versuchten, ihm die Zeit so kurzweilig wie möglich zu machen. Dafür liehen sie zum Beispiel regelmäßig Romane und Gedichtbände in der *Seattle Public Library* aus. In einem Interview sprach er später über den Unfall und wie ihn die folgenden Monate nachhaltig geprägt hatten: »I figure that accident changed my life. At the end of four months, I had read more than most kids do by the time they're 18. And I didn't stop.«[5]

Unter den benachbarten Farmern waren viele Skandinavier, aber auch einige Familien aus Japan. Die Kinder der japanischen Familien wurden zu Spielkameraden, wodurch Gary Snyder sehr früh mit asiatischen Kulturen in Berührung kam.[6] Sie weckten sein Interesse und bei Ausflügen nach Seattle erkundete er gerne die dortigen Immigrantenviertel, Japantown und Chinatown. Dabei fand auch eine seiner frühesten Begegnungen mit der Kunst des asiatischen Kontinents statt. Gary besuchte während seiner Schulzeit eine Galerie in der Stadt und die dort ausgestellten Landschaftsporträts chinesischer Künstler zogen ihn in den Bann: »When I was eleven or twelve, I […] saw Chinese landscape paintings; they blew my mind. […] The Chinese had an eye for the world that I saw as real.«[7]

1942 bekam sein Vater durch die Kriegsindustrie eine Anstellung in Portland im Bundesstaat Oregon.[8] Kurz zuvor war ein Großteil der Pazifikflotte der Vereinigten Staaten bei Pearl Harbor von japanischen Streitkräften zerstört worden. Kulturell und wirtschaftlich hatte dies Auswirkungen auf die US-Pazifikküste. Während die japanisch-stämmige Bevölkerung der USA in sogenannte *Japanese American Internment Camps* umgesiedelt wurde, wuchs auch die Rüstungsindustrie an der Westküste. Die direkte Folge war, dass neue Arbeitsplätze geschaffen wurden, um die Kriegsindustrie zu unterstützen. Harold Snyder begann für die *United States Civil Service Commission* zu arbeiten. Die Familie zog nach Oregon, doch kurz darauf trennten sich Garys Eltern; Gary und seine jüngere Schwester Anthea lebten fortan mit ihrer Mutter zusammen. An der Highschool lernte Snyder aus Interesse an Sprachgeschichte zunächst Latein. Besonders faszinierten ihn die Alpenbeschreibungen von Titus Livius. Jahre später würde sich Snyder ebenfalls mit alpinen Bevölkerungen in den Jahren

4 Ann Sullivan, Ex-copyboy takes Pulitzer Prize in stride, in: The Sunday Oregonian 18.05.1975, E1.

5 Aronowitz, Part 12: The Beat Papers of Al Aronowitz.

6 Interview mit Gary Snyder. Audio 17.11.2012, 1:09:00.

7 Gary Snyder, The East West Interview, April 1977, in: Ders., The Real Work: Interviews & Talks 1964–1979. New York 1980, 93–94.

8 Gary Snyder, David Meltzer, Gary Snyder (1999) [Interview], in: David Meltzer (Hrsg.), San Francisco Beat: Talking with the Poets. San Francisco 2001, 277.

vor Christus beschäftigen. Nach Latein wählte Snyder Französisch als zweite Fremdsprache, um die Zusammenhänge zwischen Latein und den romanischen Sprachen zu verstehen.

Obwohl ihre Eltern Atheisten waren, wurden Gary und Anathea in die katholische Sonntagsschule geschickt. Die Mutter war der Ansicht, dass die Kinder verschiedene Religionen kennenlernen sollten. Sie fand es wichtig, den unterschiedlichen Weltanschauungen und Lebensweisen offen gegenüberzustehen, um sich in der Gesellschaft zurechtzufinden. Einmal diskutierte der Pfarrer mit den Kindern darüber, wer in den Himmel komme. Auf der Farm der Snyders war kurz zuvor eine Kuh gestorben, und Gary, der schon im Kindes- und Jugendalter die Natur und alle Lebewesen sehr schätzte, war der Meinung, dass die Kuh ebenfalls in den Himmel kommen sollte. Der Pfarrer jedoch, der in dem Moment offenbar keine bessere Antwort fand, bestritt, dass Tiere in den Himmel kämen.[9] Infolgedessen stellte Gary die Besuche in der Sonntagsschule ein und begann sich mit alternativen Weltanschauungen zu beschäftigen. Dazu zählten die asiatischen Kulturen ebenso wie die der nordamerikanischen Indianerstämme.

Häufig versuchte der junge Gary Snyder, die Lebensweise der Indianer zu imitieren. Er erlernte ihre Bräuche und setzte sich mit ihrer Wahrnehmung der Umwelt auseinander. 1944 ließ sich Gary sogar einen *Mohican*[10]-Haarschnitt verpassen. Die Idee dazu hatte er wohl durch das Lesen von Indianerbeschreibungen bekommen, die er in Romanen und Tageszeitungen fand. Gary und sein Freund Harry England baten ihren Friseur um die außergewöhnliche Frisur, und er erfüllte ihnen den Wunsch, bereute den Schnitt im Nachhinein aber wohl.[11] Ein fotografischer Beleg der Frisuren entstand im YMCA-Ferienlager *Camp Meehan* bei Portland, in dem Gary und Harry den Sommer verbrachten (Abb. 1).

Als Jugendlicher war Snyder viel in den Bergen von Washington und Oregon unterwegs. Er verarbeitete seine Erlebnisse in der Natur in ausführlichen Briefen. Berge, Natur und die Beschäftigung mit der regionalen Landschaft waren neben den Museen und Büchereien der Stadt ein willkommener Ausweg aus dem Alltagsleben der Großen Depression.

Von Portland aus wurde der Mount St. Helens, ein aktiver Vulkan in Washington, zu einem beliebten Wanderziel. In Verbindung mit dem Erleben

9 Interview mit Gary Snyder. Audio 17.11.2012, 1:18:00.

10 Die *Mohican* sind ein Indianerstamm, der früher an der Ostküste Nordamerikas verbreitet war. Nach dem amerikanischen Unabhängigkeitskrieg migrierten die *Mohican* nach Westen und traten den Irokesen-Stämmen bei. Die Frisur, die dem Stamm zugesprochen wurde, war vor allem durch das Indianerbild in der Populärkultur bekannt. 1951 sorgte der Haarschnitt bei einem 12-Jährigen aus Los Angeles für Aufsehen (The Los Angeles Times 5. Juli 1951, 27), woraufhin der *Oregonian* berichtete, dass Jugendliche in Portland den Haarschnitt bereits 1944 getragen hatten.

11 D-228. Box 1:31, Clipping, June 27, 1951.

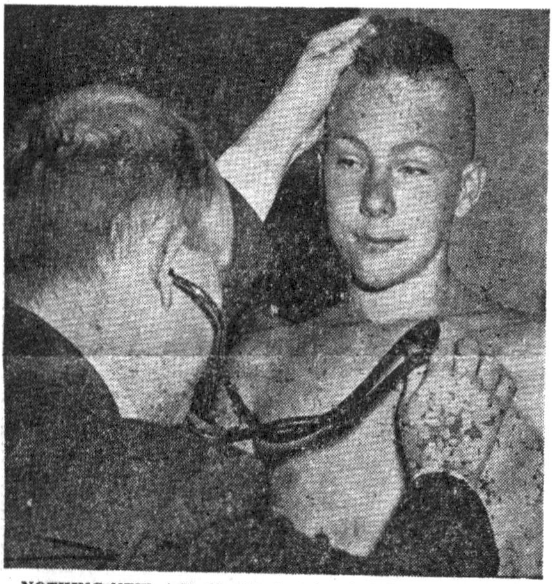

NOTHING NEW toPortland is Los Angeles' discovery of latest fad in kid haircuts, the "Mohican Massage," but when it comes to gals—well, that's something else. Above, 17-year-old Josephine Amaya went for pigtail version in Los Angeles Tuesday. In Portland Mrs. Lois Hennessy, Multnomah college public relationist, recalled time when her son, Gary Snyder, then 14, had himself fixed up for trip to YMCA summer camp and produced pictorial proof from The Journal files. That was in 1944.

New 'Mohican' Haircut Old Stuff for Portland

Abb. 1: Gary Snyder mit *Mohican*-Haarschnitt, 1944 (*Joann Cohn Cazden Collection*, Special Collections, UC Davis Library)

der Berge stehen auch Garys ersten Versuche, Gedichte zu schreiben. Die Inhalte seiner frühen Werke waren stark geprägt von seinen Bergsteiger- und Alltagserfahrungen. Teilweise schrieb er seine Gedichte direkt oben auf den Berggipfeln. Erste Ergebnisse schickte er seiner guten Freundin Joann Cohn, mit der er sich über Literatur austauschte und die als eine erste Kritikerin seiner Poesie gelten kann.[12] Die erste Tour auf den Gipfel des Mount St. Helens war ein besonderes Ereignis für den damals 15-Jährigen. Sie ist in Snyders 2004 erschienenem Ge-

12 Im Archiv der UC Davis Shields Library unter der Nummer D-228 liegt die *Joann Cohn Cazden Collection*, in der sich viele frühe Gedichte und Briefe Snyders aus den Jahren 1945–1948 befinden.

dichtband *Danger on Peaks* dokumentiert. Nicht nur, dass Mount St. Helens dessen Schutzumschlag illustriert, es ist außerdem ein Gedicht mit dem Titel »Atomic Dawn« enthalten, in dem die Bergtour eine Rolle spielt. Datiert ist die Besteigung hier auf den 13. August 1945. Nur eine knappe Woche zuvor hatten US-amerikanische Bomber zwei Atombomben über den Städten Hiroshima und Nagasaki abgeworfen und eine im Ausmaß nie zuvor gesehene Zerstörung angerichtet. Wenn man sich ein damals von Snyder aufgenommenes Foto ansieht, hat man die scheinbar untrübbare Idylle eines schneebedeckten Gipfels vor sich, die so etwas wie Geborgenheit vermittelt. Snyder muss tief betroffen gewesen sein, als er am Tag der Besteigung am Lager an der Nordseite des Berges, am Spirit Lake, einen Aushang der Tageszeitung *Portland Oregonian* sah (Abb. 2). Er hatte von den Ereignissen gehört, aber die veröffentlichten Fotografien zeigten nun in aller Deutlichkeit das Ausmaß der Zerstörung in Japan. Neben den Fotografien stand in einem Bericht, dass an den Orten des Geschehens in den nächsten 80 Jahren kaum mehr etwas wachsen würde. Davon schockiert und gleichzeitig den Gipfel im Blick (Abb. 3), beschloss Snyder: »By the purity and beauty and performance of Mt. St. Helens, I will fight against this cruel destructive power and those who would seek to use it, for all my life.«[13]

Einige Jahre später, im August 1947, brach Gary Snyder zusammen mit dem 20-jährigen Weltkriegsveteranen George Padon auf, um den Gipfel des Mount Hood zu besteigen. Der 3.429 Meter hohe Berg ist der höchste in Oregon und ist das ganze Jahr über mit Schneefeldern und Gletschern bedeckt. Am 17. August schrieb er an Joann Cohn:

> George and I started climbing at noon, with 50 lbs. on our poor backs apiece. At seven we stood at top, in a cold, stiff wind, with the most beautiful sunset I have ever seen edging the whole western horizon with a blood-red that turned to a deep, rich rust and finally faded into the eternal blue-gray of the mountains. We ate a delightful dinner cooked on a tiny one-burner Coleman stove, had a glass of Loganberry wine and a bit of Swiss cheese apiece to finish off on, and slept a long, warm night to the accompaniment of our tent's eternal flapping and banging in the unending wind.[14]

Es folgt eine weitere Schilderung von Garys Eindrücken der Berglandschaft um 4 Uhr morgens. Darin wird deutlich, wie viel Snyder die Nähe zu den Bergen bedeutete; seine Beobachtungen drückte er in fast schon lyrischer Form aus – ein Stil, der sich in den folgenden Jahren noch deutlicher entwickeln würde.

Wenige Tage nach Snyders Besteigung des Mt. Hood begab sich Joann Cohn auf eine ähnliche Tour. Snyder schrieb in einem Brief vom 21. August 1947:

13 Gary Snyder, Atomic Dawn, in: Ders., Danger on Peaks. Washington, DC 2004, 9.

14 D-228. Box 1:22, Letter and envelope with enclosure, »Lines written sitting on a board on the summit of Mt. Hood at 4:00 in the morning, in a cold wind.«[Aug. 17, 1947].

Allies Counter Japs' Proposal, Demand Hirohito Take Orders

The Sunday Oregonian

VOL. LXIV—NO. 32 SECTION ONE PORTLAND, OREGON, AUGUST 12, 1945 CITY EDITION PRICE FIFTEEN CENTS

U. S. Halts 95 Ships; Portland Shipyards Look for Cut Soon

Army, Navy Reveal $25 Billion Slash; Plans Hint of More

WASHINGTON, Aug. 12 (AP) Lessening navy needs brought a halt Saturday to the building of 95 ships costing $1,200,000,000, and army officers told of plans to cut war purchases by an amount exceeding $25,000,000,000 on a yearly basis.

Fifty-six combatant ships are included in the navy cutback, which War Mobilizer John W. Snyder attributed to a review of what was required to whip Japan. There was no formal announcement of the army program, but Snyder made it clear that the real V-Day deluge of cutbacks was yet to come.

(The slash included eight escort carriers scheduled for the Kaiser Vancouver yard, according to the navy's detailed list.)

Carrier, Battleship Listed

The combatant vessels include the 45,000-ton battleship Illinois at Philadelphia, the 27,100-ton carriers Reprisal at New York and Iwo Jima at Newport News, Va., and 10 heavy cruisers.

V-Day to Bring Nylons, Girls!

WASHINGTON, Aug. 12 (AP)—Yes, girls, it's true—the end of the war means nylon hose for you.

Virtually all nylon production now goes for military purposes — parachutes, tow line for gliders, and countless other things.

But with the end of the war military demands for nylon will decline sharply, making the material available again for women's hose.

Nylon production totaled about 8,000,000 pounds annually before the war. It is larger now, but just how much is still a military secret.

In any event enough will become available for millions of pairs of hose each year.

Postwar Jobs Likely in Area

Definite Word Due On Area Program; Work Uncompleted

BY LAWRENCE BARBER

Lacking definite word from Washington, Portland area shipyard executives and workers Saturday looked forward to a rapid decline in new shipbuilding operations during the next few weeks as a result of impending peace in the Pacific.

The navy announced in Washington that cancellations of shipbuilding programs include the eight CVE-105 type escort carriers which the Kaiser-Vancouver yard was scheduled to build during the autumn, winter and spring, but up to a late hour Saturday no direct word of the cancellations had been received by the Kaiser management or by Capt. Leland D. Whitgrove, navy supervisor of shipbuilding.

May Complete Ships Started

HIROSHIMA A column of smoke billows 20,000 feet over Hiroshima, Japan, after first atomic bomb was dropped by American plane last Monday.

Sunday May Be V-Day As U. S. Relays Terms To Dictate to Emperor

WASHINGTON, Aug. 12 (AP) — Sunday may be V-Day. It is up to Tokyo.

The allies told quavering Japan Saturday they would dictate orders to her emperor "from the moment of surrender" and tossed back to Tokyo the bitter decision on immediate peace or more war.

But to Washington, London, Moscow and Chungking the hour of final victory appeared near in history's most horrible war.

Domei, Japanese news agency, said in a dispatch dated Sunday that Foreign Minister Shigenori Togo was received in audience by Emperor Hirohito and "was understood to have reported to the throne" on matters under his jurisdiction. The dispatch was recorded by the Associated Press.

The latest declaration of allied plans was transmitted through neutral Switzerland. Bern handed it over late Saturday to Japan's minister in the Swiss capital, for relay to Tokyo. It was the answer to Japan's offer Friday to surrender—provided she could keep her emperor and his sovereign prerogatives. Then at 6 P. M. (E. W. T.) the White House sent its staff home and said "there will be no announcements tonight."

Sunday it may be a different story.

For most diplomatic experts held the opinion that Japan would realize that by battling hopelessly on she merely would

B-29s on Raid, Say Nips

SAN FRANCISCO, Aug. 11 (AP)—The American Broadcasting company Saturday night quoted the Japanese Domei agency as reporting almost 70 Superfortresses, fighter-escorted, attacked Matsuyama, on the northwest coast of Shikoku, at 10 A. M. Sunday, Tokyo time.

It was the first reported Superfort attack since Japan's peace offer became known Friday night—except for a min-

Abb. 2: Titelseite des *Sunday Oregonian* vom 12. August 1945 (© *1945 The Oregonian. All rights reserved. Reprinted with permission*)

Abb. 3: Fotografie des *Mount St. Helens* von Gary Snyder am 13. August 1945 (in: Gary Snyder, Danger on the Peaks, Washington, DC 2004, Bucheinband/Rückseite)

You say you're studying nature now – I'll bet you four bits and a milkshake you can't come back with twenty different specimens of conifers (there are easily that many in the Mt. Hood area.) This is a challenge – I dare you to give it a try.[15]

Snyder war bestens vertraut mit der Natur der Westküste und den dort beheimateten Pflanzen und Tieren. Als er in den Folgejahren am *Reed College* in Portland studierte, verschaffte ihm dieses Wissen Einladungen zur Teilnahme an geologischen Exkursionen in der Umgebung, welche ihm halfen, die Gegend noch besser kennenzulernen.

Wegen seiner Besteigungen der schneebedeckten Gipfel konnte Snyder Mitglied der *Mazamas*, eines 1894 auf Mount Hood gegründeten Bergsteigerclubs, werden. Die Mitgliedschaft bei den *Mazamas* setzte voraus, dass man den Gipfel eines schneebedeckten Berges bestiegen hatte, auf dem es mindestens einen Gletscher gab, und der ausschließlich zu Fuß erreicht werden konnte.[16]

Snyder organisierte für *Mazama* Bergtouren und beschrieb in MAZAMA, der Zeitschrift des Clubs, die Ausflüge der Jugendlichen, darunter die Neujahrsbesteigung des Mount Hood, an der Snyder beteiligt war. Diese Bergtour wurde ebenfalls im *Oregonian* erwähnt, unter dem Titel »Six Climbers Cheat Death«.[17] Bei der genannten Tour kamen Gary Snyder, George Padon und vier weitere Mitglieder einer Gruppe, die sich *Wolken Schiebers (Cloud Pushers)* nannte, in einen gefährlichen Schneesturm. Nur durch ihre gute Vorbereitung und ihre Ausrüstung, vor allem die Benutzung von Wegmarkierungen, sogenannten *Willow Wands*, gelang es ihnen, beim Abstieg wieder sicher bis zur Baumgrenze zu finden.

Snyders erster Artikel in MAZAMA erschien im Dezember 1947. Unter der Überschrift »The Youngsteigers« beschreibt Snyder die Faszination des Bergsteigens unter den Jugendlichen im Nordwesten der USA. Bei der Wahl des Titels, einer Zusammensetzung aus *youngsters* und dem deutschen Wort Bergsteiger, spielt Snyder mit der Herkunft seiner Familie, die deutsch-schottische Wurzeln hat. Snyder selbst war, in Hinsicht auf Europa, vor allem an der Alpenregion interessiert. Er erwarb sogar Schallplatten mit Schweizer Volksmusik, »complete with yodeling and cow-bells«, die eine Einwanderin aus der Schweiz nach Portland importierte.[18]

In seinem Artikel geht er auch auf die Hintergründe der Popularität des Bergsteigens in der Nachkriegszeit ein. Dabei sticht der Name eines Umweltschützers heraus, David Brower. Dieser war vor dem zweiten Weltkrieg durch seine

15 D-228. Box 1:23, Letter and envelope, Aug. 21, 1947.

16 [The Mazamas were organized on the summit of Mount Hood in 1894], in: MAZAMA, Vol. 29, No. 13. 1947, [1]. Anmerkung: Der Club existiert bis heute und die Anmeldemodalitäten haben sich nicht verändert.

17 D-228. Box 1:30, Clipping, Jan. 2, 1948.

18 D-228. Box 1:24, Letter, [Aug. 1947].

Abb. 4: Gary Snyder 1947 in der Redaktion des *Oregonian* (*© 1947 The Oregonian. All rights reserved. Reprinted with permission*)[19]

Bergtouren bekannt geworden und trainierte während des Krieges die alliierten Truppen für den Kampfeinsatz in den Gebirgen Europas, bevor er selbst als Leutnant in der 10. US-Gebirgsdivision in Italien eingesetzt wurde. Nach dem Krieg arbeitete er für den *Sierra Club*, dessen geschäftsführender Direktor er 1952 wurde. Bemerkenswert ist, dass Snyder schon sehr früh auf Browers Poten-

19 Bildunterschrift: »Gary Snyder, editorial copy boy, thought he had the perfect way to keep cool on a recent hot Sunday, when he went on a mountain-climbing expedition with his fellow Wolken Schiebers. With all the mountain equipment and snow glare, Gary returned hot, tired and basted on both sides.«

zial aufmerksam wurde. Fast ein Jahrzehnt später sollten die beiden in diversen Umweltschutzprojekten zusammenarbeiten.

Snyder erwähnt in dem besagten Artikel, dass viele Jugendliche an der Westküste die Sommerferien für den US Forest Service in Feuerwachtürmen in den Bergen verbrachten. Diese verantwortungsvolle Aufgabe sollte auch Snyder mehrmals in den nächsten Jahren übernehmen, was sein Verständnis von Natur und Wildnis vertiefte.

Abschließend schreibt Snyder: »For a man's first view of the mountains is like his first love; no matter how many others there may be in his life, the first will never be forgotten.«[20] Dieser Satz würde sich in Hinblick auf Snyders Biografie bewahrheiten. Obwohl er in den folgenden Jahrzehnten einige der eindrucksvollsten und bekanntesten Gebirgszüge der Welt erkunden würde, allen voran den Himalaya, die Dolomiten sowie Berggipfel in Japan und Südafrika, blieben die Berge im Pazifischen Nordwesten fest in seinem Werk verankert und wurden zu einem Ort, an den Snyder stets gerne zurückkehrte.

Kurz nach seinem Schriftsteller-Debut in MAZAMA wurden erste Gedichte von Gary Snyder in der Studentenzeitung *janus* des *Reed College* veröffentlicht. Snyder war mit einem Stipendium am *Reed College* für den Studiengang Anthropologie eingeschrieben, dem er sich intensiv widmete. Der Universitätsalltag brachte ihn mit zwei Kommilitonen zusammen, die ein zentraler Bestandteil seiner frühen Karriere werden sollten: Philip Whalen und Lew Welch waren Herausgeber von *janus* und veröffentlichten dort neben ihren eigenen Texten auch Gedichte von Snyder. Whalen war während des Zweiten Weltkrieges Mitglied der *U. S. Army* gewesen und seine Lebenshintergründe hatten nicht viel mit Snyders doch relativ behüteter Jugend in Oregon gemein. Nach seinem Militärdienst nutzte Whalen die Möglichkeit eines Literatur- und Theaterstudiums am *Reed College*, das ihm durch die *G. I. Bill of Rights* ermöglicht wurde.[21] Auch der Dichter William Dickey und Snyders späterer Nachbar in Nevada City, Bob Greensfelder, gehörten zur literarischen Studentengruppe am *Reed College*. Snyders Gedichte verbreiteten sich schnell, was auf das kreative Umfeld am *Reed College* zurückzuführen ist. Die Ausgaben von *janus* waren bei einem Preis von 10 Cent jeweils bereits am Erscheinungstag ausverkauft.[22]

Um sich sein Studium zu finanzieren, nahm Snyder viele Gelegenheitsarbeiten an. Seit seiner Zeit als Schüler an der *Lincoln High School* in Portland verdiente er sich ein Taschengeld als Laufbursche bei der Tageszeitung *The Oregonian*. Am *Reed College* arbeitete er für einige Zeit jeden Abend für zwei Stunden als Tellerwäscher und später sogar als Geschäftsführer in einem Café.[23] Sparen

20 Gary Snyder, The Youngsteigers, in: MAZAMA, Vol. 29, No. 13. 1947, 55.

21 John Suiter, Poets on the Peaks: Gary Snyder, Philip Whalen & Jack Kerouac in the North Cascades. Washington, DC 2002, 54.

22 In Memoriam: Joan E. Baker '53, in: Reed Magazine, Vol. 92, No. 2. 2013.

23 D-228: Box 1:26, Letter, Dec. 12, 1948.

musste er dennoch: »I have not been skiing at Mt. Hood at all, don't intend to go skiing for another five years, at which time I hope to have some leisure and money. As it is all my ski-equipment is worn out and I cannot afford any new stuff.«[24] Neben seinem Job in der Redaktion des *Oregonian* arbeitete er im Sommer 1949 als Grabungsassistent bei den Arbeiten des *National Park Service* bei *Fort Vancouver.*[25] Das Fort war erst ein Jahr zuvor von der US-Regierung zum *U. S. National Monument* erklärt worden. Kost und Logis bekam Snyder auf dem Ausgrabungsgelände.

An einem Wochenende im Juli 1949 bestieg er wieder den Mt. Hood, der nur etwas mehr als 50 Kilometer von Portland entfernt liegt und zu seinen regelmäßigen Ausflugszielen gehörte. Diesmal erklomm er den Gipfel zusammen mit zwei Freunden und Alison Gass, seiner damaligen Freundin. Für alle Beteiligten außer Snyder war es eine Erstbesteigung. Snyder hatte Gass zuvor am *Reed College* kennengelernt und war fasziniert von ihren marxistischen Ansichten. In dieser Zeit schrieb er mehrmals an seinen Vater und erwähnte seine Beziehung zu Gass, die er schließlich im Juni 1950 heiratete. Die Ehe hielt jedoch nicht lange, das Paar trennte sich nach nur fünf Monaten einvernehmlich und ließ sich 1952 wieder scheiden. Einer der Gründe für das Scheitern der Beziehung war, wie Snyder später in einem Interview sagte, dass seine Frau politisch sehr stark links orientiert und mit Snyders Interesse an fernöstlichen Sprachen nicht einverstanden war.[26] Ein gemeinsamer Freund sagte über die Beziehung:

> Although Gary married Alison in his senior year, I never understood their mutual attraction other than a common interest in nature and hiking and camping. I suspect they met at one of those times when couples are in the mood to marry.[27]

Nach der Trennung von Gass widmete sich Snyder wieder intensiver seinem Studium. Im September 1950 hatte das *Reed College* mit William Carlos Williams einen unerwarteten Gast. Vorträge von Dichtern an Hochschulen sollten erst in den kommenden Jahren populär werden. Williams war der Einladung von Snyders Englischprofessor, Lloyd Reynolds, gefolgt. Snyder, Welch und Whalen verbrachten einen Nachmittag mit Williams, der unveröffentlichte Gedichte der Reed-Studenten las und ihnen hilfreiche Anregungen gab. Den Ratschlag von Williams, »never throw anything away. put it in a shoebox for later« sollten sich die drei angehenden Dichter zu Herzen nehmen.[28] Snyder veröffentlichte auch später noch regelmäßig Gedichte, die er bereits in seiner Zeit als Student

24 Ebd.

25 D-050: Box II, 3:12 Snyder, Harold July 24, [1950].

26 Aronowitz, Part 12: The Beat Papers of Al Aronowitz.

27 J. Michael Mahar, Scenes from the Sidelines, in: Jon Halper (Hrsg.), Gary Snyder: Dimensions of a Life. San Francisco 1991, 11.

28 David Schneider, Crowded by Beauty: The Life and Zen of Poet Philip Whalen. Oakland 2015, 181.

geschrieben hatte. Dem Engagement von Reynolds, der seinen Studenten vor allem die zeitgenössische amerikanische Lyrik nahebrachte, ist es mit zu verdanken, dass Snyder viele seiner literarischen Vorbilder kennenlernte.

In dieser Zeit widmete sich Snyder auch verstärkt den fernöstlichen Philosophien. In der Wohngemeinschaft in der *1414 Southeast Lambert Street* in Portland, in der er zusammen mit Philip Whalen lebte, begann Snyder mit der Meditation. Dies war auch der Beginn einer langanhaltenden Freundschaft zwischen den beiden:

Phil has been a friend and mentor since undergraduate days. He first showed me the difference between talking about literature and doing it, and pointed the way into Asian philosophy and art. Later we both came to Zen meditation. Over the years we've shared bare-floor flats in Portland, Berkeley and San Francisco, tight quarters in Kyoto, plus some huge and funny spaces of the mind.[29]

David Schneider, der Biograf von Philip Whalen, schreibt über das Leben in den 1950er-Jahren im Pazifischen Nordwesten:

It must have been here that Gary and Philip began to discover some of what they shared: an upbringing in the low-rent Pacific Northwest, rural and urban, as well as specific affection for the heritage, characters, and vocabulary of those places. This included the strong influence of Native Americans, Chinese, and Japanese populations.[30]

Während seiner Zeit am *Reed College* interessierte sich Snyder auch für andere Gebiete: »Marxism, folklore, all phases of anthropology & literature«.[31] Viele Studenten am *Reed College* begeisterten sich zu dieser Zeit für die Lehren des Marxismus. Später erinnerte sich Snyder oft an seine Collegezeit und die Fragestellungen zum menschlichen Miteinander, die in den frühen 1950er-Jahren an der Westküste unter den Studenten verbreitet waren. Dazu gehörten gesellschaftliche Themen wie Rassismus, Minderheiten, Vorurteile und Ausbeutung. Im Gegensatz zu den meisten seiner Kommilitonen war Snyder zudem auch sehr an Umweltproblemen interessiert.

Snyder schenkte immer auch der Geschichte der Orte Beachtung, an denen er sich aufhielt, sowie der Beschaffenheit der Landschaft. Die Pflanzen- und Tierarten waren ihm besonders wichtig, er sah sie als zentralen Aspekt einer Landschaft. So erfuhr er bereits auf der Farm seiner Eltern, dass noch 50 Jahre zuvor in der Gegend um Portland ein bemerkenswerter Bestand an Nadelholz-Wäldern existiert hatte.[32] Diese waren zum Großteil abgeholzt und das Holz nach

29 Gary Snyder, The Gary Snyder Reader: Prose, Poetry, and Translations 1952–1998. Washington, DC 1999, XXII.

30 Schneider, Crowded by Beauty, 58.

31 D-228: Box 1:26, Letter, Dec. 12, 1948.

32 Gary Snyder, Robert Hass: Lost in Translation: Environmental History in a Global Context – Plenary Session at the ASEH Conference. Audio 13.03.2014, 54:04.

Kalifornien oder andere Staaten der USA verkauft worden. Die Veränderung der Landschaft, hervorgerufen durch Einwirkungen des Menschen, war für Snyder der Anreiz, sich umfassender mit ökologischen Fragestellungen zu befassen.

Snyder fiel das in der Gesellschaft mangelnde Interesse an Umwelt und Natur auch am Kursangebot seines Studiums auf. In einem Kurs in *Philosophical Ethics* stellte er die Frage, ob in dem Kurs auch eine Ethik der nichtmenschlichen Wesen gelehrt werde. Sein Professor erwiderte: »No, we are not concerned about the ethics of non-human beings.«[33] Ähnlich wie bei Snyders Erlebnis in der Sonntagsschule war damit auch dieser Kurs für ihn gestorben. Er widmete sich mehr der Anthropologie und den Mythen der Ureinwohner Nordamerikas. Für ihn waren sie zum damaligen Zeitpunkt das beste Beispiel für eine Kultur, die sich mit der Natur beschäftigt und den Tieren und Pflanzen einen großen Teil ihrer Lebensphilosophie widmet.

Nachdem er sich schon in seiner Jugend sehr für die indianische Kultur interessiert hatte, versuchte er nun während seines Studiums, die Indianerbräuche zu verstehen und zu deuten. Auch zeigte sich sein frühes Engagement für die Natur und die Situation der Indianer darin, dass er als Jugendlicher Briefe an Kongressabgeordnete schrieb, um sie auf die Schäden aufmerksam zu machen, die durch die Abholzung der Wälder entstanden. Darüber hinaus schockierte ihn die Geschichte der *Native Americans*, die vor allem von Ausbeutung und Unterdrückung durch die amerikanischen Siedler geprägt war.[34]

Mit seinem Gedichtband *Myths & Texts,* der seine ersten Gedichte aus den 1950er-Jahren enthält, wird die Bedeutung des Mythos in Snyders Werk deutlich. Das Buch ist in drei Bereiche aufgeteilt, in *Logging*, *Hunting* und *Burning*, alles Aktivitäten, die mit der Nutzung beziehungsweise Ausbeutung der Natur zu tun haben. In dieser frühen Poesie, die zwischen 1952 und 1956 entstand, kristallisiert sich neben dem Mythos ein weiteres Motiv heraus. Die Personifizierung der Natur und Umwelt – sei es als »Mutter Natur« oder später, stellvertretend für den amerikanischen Kontinent, *Turtle Island* – wurde zu einem zentralen Motiv in Snyders Lyrik.

In seiner Abschlussarbeit in Anthropologie am *Reed College* im Juni 1951 setzte Snyder den Fokus seiner Mythenforschung auf die Mythen der Indigenen *Haida*, die an der Pazifikküste von British Columbia ihre Wurzeln haben. *He Who Hunted Birds in his Father's Village – The Dimensions of a Haida Myth* ist ein Bericht, der besonders auf die Versionen und Ursprünge des *Haida*-Mythos eingeht und gleichzeitig auch seine Funktion zu ergründen versucht.[35]

33 Interview mit Gary Snyder. Audio 17.11.2012, 1:18:33.

34 Gary Snyder, Nathaniel Tarn, From Anthropologist to Informant: A Field Record of Gary Snyder, in: Alcheringa, Nr. 4, Autumn 1972, 104–113.

35 Gary Snyder fasste den Mythos in einem Interview wie folgt zusammen: »It was a myth of the supernatural-marriage type. About a man who married a maiden who turned out to be a supernatural woman. What they call a swan-maiden motif. And then she had a tabu thing and

In seiner Auseinandersetzung mit dem *Haida*-Mythos bezieht sich Gary Snyder vor allem auf den Philosophen Joseph Campbell. Dessen Buch *The Hero with a Thousand Faces* war gerade erschienen, als Snyder mit seiner Abschlussarbeit begann.[36] Dabei spielt der Ödipuskomplex eine große Rolle, den er in leicht abgeänderter Form auch bei den *Haida*-Mythen findet. Dies lässt sich auch an dem Titel des Mythos erkennen; die Hauptperson tritt an die Stelle seines Vaters und überwindet damit den Komplex.[37]

Das Werk des amerikanischen Anthropologen Franz Boas bildete eine weitere Grundlage für Snyders Arbeit. Boas hatte mit seiner *Jesup North Pacific*-Expedition die asiatischen Wurzeln der Indigenen Nordamerikas festgestellt. Zu den untersuchten ethnischen Gruppen gehörten unter anderem die *Ainu* aus Japan und die *Haida*. Vor allem die kulturellen Beobachtungen, die Boas gemacht hatte, sind für Snyder bedeutend; Boas' Texte sind die am häufigsten zitierten Werke in Snyders Arbeit. Auch lässt sich aus der Bibliografie seiner Arbeit die damalige politische Einstellung Snyders rekonstruieren. Er sympathisierte mit kommunistischen Ideen und las für seine Arbeit auch Literatur des Philosophen Friedrich Engels, besonders *Der Ursprung der Familie, des Privateigenthums und des Staats* von 1884,[38] worin sich Engels Interesse an dem amerikanischen Anthropologen Lewis H. Morgan und vor allem an dessen Schriften zu sozialen Strukturen und Materialismus bei den Indigenen Nordamerikas ausdrückt.

Im Vorwort zur Neuauflage seiner Abschlussarbeit zeigt Snyder, wie *oral literature* eine Kultur formen und lebendiger gestalten kann.[39] *Oral traditions,* also mündliche Überlieferungen, die weltweit zu finden sind, sind die Grundlage für *oral literature.* Jede dieser Geschichten, die man schon im Kindesalter kennenlernt, weckt Wünsche und Gefühle in den Menschen. Laut Snyder sind solche Traditionen weit bedeutender für den Menschen, als die Ethnie, in die wir geboren werden. Es sind zum großen Teil diese Geschichten, die von Gene-

she said, »I am married to you, but don't do ever so-and-so«, and he did so-and-so, and she was insulted and turned into a goose. So he went on a quest to find her, and the quest has a number of steps of various magical sources, and then he gets to the Land of Heaven and finds her again, and begins to take her back and again he takes a taboo... It is like Orpheus, and so he loses her again and so he turns into a rock.« (D-050: Box I, 74:19 »Gary Snyder,« interview by David Meltzer, 1970, 10).

36 *The Hero with a Thousand Faces* von Joseph Campbell erschien 1949. Campell beschreibt in seinem Buch die Rolle des Helden in verschiedenen Mythen. Die Heldenreise ist dabei die zentrale Grundstruktur. Sie wird aufgeteilt in drei Stationen: *Departure, Initiation* und *Return*. Für seine Erklärungen beruft er sich auf die Psychoanalytiker Carl Gustav Jung und Sigmund Freud.

37 Gary Snyder, He Who Hunted Birds in His Father's Village: The Dimensions of a Haida Myth. Bolinas 1979, 71.

38 Diese und weitere Literaturangaben finden sich in der Bibliografie zu Snyder, He Who Hunted Birds, 129–133.

39 Snyder, He Who Hunted Birds, IX.

ration zu Generation weitergegeben werden, die den Kindern helfen, die Welt zu verstehen. So kann, laut Snyder, ein *Haida*-Kind in verschiedene Regionen der Erde reisen und Aspekte der jeweiligen Kulturen aufgreifen, die es bisher nur von *Haida*-Erzählungen kannte.[40]

In der Einleitung zu *He Who Hunted Birds in His Father's Village* zeichnet Snyder ein sehr persönliches und sensibles Bild der Erde und der Umwelt, und verdeutlicht damit auch seine Vorstellungen vom menschlichen Zusammenleben. Er schreibt: »The indigenas are bearers of the deepest insights into human nature, and have the best actual way to live, as well. May this be realized before they are destroyed.«[41] Der Mythos steht in enger Beziehung zum Leben in der Gemeinschaft und wird durch Überlieferung und Erzählung an die jeweils nächste Generation weitergegeben. Damit wandert der Mythos und ist stets Veränderungen unterworfen, die teilweise von aktuellen Situationen abhängig sind. Jedoch bleibt ein Element immer gleich:

> We are all capable of extraordinary transformations. In myth and story these changes are animal-to-human, human-to-animal, animal-to-animal, or even farther leap. The essential nature remains clear and steady through these changes.[42]

Nathaniel Tarn, einer der frühen Snyder-Kritiker, betonte in seinen *Field Records of Gary Snyder* den Wandel, den Snyder in seiner Arbeit aufzeigt, nämlich von der Ansicht »Mythos ist gelebte Realität« zu »Realität ist gelebter Mythos«.[43] Während Snyder die erste Aussage von dem Sozialanthropologen Bronisław Malinowski übernahm, so entstammt die Weiterführung des Gedankens von Snyder selbst. Malinowski sah den Schwerpunkt im Leben des Menschen, der von Mythen beeinflusst wird. Bei Snyder ist es jedoch die Realität, also die Umwelt eines Individuums, die Mythen hervorbringt und weitergibt.[44] Dabei kann man auch so weit gehen zu argumentieren, dass es die Natur ist, die Mythen hervorbringt. Wenn die Menschen den von Snyder beschriebenen Mythos der Indigenen ansatzweise leben würden, wäre es eine Verbesserung der aktuellen Situation menschlichen Umgangs mit der Umwelt. Snyder kritisiert dabei auch die Industriegesellschaft:

> A curse on monocultural industrial civilization and its almost deified economic and political systems that compete, exploit, and then give vast wealth and power to a tiny few while draining and scattering the cultural and natural wealth of our planet, I say.[45]

40 Ebd.

41 Ebd., XI.

42 Gary Snyder, The Etiquette of Freedom, in: Ders., The Practice of the Wild (with a new Preface by the Author). Berkeley 2010, 21.

43 Snyder, He Who Hunted Birds, XVIII.

44 Ebd., 110.

45 Ebd., XI.

Demjenigen, der Boden und Natur Beachtung schenkt und sich ihnen verbunden fühlt, wird folglich die Ausbeutung der Natur bewusst. Dies ist einer der Kerngedanken von Snyders Kritik an Politik und Wirtschaft der 1950er-Jahre, die noch nahezu unreflektiert die Ausbeutung der Natur, beispielsweise durch Monokultur, Abholzung und Bergbau betrieben.

Eine mögliche Lösung der Problemlage sieht Snyder in der Literatur, da diese mit der Mythologie vereinbar scheint: »Mythology and literature go along very well. No conflict.«[46] Da Mythos und Natur im Fall der *Haida* miteinander im Einklang stehen, sollte dies auch für Literatur und Natur gelten. Snyder selbst macht sich die Literatur, vor allem in Form von Gedichten, zunutze, um den Mythos mit seinem Umweltverständnis zu verknüpfen. Dabei standen in seinem frühen Werk die *Native Americans* und die Landschaft der amerikanischen Westküste im Vordergrund. Im Vorwort zu einer Anthologie von Mythen und Geschichten der nordkalifornischen *Maidu* schreibt Snyder:

> These myths and stories are unsweetened, unsentimental and irreducible. They are the first, but not the last, stories to be told of where we are learning to live: the little watershed of northern California, the big watershed of the planet.[47]

Snyders Hinwendung zur Anthropologie in den 1950er-Jahren war außerdem eine Hinwendung zur Kulturgeschichte, die ein Jahrzehnt später zur breiten Praxis werden sollte. Der britische Historiker Peter Burke betont in seinem 2004 erschienenen Buch *What is Cultural History?*, wie die Kulturgeschichte zwischen den 1960er- und 1990er-Jahren immer mehr auf die Anthropologie zuging.[48] Die Anthropologie wird in gewisser Weise Teil der Kulturgeschichte. Gary Snyder wandte schon in den 1950er-Jahren seine Erkenntnisse aus der Anthropologie auf die amerikanische Kultur an. Arbeiten wie *He Who Hunted Birds in His Father's Village* zeigen, wie diese Fusion betrieben werden kann. Der Anthropologe John W. Adams sieht in der Arbeit Snyders ein gutes Beispiel dafür, wie mit einer pluralistischen Herangehensweise gearbeitet werden kann, und wie jede Methode das hervorbringt, was sie auszudrücken versucht. Dies steht seiner Ansicht nach im Kontrast zu Claude Lévi-Strauss, der mit seinem Strukturalismus den entgegengesetzten Ansatz verfolgte, indem er durch die Anwendung von nur einer Methode die einem Mythos von Natur aus zugehörige Bedeutung zuordnen zu können glaubte, und zwar unabhängig von der Herkunft des Mythos.[49] Laut Burke haben die Arbeiten von Lévi-Strauss zur Mythologie der amerikanischen

46 Snyder, Alcheringa (Nr. 4, Autumn 1972), 106.

47 Gary Snyder, Foreword, in: William Shipley (Hrsg.), The Maidu Indian Myths and Stories of Hanc'Ibyjim. Berkeley 1991, X.

48 Peter Burke, What is Cultural History?. Cambridge 2004, 30.

49 Gary Snyder, He Who Hunted Birds in His Father's Village: The Dimensions of a Haida Myth: with a Foreword by Robert Bringhurst and a New Afterword by the Author. Washington, DC 2007, 141.

Indigene einige Historiker dazu gebracht, sich mit den europäischen Mythen auseinanderzusetzen.[50] Auch Snyders Arbeit war bereits vor der offiziellen Veröffentlichung 1979 bekannt und hatte angehende und etablierte Wissenschaftler verschiedener Disziplinen dazu veranlasst, sich stärker mit Mythen auseinanderzusetzen. Die Arbeit wurde unzählige Male vor ihrer Verlagsausgabe kopiert und gilt bis heute als die am weitesten verbreitete Arbeit, die aus dem *Reed College* hervorgegangen ist.[51] Einige Kritiker Snyders sehen die Arbeit als »storehouse of ideas and images that have been basic to [Snyder's] later writing.«[52]

1.2 *The Lookouts*: Ankunft in Kalifornien

Nach seinem Abschluss am *Reed College* nahm Gary Snyder verschiedene Jobs in Nationalparks entlang der amerikanischen Westküste an. Diese Form der Arbeit sollte ihm nicht nur in den Kreisen der *Beats* großen Respekt einbringen, sondern auch Jugendliche nachfolgender Generationen zur Arbeit an Wanderwegen und in Feueraussichtsstationen[53] animieren. Snyder war während dieser Zeit noch auf der Suche nach einem erfüllenden Beruf und wollte in vielen Bereichen Erfahrungen sammeln.

Bereits im Juli 1950 erwähnt er in Briefen an seinen Vater das durch das Studium in *Reed* geweckte Interesse an chinesischer Philosophie und Poesie. Er wollte sich außerdem an der Universität in Berkeley über Studiengänge in Anthropologie und Literatur informieren und fuhr deshalb per Anhalter nach Oakland, wo sein Vater mit dessen Frau Mathilde wohnte.[54] Snyder konnte sich jedoch nicht für Berkeley entscheiden, und schrieb sich daher 1951 für einen Graduiertenstudiengang an der *Indiana University* in Bloomington ein, um nach dem Abschluss am *Reed College* sein Studium der Anthropologie fortzusetzen. Er war nicht der einzige Absolvent von *Reed* in Indiana. Snyder folgte Dell Hymes, der ebenfalls Literatur und Anthropologie in *Reed* studiert hatte und seine Zeit mit Snyder ebenfalls in einem Essay verarbeitet hat:

> In 1950 and 1951, Gary and I were successively the first (the only?) graduates from Reed with degrees jointly in anthropology and literature. The combination seems familiar now. Then it was odd. A tribute to an accommodating college. I went on to Indiana University in Bloomington, for no clear reason other than I was interested in Indians, and it offered folklore and linguistics along with anthropology. The summer of 1951,

50 Burke, What is Cultural History?, 35.

51 Jeff Baker, Gary Snyder come home to Reed College, in: The Oregonian/OregonLive, 15.7.2011.

52 Snyder, Martin, Nobody Home, 18.

53 Dies sind Hütten oder Aussichtstürme, die eine weitläufige Waldlandschaft überragen, und von denen aus Aufseher frühzeitig Waldbrände erkennen und melden können.

54 D-050: Box II, 3:12 Snyder, Harold July 24, [1950].

I returned to the Northwest to try to use a wire recorder and learn something about Wasco at Warm Springs Reservation. Gary was also working there, in the woods.[55]

Während Hymes sein Studium in Indiana erfolgreich abschloss, zog es Snyder bereits nach dem ersten Semester zurück an die Westküste. Grund war sein weiter wachsendes Faible für asiatische Sprachen und Literatur, für die in Berkeley Studiengänge angeboten wurden. In dieser Zeit schrieb er zudem viele Gedichte, die seine damaligen Interessen erkennen lassen, so unter anderem »Songs for a four-crowned dancing hat«:

I
O Prajapati
  You who floated on the sea
  Hatched to godhead in the slime
Heated red and beaten for a bronze ritual bowl
The Boar!
  Dripping boar emerged
  On his tusk his treasure
Prajapati from the sea-depths:
Skewered body of the earth
Each time I carry you this way.

II
The year I wore my Raven skin
  Dogfish ran. Too many berries on the hill
Grizzly fat and happy in the sun –
  The little women, the fern women,
They have stopped crying now.
  »What will you do with human beings?
Are you going to save the human beings?«
  That was Southeast, they say.[56]

Dieses Gedicht ist insofern interessant, als sich in der Überschrift ein christliches Element findet, und Snyder innerhalb des Gedichtes eine Verbindung zwischen Christentum und zwei weiteren Religionen schafft. Zum einen wird die vedische Mythologie beschrieben, die aus der ältesten Religion Indiens stammt, zum anderen die Mythen der Indigenen der Nordwestküste der Vereinigten Staaten. Im Christentum gibt es zwei verschiedene Legenden, die zur Märtyrerlegende der »Vier Gekrönten« zählen. Snyder geht aber nicht auf die christlichen Legenden ein, sondern präsentiert die indische Schöpfergottfigur Prajapati im ersten Teil, um dann im zweiten Teil die *Raven Tales* der Nordwestküste Amerikas zu erwähnen. Beide Mythen beinhalten eine Schöpfungsgeschichte, allerdings waren

55 Rebecca Koffman, Ways We Speak, in: Reed Magazine, Winter 2008.
56 Gary Snyder, Songs for a Four-Crowned Dancing Hat, in: The Folio, March 1952, 27.

diese beiden Mythen bereits in den 1950er-Jahren fast vergessen. Damit schließt sich der Kreis zum Titel des Gedichts, der Bezug auf eine Märtyrerlegende nimmt. Snyder spielt in seiner Poesie gerne auf diese Weise auf Mythen an und schafft es, durch seinen leicht verständlichen Schreibstil die Gedichte auch für Leser und Zuhörer interessant zu machen, die sich nicht mit den Hintergründen auskennen.

Dieses Gedicht veröffentlichte Snyder zunächst 1952 in der März-Ausgabe der Zeitschrift *The Folio* der Indiana University, kurz bevor er an die Westküste zurückkehrte. Später wurde es in das Gedicht »Hunting 11« seines Gedichtbandes *Myths & Texts* integriert.

Zurück in der Bay Area zog Snyder wieder mit Philip Whalen, seinem Freund vom *Reed College*, in die *1201 Montgomery Street* in San Francisco. Die beiden begannen, sich verstärkt dem Zen-Buddhismus zu widmen.[57] Die Werke von D. T. Suzuki waren für sie zentral. Whalen zeigte sich enthusiastisch, als Snyder die Bücher mit nach Hause brachte.[58] Snyder und Whalen fühlten sich in San Francisco sehr wohl, da sie vieles dort an Portland erinnerte. Auch in der neuen Stadt nahmen sie immer wieder Gelegenheitsarbeiten an. Snyder installierte zum Beispiel Alarme gegen Einbrecher, während Whalen bei der Post arbeitete.[59]

Whalens Naturanschauungen unterschieden sich von Snyders. Während Snyder in den Bergen war, verbrachte er die meiste Zeit in der Wohnung im Stadtteil Telegraph Hill. Als er einen Brief von Snyder erhielt, in dem Snyder die Schönheit der Natur und die Einsamkeit der Berge beschrieb, zeigte sich Whalen jedoch interessiert: »By god, next summer, I'm going to have a mountain of my own.«[60] Die beiden angehenden Schriftsteller kreierten im Lauf der Zeit ein Naturbild, das einen nachhaltigen Einfluss auf die amerikanische Kultur haben sollte. Vor allem durch den Lebensstil, den sie propagierten, und der sich in den Gedichten und Texten beider Autoren findet, erlangten sie Berühmtheit.

Snyders Lebensstil war sehr naturverbunden, da er einen Großteil seiner Zeit in den Bergen Kaliforniens verbrachte. Er war beim Forest Service beschäftigt, was ihn zwar körperlich forderte, ihm aber auch Abwechslung bot. Er verbrachte viel Zeit in den schwer erreichbaren Aussichtsstationen zur Meldung von Waldbränden und kümmerte sich um den Ausbau und die Wartung der Wege und Pfade in den Nationalparks (Abb. 5 und 6). Als Einstellungsvoraussetzungen wurden eine körperliche Untersuchung und ein Eignungstest gefordert. Nach

57 Zen-Buddhismus entstand im 5. Jahrhundert in China und kam im 12. Jahrhundert nach Japan. Im Zen-Buddhismus ist das Zazen, die Meditation im Sitzen, ein zentraler Bestandteil. Der heutige Zen-Buddhismus basiert überwiegend auf den japanischen Begriffen und Praktiken.

58 Schneider, Crowded by Beauty, 51.

59 Bill Morgan, The Beat Generation in San Francisco: A Literary Tour. San Francisco 2003, 21.

60 Schneider, Crowded by Beauty, 51.

Abb. 5 (links): Gary Snyder in einer Aussichtsstation im Mount Baker National Forest (Foto: © Harold Vail)

Abb. 6 (rechts): Philip Whalen in einer Aussichtsstation im Mount Baker National Forest (Foto: © Estate of Philip Whalen)

dem erfolgreichen Bewerbungsverfahren lebten die Arbeiter in mit Schlafsäcken ausgestatteten Lagern und erhielten Verpflegung für 75 Cent pro Mahlzeit.[61] *Riprapping*, die Methode, die bei den Wegarbeiten angewendet wurde, besteht aus dem Aufeinanderstapeln von Steinen. Snyder erkannte den meditativen Ansatz und schrieb Gedichte, welche einige Jahre später in seinem ersten Gedichtband mit dem Titel *Riprap and Cold Mountain Poems* erschienen.[62]

Während dieser-Jahre sollte die frühere Tätigkeit auf einem Frachtschiff im Jahre 1948 seine Arbeit in den Nationalparks unerwartet beeinflussen. 1948 war er per Anhalter von Portland nach New York City gereist, um bei der *Marine Cooks and Stewart Union* anzuheuern. Im Rekrutierungsbüro war ihm sofort ein Schild aufgefallen, das bereits Ende der 1940er-Jahre Probleme ansprach, auf welche die breite amerikanische Öffentlichkeit erst ein Jahrzehnt später aktiv aufmerksam gemacht werden sollte. Die Inschrift auf der Tafel lautete:

No Red-Baiting!
No Queer-Baiting!
No Race-Baiting!
1st Offense: 100 $ fine!
2nd Offense: Out of the Union![63]

Während der zweiten *Red Scare*, einer stark antikommunistisch geprägten Zeit, war es in den meist kommunistischen und links orientierten Gewerkschaften üblich, jede Form von Diskriminierung innerhalb der Gewerkschaft auszumerzen. So galt die Beschimpfung und Denunzierung von Kommunisten, Homosexuellen und in Bezug auf Rasse als untragbar. Die Zeit auf hoher See war für Snyder eine interessante Erfahrung gewesen, an die er sich in Interviews noch Jahrzehnte später oft erinnerte.

Snyders Verbindung mit der *Marine Cooks and Stewart Union* und sein Sympathisieren mit den *Industrial Workers of the World* sollten im Frühjahr 1954 zu Problemen führen. Snyder wurde in der McCarthy-Ära auf die schwarze Liste der amerikanischen Regierung gesetzt, so war es ihm in der Folge verboten, in den Nationalparks im Staatsdienst angestellt zu sein.[64] Snyders Bestürzung über diese Entscheidung war groß und auch seine ehemaligen Kollegen beim *Forest Service*

61 D-050: Box II, 189:83 United States. Forest Service April 22, 1954.

62 Definition von »riprap« in Gary Snyder, Riprap and Cold Mountain Poems: 50th Anniversary Edition. Berkeley 2009, 1.: »a cobble of stone laid on steep slick rock to make a trail for horses in the mountains.«

63 John Healey, The Practice of the Wild: A Conversation with Gary Snyder and Jim Harrison (DVD, 2010), DVD Bonus Interview: Gary Snyder (4:48).

64 Die McCarthy-Ära zeichnete sich vom Ende der 1940er- bis Mitte der 1950er-Jahre durch starken Antikommunismus aus. Sympathisanten der kommunistischen Partei wurden verfolgt und durch die Bundespolizei beschattet. Sogenannte »unamerikanische« Aktivitäten wurden strafrechtlich verfolgt.

waren entsetzt. Snyder hatte in den Jahren zuvor mehrmals gute und hilfreiche Arbeit in den Nationalparks geleistet. Auf eine Bewerbung für eine Stelle am Beobachtungsposten auf dem Mt. Hood bekam er als Antwort von *Forest Supervisor* Henry A. Harrison: »We regret to inform you that because of instructions from Washington D. C. we are unable to offer you employment in any capacity. We are unaware of the reasons for those instructions but must comply.«[65]

In seinem Gedichtband *Mountains and Rivers Without End*, an dem Snyder über 40 Jahre lang schrieb und dessen Gedichte starke autobiografische Züge tragen, schildert er seine Frustration. In dem Gedicht »Night Highway 99« schreibt er:

> Got fired that day by the USA
> (the District Ranger up at Packwood
> Through the Wobblies had been dead for
>   forty years
> but the FBI smelled treason
>   – my red beard)[66]

Snyder kannte zwar zu Beginn die Gründe seines Arbeitsverbots nicht genau, ahnte aber, dass seine frühere Mitgliedschaft in der *Marine Cooks and Stewart Union* damit zu tun hatte. Er begann, sich mehr dem Studium der japanischen und chinesischen Sprachen zu widmen, schrieb aber gleichzeitig regelmäßig Briefe an die amerikanischen Behörden, um die genauen Gründe für seine Suspendierung zu erfahren. Die Antworten waren jedoch spärlich. Auf einen Brief an die Behörden in Washington kam im März 1955 folgende Antwort:

> Instructions were issued that you were not to be reemployed on the basis of information available to this office which indicated that you do not meet the general suitability requirements for employment in this Department. This determination was made on general suitability grounds rather than security grounds.[67]

40 Jahre später äußerte sich Snyder noch einmal zu seiner damaligen Situation: »I was a strong anti-Soviet leftist, of which we had a number in the US. But the US doesn't distinguish between pro- and anti-Soviet leftists.«[68] Snyder war zwar linksorientiert, jedoch nicht aktiv in den Gewerkschaften und sympathisierte auch nicht mit der Sowjetunion. Jedoch war er von den Schriften des russischen Philosophen und Anarchisten Peter Kropotkin angetan und studierte vor allem dessen Werk »Gegenseitige Hilfe in der Tier- und Menschenwelt«. Darin

65 D-050: Box II, 189:74 United States. Forest Service February 10, 1954.

66 Gary Snyder, Night Highway 99, in: Ders., Mountains and Rivers Without End. Washington, DC 1996, 16.

67 D-050: Box II,189:73 United States. Dept. of Agriculture. Office of Personnel March 23, 1955.

68 Gary Snyder, Michael March, Poetry and Action, in: The Guardian Online, 30.5.2007.

wurden Methoden gegenseitiger Unterstützung in der Natur und bei indigenen Bevölkerungsgruppen untersucht und anschließend auf die moderne Gesellschaft übertragen. Kropotkin und die Vergangenheit von Snyders Familie, die, anders als er, in linken Gewerkschaften aktiv gewesen war, zählten daher auch zu den Gründen für Snyders Arbeitsverbot. So war er sehr überrascht, als am 24. Juni 1955 ein offizielles Schreiben bei ihm eintraf, welches ihm erlaubte, wieder für den Staat zu arbeiten: »upon reevaluation of your file you are advised that your classification as a poor security risk is removed.«[69] Snyder nutzte diese Möglichkeit, im August 1955 vorerst zum letzten Mal im *Yosemite National Park* für den *National Park Service* zu arbeiten. Danach widmete er sich immer intensiver seinem Studium an der *UC Berkeley*. Ein schon länger gefasstes Vorhaben, nach Japan zu gehen und dort Zen zu erlernen, nahm in der Folge konkretere Formen an. So nutzte Snyder die neu erlangte Arbeitserlaubnis nicht aus, sondern verbrachte einen Großteil seiner Zeit in Berkeley zur Vorbereitung für den geplanten Japanaufenthalt.

Snyder hatte bei der Arbeit in den Bergen einzuschätzen gelernt, wie viel Zeit er für die Meditation aufwenden konnte. Es war bei seinem Einsatz im *Crater Lookout*, als er den Entschluss fasste, nach Japan zu gehen, um Zen bei einem Meister zu erlernen. So geschehen im Herbst 1952, jedoch sollte es noch einige Zeit dauern, bis Snyder seinen Fuß auf japanischen Boden setzte.[70] Im Oktober 1952 trat er zunächst dem *First Zen Institute of America* bei und verbrachte in den folgenden Jahren viel Zeit mit Meditation und den Büchern des japanischen Autors D. T. Suzuki. Vor allem die Meditationsanleitung und die Einführung in den Zen-Buddhismus, die Suzuki in seinem *Manual of Zen Buddhism* gibt, begleiteten ihn auf viele Gipfel.[71] In einem Interview mit Popkultur-Journalist Al Aronowitz sagte Snyder über den Einfluss von Suzukis Werken in der westlichen Welt:

> The history of Zen in the West is very complicated and goes clear back to the 1890s. If you put it all in its perspective, it would be a big complicated thing, but the essential part of it is that Suzuki, in the '20s, published these books which were read around and had some small influence, and then, in the '40s, they were reprinted in England and they were read widely. Now the reason that they were read and the reason that they were picked up on is something else. That was part of the individualist and anarchistic and personalistic and also religious interest that intellectuals picked up on after the war and a reaction against the idea that society and human beings can be changed by political means.[72]

69 D-050: Box II, 189:71 United States. Coast Guard June 24, 1955.
70 Suiter, Poets on the Peaks, 56.
71 Ebd., 70.
72 Al Aronowitz, Part 12: The Beat Papers of Al Aronowitz.

Abb. 7: Gebetsfahnen in Erinnerung an die *Beats* und ihre buddhistischen Einflüsse auf dem *Desolation Lookout* in Kalifornien (Foto: © John Suiter)

Snyder kam schon sehr früh mit Zen in Berührung, denn an der Westküste waren die Bücher sehr populär. Snyder sah außerdem einen Zusammenhang zwischen Meditation und Natur. Durch die Ruhe und Abgeschiedenheit, die er bei seinen Aufenthalten in den kalifornischen Bergen genoss, konnte er sich ernsthaft der Meditation widmen, da ihm die Konzentration leichter fiel. Zazen, eine Form der Sitzmeditation, die im Zen-Buddhismus eine zentrale Rolle spielt, wird ebenfalls in der Stille praktiziert, und so waren die Berggipfel für Snyder eine Art Meditationstempel (Abb. 7).

Ein weiterer Aspekt, die Romantisierung der Arbeit in und an der Natur, geht bei Snyder einerseits auf den Naturschützer John Muir zurück: Der Gründer des *Sierra Club* war für ihn ein großes Vorbild.[73] Zum anderen sollte der Einfluss des Schriftstellers Henry David Thoreau auf Snyder nicht unbeachtet bleiben. Dessen Werke *Walden* und *Walking* waren Teil der sorgfältig zusammengetragenen Büchersammlung, die Snyder in seinem Haus in Berkeley pflegte.[74] Sie wurden von ihm reichlich zitiert und auch heute beruft er sich noch auf sie. Zum ersten Mal kam Snyder im Jahr 1953 bei seinem Aufenthalt im *Sourdough Lookout* mit Thoreau in Berührung. Er hatte zuvor noch kein Buch von ihm gelesen, sodass

73 Jack Kerouac, Road Novels 1957–1960. New York 2007, 305.
74 Suiter, Poets on the Peaks, 70.

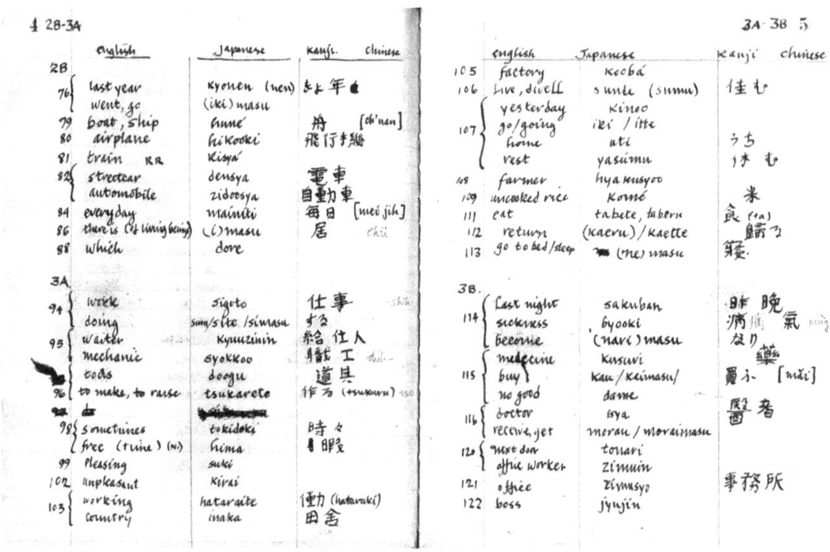

Abb. 8: Gary Snyders *Sourdough Mountain Journal* mit Übersetzungsübungen, Sommer 1953 (*Gary Snyder Papers*, UC Davis)

er sich zum Einstieg *Walden* widmete.[75] In seiner kleinen Beobachterhütte auf dem *Sourdough Mountain* muss sich Snyder wie Thoreau gefühlt haben und gleichzeitig an den chinesischen Dichter Han Shan gedacht haben, der sich auch auf einen Berg in China zurückgezogen hatte.

Die von Thoreau propagierte Romantik der Natur und die Attraktivität ihrer Abgeschiedenheit veranlasste andere Vertreter der *Beat Generation*, es Gary Snyder gleichzutun. Neben Philip Whalen war auch Jack Kerouac einige Monate als Parkaufseher im *Yosemite National Park* tätig. Für beide Autoren trugen diese Erfahrungen maßgeblich zur Entwicklung ihrer Gesamtwerke bei; zudem halfen sie, den Mythos um Gary Snyder zu konstruieren, der gerade am Entstehen war. Kerouac übernahm dabei eine große Aufgabe, indem er Snyder in sein Werk integrierte und so seiner Leserschaft vorstellte.

Snyder hatte in seinem Gipfeltagebuch bereits angefangen, Japanisch zu lernen und zu übersetzen (Abb. 8). Nach seinem Aufenthalt auf dem *Sourdough Mountain* entschied er sich, Japanisch und Chinesisch an der *University of California, Berkeley* zu studieren.[76] Dort lernte er den Essayisten Kenneth Rexroth, einen Wegbereiter der *San Francisco Renaissance* kennen, der in den 1920er-Jahren ebenfalls für den *Forest Service* gearbeitet hatte, und dessen Lyrik Snyder beeindruckte. In einem Brief an Rexroth schrieb Snyder 1954: »If American poetry has

75 Suiter, Poets on the Peaks, 71.
76 Ebd., 79.

any future it lies in your direction – on large cultural scale, too: the orient, the western half of this country, the non-European cultural traditions of America and the Pacific.«[77]

Snyder ließ sich nicht von der antikommunistischen Hysterie und den Folgen unterkriegen, sondern blieb optimistisch. An seinen alten Freund Philip Whalen schrieb er begeistert über sein Treffen mit Rexroth:

> The Frontier-type Wobbly-Thoreau anarchism in my blood, i. e., that's my own tradition, I was raised up in it. So put it with the Oriental historical depth, & I got a fulcrum to tip the whole damn civilization over with. Watch & see![78]

Und die Menschen sollten es sehen, zuallererst die Mitglieder der sich noch in Entstehung befindlichen *Beat Generation*. Geographisch war Snyder bereits an dem Ort angelangt, der die Gegenbewegung der *Beats* und später der Hippies vorantreiben sollte, San Francisco.

1.3 *Six Gallery Reading*: San-Francisco-Renaissance und Beat-Generation

Jack Kerouacs Figur *Japhy Ryder* ist eine, die Lesern des 1958 erschienenen Romans *The Dharma Bums* in Erinnerung bleibt:[79]

> Japhy Ryder was a kid from Oregon brought up in a log cabin deep in the woods with his father and mother and sister, from the beginning a woods boy, an axman, farmer, interested in animals and Indian lore so that when he finally got to college by hook or crook he was already well equipped for his early studies in anthropology and later Indian myth and in the actual texts of Indian mythology. Finally he learned Chinese and Japanese and became an Oriental scholar and discovered the greatest Dharma Bums of them all, the Zen Lunatics of China and Japan.[80]

Gary Snyder diente Jack Kerouac als Vorbild für die Figur. Zu den Eskapaden, die Kerouac ein Jahr zuvor in *On the Road* schilderte, steht der ruhige, nüchterne Charakter *Japhy Ryder* in starkem Kontrast. Wie in fast allen bedeutenden Werken Jack Kerouacs sind auch die fiktiven Personen in *The Dharma Bums* nah an ihren realen Vorbildern. Gary Snyder erkennt man in den Beschreibungen

77 Ebd., 81.

78 Ebd., 82.

79 Der deutsche Titel ist *Gammler, Zen und hohe Berge*. Tatsächlich lässt sich *Bum* als *Gammler* übersetzen, wobei die Übersetzungen *Landstreicher* oder *Rumtreiber* zeitgenössischer sind. *Dharma* ist in der indischen und vor allem buddhistischen Religion ein zentraler Begriff, der ethische und religiöse Grundsätze beinhaltet. Ein *Dharma Bum* kann also als ein Reisender oder Pilger angesehen werden, der nach den Lehren des Buddha lebt.

80 Kerouac, Road Novels 1957–1960, 285.

Japhy Ryders fast eins zu eins wieder. Snyder erlangte durch Kerouacs Buch weite Bekanntheit; bis heute wird ihm dadurch eine zentrale Rolle innerhalb der *Beat Generation* zugesprochen.

Doch wie sehr war Gary Snyder selbst ein *Beat*? In vielen Anthologien und Dokumentationen der *Beat Generation* wird er dieser in der Nachkriegszeit entstandenen, gegenkulturellen Bewegung eindeutig zugeordnet. Er selbst bezeichnet sich jedoch nicht gerne als *Beat*. In einem Gespräch mit der *Beat*-Biografin Ann Charters stellte Snyder sogar – auch wenn man ein Augenzwinkern zu vernehmen meint – die Wahrnehmung der *Beats* als »Generation« ganz in Frage: »It consisted of only three or four people, and four people don't make up a generation.«[81] Diese Gruppierung hatte gerade ihren Durchbruch erreicht, als Snyder hinzustieß. Jack Kerouac hatte sich bereits mit William Burroughs und Allen Ginsberg an der *Columbia University* zusammengefunden. Der Autor John Clellon Holmes hatte der neuen Bewegung einen Namen gegeben.[82]

Er schrieb bereits 1952 den Artikel »This is the Beat Generation«, der im gleichen Jahr im *New York Times Magazine* erschien. Im Deutschen wird die *Beat Generation* oft auch mit dem damals sinngemäßen, aber aus heutiger Sicht etwas veralteten Begriff der »geschlagenen Generation« bezeichnet. Aus dem Begriff *beat* leitet Holmes für die Amerikaner folgende Bedeutung ab:

> Mehr als nur bloße Müdigkeit impliziert es das Gefühl, benutzt worden zu sein, wund zu sein. Es schließt eine Art Nacktheit des Geistes und, letztendlich, der Seele mit ein; ein Gefühl, auf den Urgrund des Bewußtseins zurückgeworfen zu sein. Kurz gesagt bedeutet es, ganz undramatisch an die Wand des eigenen Ich gedrückt zu werden. Ein Mann ist geschlagen, wann immer er alles auf eine Karte setzt und all seine Mittel auf eine Zahl verwettet, und die junge Generation hat das von frühester Jugend an getan.[83]

Holmes betont weiter die »instinktive Individualität«, die durch die Geburt zur Zeit der *Great Depression* ausgelöst worden sei. Das Aufwachsen während des Zweiten Weltkrieges habe daraus ein Misstrauen gegen »jegliche Kollektivität« gemacht.[84] In einem weiteren Punkt, den Holmes anführt, lassen sich durchaus Parallelen zum jungen Gary Snyder erkennen.

> Also ist die Beat Generation eine Generation mit einer größeren Begabung dafür mit Ideen zu spielen, als an sie zu glauben. [...] Sie zeigt, auf allen Seiten und in einer verblüffenden Zahl von Facetten, ein vollkommenes Verlangen danach, zu glauben.[85]

81 Ann Charters (Hrsg.), Beat Down to your Soul: What was the Beat Generation?. London 2001, XV.

82 Das Treffen von Allen Ginsberg, Jack Kerouac und William S. Burroughs wird ausführlich beschrieben in Dennis McNally, Desolate Angel: Jack Kerouac, The Beat Generation, and America. Cambridge, MA 2003, 62–87.

83 John Clellon Holmes, Dies ist die Beat Generation. Berlin 2010, 6.

84 Ebd., 6.

85 Ebd., 9–12.

Auch Gary Snyder, der als Vertreter der Generation angesehen wird, erkannte dieses Dilemma und wollte sich ebenfalls nicht mit all ihren Ideen identifizieren oder seinen Lebensstil ändern. Er nutzte die *Beat*-Kultur eher als Forum, in dem er sich mit seiner Literatur verständigen konnte und in dem er auch ein Publikum fand, das gewillt war, die neuen Ideen aufzunehmen. »Eine Generation kann manchmal besser durch die Bücher verstanden werden, die sie liest, als durch die, die sie schreibt«[86], sagt Holmes dazu.

Das *Six Gallery Reading* am 7. Oktober 1955 in San Francisco, das generell als Startschuss für den Erfolg der *Beats* gilt, machte Snyder zum Teil der Bewegung. Allen Ginsberg hatte sein Gedicht »Howl« bereits geschrieben und trug es dort in einer frühen Version vor. Auf Empfehlung von Kenneth Rexroth suchte Allen Ginsberg das kleine Haus von Snyder in der *2919 Hillegass Street* in Berkeley auf, um diesen zur Lesung einzuladen. Die Gartenhütte, in der Snyder lebte, war spartanisch eingerichtet. Ginsberg war von Snyders Lebensstil sofort fasziniert. Auf knapp 13 Quadratmetern befanden sich keine Möbel, nur Strohmatten auf dem Boden und Bücherregale aus Obstkisten.[87] Gary Snyder nahm die Einladung zur Lesung gerne an und half beim Auswählen der weiteren Vortragenden. Bei den gemeinsamen Planungen sollte Ginsberg in den kommenden Monaten von Snyder viel über Buddhismus und Ökologie lernen. Das *Six Gallery Reading* wird auch als Zusammenführung der *Beats* von Ost- und Westküste angesehen. Ginsberg als Ostküstendichter und Snyder als Stimme der Westküste waren dabei die Protagonisten. Außerdem machte die Lesung Snyder zum stillen Helden der *Beats*, nicht zuletzt durch die Verbindung von amerikanischen und asiatischen Kultur- und Literatureinflüssen in seinen Gedichten.

Die Lesung ging in die Geschichte der USA ein. Die prominenteste Figur des Abends war gewiss Allen Ginsberg mit seinem Vortrag des 1955 geschriebenen Gedichts »Howl«. Doch, wie der Dichter Michael McClure anmerkt, war auch Snyders Vortrag von »Berry Feast« ein Höhepunkt des Abends.

> The berry feast is a first-fruits celebration that consumes a week of mid-August on the Warm Springs Indian Reservation in Oregon. Coyote is the name for the Trickster-Hero of the mythology of that region. I pronounce »coyote« with the accent on the second syllable and the final e sounded.[88]

Der Kojote nimmt im Gedicht eine zentrale Rolle ein. Er ist ein Trickster, eine Figur aus der Mythologie, die durch Tricks eine Verbindung zwischen der weltlichen und der göttlichen Ordnung herstellt. Der Literaturwissenschaftler Paul Sherman ist sich sicher, dass Snyder dabei auch *The Trickster: A Study in*

86 Ebd., 13.
87 Morgan, The Beat Generation in San Francisco, 195.
88 Gary Snyder, A Berry Feast, in: Evergreen Review, Vol. 1, No. 2, 114.

American Indian Mythology des Anthropologen Paul Radin gelesen hatte.[89] Snyder erwähnte in einem Interview, dass ihn tatsächlich der darin enthaltene Trickster-Zyklus des Stammes der *Winnebago* inspiriert hatte.[90] Radin beschreibt in seinem Buch die vielen Formen des Trickster und sein Bestehen in Mythologien der Antike sowie in den fernöstlichen Kulturen. Er setzt aber seinen Fokus auf Nordamerika. In der Mythologie der indigenen Bevölkerung Nordamerikas wird diese Figur überwiegend als Kojote beschrieben. Mythologie und Folklore sind für Snyder zwei der wichtigsten internationalen Kulturvermächtnisse. Der Trickster durchbricht, so Snyder, die Zeitschranke der Zivilisationsgeschichte und ist ein fester Bestandteil der Literatur des 20. Jahrhunderts.[91] Die Ursprünge sind oft unverfälscht von Erfahrungen der indigenen Bevölkerung Nordamerikas in Geschichten über den *Old Man Coyote* enthalten. Durch die Personifizierung des Tieres eröffnete sich Snyder die Möglichkeit, auf aktuelle Themen aufmerksam zu machen, ohne direkt die Schuldigen zu nennen. McClure versucht, die Figur des Kojoten zu erklären:

> Well Coyote, who's Coyote? One of these things we shoot and run over in our cars? No, Coyote is a mischief-maker who yaps and bites you in the ass! Gary introduced this to a lot of people. He helped pass along knowledge of what the logging industry was doing to America and everywhere else.[92]

Snyder brachte durch seine Poesie auch die städtische Bevölkerung mit der Kultur und der Naturverbundenheit der Indigenen Nordamerikas in Berührung. Durch seine bildhaften Schilderungen schuf er einprägsame Momente in den Köpfen der Zuhörer, die viele noch länger begleiteten und bei anderen anwesenden Dichtern ein Verlangen hervorriefen, die Welt aus Snyders Gedicht kennenzulernen. McClure verdeutlicht diese Eindrücke:

> That same evening, Gary Snyder read his very deep and important poem [...] and in that audience, many of the people who were terribly moved by »Howl«, were even more moved by »A Berry Feast« by Gary Snyder.[93]

Warum wurde Snyders ruhige und einfache Poesie so positiv aufgenommen, stand sie doch in starkem Kontrast zu den revolutionären, aggressiven und lauten Gedichten Ginsbergs? Snyder war der Ansicht, dass der Grund bei den Zuhörern

89 Sherman Paul, In Search of the Primitive: Rereading David Antin, Jerome Rothenberg, and Gary Snyder. Baton Rouge 1986, 241.

90 D-050: Box I, 74:19 »Gary Snyder,« interview by David Meltzer, 1970, 11.

91 Snyder, The Gary Snyder Reader, 337.

92 Paul Ebenkamp (Hrsg.), The Etiquette of Freedom: Gary Snyder, Jim Harrison, and *The Practice of the Wild*. Berkeley 2010, 96. Dieses Buch ist eine Transkription aller Interviews und Gespräche aus dem Film *The Practice of the Wild* (2010).

93 Ebenkamp (Hrsg.), The Etiquette of Freedom, 62.

selbst lag. Obwohl sich Kultur und Zivilisation der Menschen in ständigem Wandel befinden, so war und ist der Mensch nie vollständig von der biologischen Sphäre getrennt oder unabhängig. Er kann, so Snyder, durch die biologische Evolution keine Autonomie von der Natur mit ihrer Tier- und Pflanzenwelt erlangen.[94] Dies vermittelten seine Gedichte und brachten dabei eine innere Seite vieler Zuhörer zum Klingen. Wahrscheinlich war es gerade der Gegensatz zu den radikalen und direkten Aufforderungen und Ansprachen Ginsbergs, die zur Schau gestellte Vielfalt und Innovation, die den Erfolg beider Dichter erklärt.

Dieser Abend war es auch, der den inoffiziellen Gründer und Sprecher der *Beat Generation*, Jack Kerouac, mit Gary Snyder zusammenbrachte. Kerouac, der seit August 1955 mit einem 200-Dollar-Stipendium der *National Academy of Arts and Letters* in Mexico City war, landete zufällig in San Francisco, wo er eine große Menge an Benzedrin und Marihuana im Gepäck hatte.[95] Während der Freund toxischer Substanzen beim *Six Gallery Reading* noch die Weinflaschen herumreichte, schwor er nach dem Auftritt von Gary Snyder für einige Zeit dem Drogenkonsum ab und widmete sich der Natur. Das Treffen markiert den Beginn einer langen Freundschaft zwischen den beiden Männern, die sowohl prosaisch als auch in einem regen Briefwechsel festgehalten wurde.[96]

»He didn't look like a Bohemian at all, and was far from being a Bohemian«[97], schrieb Kerouac über seine erste Begegnung mit Snyder. Er war damals nicht Teil der *Bohème*, sondern Student der Literatur und der asiatischen Kulturen und Sprachen, was Kerouac faszinierte. Kerouac, der immer unterwegs war und auf seinen Reisen das Bild des klassischen *Hobo* und *Bohème* lebte, war von Snyders Auftreten und seinen Gedichten begeistert. Die beiden verband vor allem die Einigkeit darüber, wie die Natur verstanden werden muss, nämlich »not through human-constructed academic disciplines such as science, agronomy, poetry, or literature, but as the ultimate truth and the inevitable conscience and meaning of life itself.«[98]

Gary Snyder bot der von den Themen Geschwindigkeit, Alkohol und Großstadt bestimmten *Beat Generation* eine Art »grünen« Gegenpol. Die Leser konnten in Kerouacs Werk nicht mehr nur die von diesem, Corso und Burroughs zelebrierte Macho-Welt, sondern neue Impulse erkennen. In *The Dharma Bums*

94 D-050: Box I, 74:19 »Gary Snyder,« interview by David Meltzer, 1970, 38.

95 Bill Morgan, The Beats Abroad: A Global Guide to the Beat Generation. San Francisco 2015, 234.

96 Dieser Briefwechsel findet sich zum Beispiel in den beiden von Ann Charters editierten Briefsammlungen: Jack Kerouac: Selected Letters 1940–1956 (London 1995) und Jack Kerouac: Selected Letters 1957–1969 (London 2000).

97 Jack Kerouac, The Dharma Bums. London 1972, 12.

98 Raj Chandarlapaty, The Beat Generation and Counterculture: Paul Bowles, William S. Burroughs, Jack Kerouac. New York 2009, 140.

Abb. 9: Kerouacs Manuskriptrolle *The Dharma Bums*, im Vordergrund eine Ausgabe von Dwight Goddards *A Buddhist Bible* (Foto: © John Suiter)

wird beispielsweise deutlich, wie schnell man dem Trubel und den Problemen der Großstadt entfliehen kann, um neue Erfahrungen in der Natur zu sammeln. Kerouac, von Snyders Bergtouren inspiriert, wollte ihn gerne selbst auf eine solche begleiten. Snyder wählte den *Matterhorn Peak*, der sich in der *Sierra Nevada* an der nördlichen Grenze des Yosemite-Nationalparks befindet, für ihre gemeinsame Tour aus. Seit seiner Kindheit mit der Nähe der Berge vertraut, unterwies Snyder Jack Kerouac in den Künsten des Bergsteigens. Sie brachen nur knapp zwei Wochen nach ihrem ersten Zusammentreffen beim *Six Gallery Reading* auf eine zweitägige Wanderung in die Sierras auf. Snyders und Kerouacs Abenteuer legte den Grundstein für das Wirken Snyders in der *Beat Generation*. Durch das *Six Gallery Reading* und durch Kerouacs literarische Verarbeitung wird er als Teil der *Beat Generation* angesehen; es ist aber sein Mythos als naturinteressierter Zen-Buddhist – von welchem er schon in den 1950er-Jahren umflort war – der die gegenkulturelle Bewegung in eine neue Richtung trieb, nämlich hin zur Natur. Wie bei einem Mythos üblich, werden Erzählungen über eine bestimmte Figur weitergegeben. Hier übernimmt *The Dharma Bums*, in dem *Japhy Ryder* charakterisiert wird, diese Aufgabe (Abb. 9).

Die Wanderung zum *Matterhorn Peak* verarbeitete Kerouac literarisch. Und obwohl Snyder nach dessen Veröffentlichung das Buch und seine detaillierten Beschreibungen lobte, war Kerouac besorgt und fürchtete, dass Snyder sein Alter-Ego *Japhy Ryder* nicht mochte.

> Meanwhile, since Dharma Bums came out I feel that you've been silent and disappointed about me. I don't think the book was as bad as you think; when you look at it again in future years, when the world will've gotten worser [sic], you'll look back and appreciate the job I did on »you« and on Dharma Bumism.[99]

In der Tat verbreitete sich der von Kerouac beschriebene *Dharma Bumism* in den Jahren nach der Publikation, und viele Jugendliche und Aussteiger zogen mit ihren Rucksäcken umher auf der Suche nach Gleichgesinnten oder um die Natur zu erkunden. Viele ließen sich dabei von den buddhistischen Beispielen aus *The Dharma Bums* leiten. Diese sogenannte »Rucksackrevolution«, die auch am Ende des Buches erwähnt wird, fand also tatsächlich statt.

Auch Snyder hielt es zu dieser Zeit nicht lange an einem Ort. Dies war ein Grund, weshalb er nur spärlich auf Kerouacs Briefe antwortete, nicht etwa wegen empfundener Unzufriedenheit mit dem Roman oder der Darstellung seiner Person. Snyder war nach Erscheinen des Buches gerade mit den Vorbereitungen für die Überfahrt nach Japan beschäftigt, wo er sein Studium in einem Zen-Kloster beginnen wollte. Ihm fehlte schlicht die Zeit, lange Antworten auf Briefe zu verfassen. Er sollte das aber während seines Aufenthalts in Japan nachholen.

Eine andere Freundschaft, der Snyder seit dem *Six Gallery Reading* treu blieb, war die zu Allen Ginsberg. Bevor Snyder nach Japan aufbrach, zeigte er, wie schon zuvor Jack Kerouac, auch dem *Beat*-Poeten Allen Ginsberg die Westküste und ihre Berge. Ginsberg, der an der Ostküste aufgewachsen war, beeindruckte die Landschaft an der Westküste sehr. Neben gemeinsamen literarischen Vorbildern wie William Carlos Williams verband Ginsberg und Snyder auch das Interesse am Buddhismus. Im Januar und Februar 1956 befanden sich die beiden zusammen mit Philip Whalen auf der Reise nach Seattle. Michael McClure beschreibt die Beziehung:

99 Jack Kerouac, Letter to Gary Snyder, Feb. 23, 1959 Northport, NY, in: Ann Charters (Hrsg.), Jack Kerouac: Selected Letters 1957–1969. London 2000, 213.

Allen had respect for Gary in a way that he didn't for some other people. He wanted to learn from Gary—about nature, hitchhiking, mountain ways. These Eastern boys like Allen and Jack (Kerouac) finally got out here and got past North Beach, and discovered that there were forests and mountains and deserts and wildflowers…[100]

Während ihrer Reise trugen Snyder und Ginsberg ihre Gedichte vor. Auf dem Rückweg nach San Francisco besuchten sie am 13. Februar 1956 Snyders frühere Universität, das *Reed College*. Snyder genoss es, wieder einmal einen Fuß auf den Campus zu setzen. Die Verbundenheit Snyders zu seiner Alma Mater zeigte sich später auch darin, dass er seinen 1960 erschienenen Gedichtband *Myth & Texts* seinen Professoren Lloyd Reynolds, Creative Writing, und David French, Anthropologie, widmete. An diesem Abend las Snyder einige Gedichte, die später Teil dieses Bandes wurden. Ginsberg las unter anderem »Howl«, welches sich als Work-in-Progress zwischen der Version des *Six Gallery Readings* und der Veröffentlichung im Herbst 1956 bei City Lights Press befand. Während der Reise entwickelte Ginsberg eine mehr als nur freundschaftliche Zuneigung zu Snyder, die dieser aber nicht erwiderte. Kurz nach ihrem Roadtrip formulierte es Ginsberg in einen Brief an Snyder wie folgt: »Sorry myself needed you so on trip, I actually began by kind of loving you and pressured on the intimacy of the bliss of the red flower.«[101]

Nach Snyders Rückkehr nach San Francisco bezog er für einige Wochen Quartier in der *370 Montford Avenue* in Mill Valley. Nicht weit von San Francisco entfernt und direkt an den Ausläufern des *Mount Tamalpais State Park* wurde Snyders Heim zum Treffpunkt der *Beats*. Kerouac kehrte im April nach einem langen Roadtrip durch die Vereinigten Staaten nach Kalifornien zurück, um seine Arbeit im *Mount Baker National Forest* in Marblemount, Washington zu beginnen. Er zog vorübergehend bei Snyder ein, der seiner Hütte den japanischen Namen *Marin-an* gegeben hatte.[102] Als Snyder nur einen Monat später nach Japan aufbrach, wohnte Kerouac weiter in der Hütte und lud regelmäßig Dichter wie Robert Creeley und Kenneth Rexroth ein.[103]

Die *Beat Generation* war ein temporäres Phänomen; jedoch sollte das literarische Werk der *Dharma Bums* ihre Zeit überdauern. An den Schlüsselfiguren der Generation, Kerouac, Ginsberg und Burroughs, besteht bis in die Gegenwart hinein reges Interesse. Durch Verarbeitungen in Literatur und Kinofilmen kam es in

100 John Suiter, When the Beats Came Back, in: Reed Magazine, Winter 2008.

101 Bill Morgan, I Celebrate Myself: The Somewhat Private Life of Allen Ginsberg. New York 2006, 213.

102 Robert Niemi, The Ultimate, Illustrated Beats Chronology. Berkeley 2011, 93. Der Name »Marin-an« heißt übersetzt »Horse Grove Hermitage«, also etwa »Einsiedelei im Pferde-Hain«.

103 Niemi, The Ultimate, Illustrated Beats Chronology, 94.

den 1990er-Jahren zu einer Renaissance der *Beats*, die bis heute anhält.[104] Auch die Aufnahme ihrer Werke in die Literaturkanons der Universitäten brachte der Generation mehr Aufmerksamkeit ein. Die meisten Vertreter der Bewegung sind heute jedoch in Vergessenheit geraten. Gary Snyder hingegen spielt seit den 1950er-Jahren eine wichtige Rolle in der amerikanischen Gesellschaft. Obwohl er sich persönlich nicht mit der Bezeichnung »Berühmtheit« oder »Celebrity« anfreunden kann, so gibt er doch in regelmäßigen Abständen Interviews und veröffentlicht Essays, die Lesern und Zuhörern neue Einblicke in das Leben der *Beats* in den 1950er-Jahren gewähren.[105] Dazu tragen zahlreiche editierte Briefwechsel und Tagebücher aus dieser Zeit bei. Snyder fasste die Generation in den 1970er-Jahren rückblickend einmal wie folgt zusammen:

> In a way the Beat Generation is a gathering together of all the available models and myths of freedom in America that had existed heretofore, namely: Whitman, John Muir, Thoreau, and the American bum. We put them together and opened them out again, and it becomes a literary motif, and then we added some Buddhism to it.[106]

Michael McClure beschrieb 2010 die nachwirkend positiven Folgen der *Beat Generation* auf das heutige Amerika.[107] Neben Antikriegsbestrebungen und Bürgerrechtsgedanken war auch die von McClure genannte Erhaltung des Planeten ein Bemühen der *Beat Generation*, das bis heute aktuell ist.[108] Gary Snyder trug durch seine Gedichte und Lesungen einen großen Teil dazu bei. Folgender Ausschnitt aus »Piute Creek«, erschienen in Snyders 1959 veröffentlichtem Gedichtband *Riprap*, verdeutlicht seinen anthropologischen Hintergrund sowie seine Naturverbundenheit. In gewohnt bildhafter Form gibt er wieder, welche Motive ihn zu dieser Zeit beschäftigen. Auch zeugt das Gedicht von einer Art Aufbruchsstimmung:

> A clear, attentive mind
> Has no meaning but that
> Which sees is truly seen.
> No one loves rock, yet we are here.
> Night chills. A flick

104 Zuletzt erschienene Spielfilme über die *Beat Generation* sind zum Beispiel: The Last Time I Committed Suicide (Stephen Kay, 1997), Beat (Gary Walkow, 2000), Howl (Rob Epstein und Jeffrey Friedman, 2010), On The Road (Walter Salles, 2012) und Kill Your Darlings (John Krokidas, 2013).

105 Eine Vielzahl von Interviews wurde seit den 1960er-Jahren veröffentlicht. Einen guten Überblick über frühe Interviews gibt: Gary Snyder, The Real Work: Interviews & Talks 1964–1979. New York 1980.

106 Barry Gifford, Lawrence Lee, Jack's Book: An Oral Biography of Jack Kerouac. New York 1994, 212.

107 The Practice of the Wild (DVD, 2010), DVD Bonus Interview: Michael McClure (5:18).

108 Ebd.

In the moonlight
Slips into Juniper shadow:
Back there unseen
Cold proud eyes
Of Cougar or Coyote
Watch me rise and go.[109]

Snyder beschreibt, dass der Verstand einer Person, in diesem Fall er selbst, davon geprägt ist, was er gesehen und erfahren hat. Diese Erfahrungen sind in »Piute Creek« vor allem durch seine Erlebnisse in den Bergen geprägt. Das Ende des Gedichts kann man in dem Kontext der späten 1950er-Jahre fast schon wie eine Verabschiedung vom nordamerikanischen Kontinent verstehen. Er war bereits auf dem Weg in den fernen Osten, den er zuvor nur aus Büchern und von seinem Studium her kannte.

Bruce Cook, einer der ersten Kritiker und Beobachter der *Beat Generation*, sieht Gary Snyders Hauptverdienst in der Öffnung des Fernöstlichen für seine Kollegen und Leser. Snyder war es, der Allen Ginsberg und den Dichter Peter Orlovsky ein paar Monate später in Indien und Japan empfing und sie in den Buddhismus einweihte.[110]

1.4 *Cold Mountain Poems:* Asienreisen

Gary Snyder verbrachte einen Großteil der Jahre zwischen 1956 und 1968 in Japan. Während dieser Zeit unternahm er auch mehrere Reisen, am bedeutendsten ist sein halbjähriger Aufenthalt in Indien im Winter 1961/62.

Snyders Pläne, nach Fernost zu ziehen, gehen auf seine Schulzeit zurück. Bereits als Jugendlicher fühlte er sich zur Literatur und Kultur der asiatischen Länder hingezogen. In einem Interview bemerkt Snyder jedoch, dass es damals für amerikanische Studenten so gut wie unmöglich gewesen sei, nach China zu gelangen.[111] Da er sich für Zen interessierte und wusste, dass es in Japan noch praktizierende Lehrer der traditionellen Zen-Schulen gab, fasste er den Entschluss, nach Japan zu gehen. Schon in den Gedichten, die Snyder auf seinen Touren in den *Sierra Mountains* in den frühen 1950er-Jahren schrieb, nahm die Lyrik des Haiku für ihn eine besondere Rolle ein. Ein Haiku ist eine japanische Gedichtform. Darin wird der Naturbetrachtung ein besonderer Stellenwert eingeräumt. Haikus bestehen meist aus drei Wortgruppen mit der Silbenfolge 5-7-5 und gelten als eine der kürzesten Gedichtformen überhaupt. In der westlichen

109 Gary Snyder, Piute Creek, in: Ders., Riprap and Cold Mountain Poems. Washington, DC 2009, 8.

110 Bruce Cook, The Beat Generation: The tumultuous '50s movement and its impact on today. New York 1971, 29.

111 Interview mit Gary Snyder. Audio 17.11.2012, 1:10:17.

Welt wird die Silbenfolge oft nicht genau eingehalten, jedoch ist die Vorgabe von drei Zeilen auch hier wichtig. Ein Beispiel für ein Haiku von Jack Kerouac, den Snyder die Gedichtform kurz zuvor lehrte:

> I went in the woods
> to meditate –
> It was too cold[112]

Während seiner Zeit in Berkeley begann Snyder, Gedichte von Han Shan zu übersetzen – eine Aufgabe, der sich bisher kaum ein Amerikaner oder Europäer gewidmet hatte. Die Anregung dazu bekam er im September 1955 von seinem Professor für chinesische Literatur, Dr. Chen Shih-hsiang. In einem Seminar zu *Chinese Poetics* zeigte Snyder besonderes Interesse an buddhistischer Lyrik, woraufhin Dr. Chen Shih-hsiang auf Han Shan's *Cold Mountain* aufmerksam machte.[113] Snyder holt sich das traditionell heftgebundene Buch mit Han Shans kompletten Werken aus der Bibliothek. Am Ende des Semesters hatte er bereits 24 der Gedichte übersetzt.[114] Später schrieb er über die ersten chinesischen Übersetzungen ins Englische aus den 1920er-Jahren:

> When English-speaking readers first came onto Chinese poetry in translation, about sixty years ago, there was a sigh of relief. It was refreshing to get away from romanticism and symbolism and to step into the cool world of Chinese lyric poetry. Here were cool poems of friendship and journeys, moments of tender thought for wives and children, praise of quite cottages.[115]

Han Shan hatte im 8. oder 9. Jahrhundert in China das Leben eines Mönches und Eremiten gelebt. Seine Gedichte hatte er teilweise direkt in die Felsen der chinesischen Berge geritzt und sein Leben ganz dem *Dharma*, dem buddhistischen Daseinsgesetz, gewidmet. Dieses Konzept des *Dharma* versuchte Gary Snyder in den USA in den 1950er-Jahren bekannt zu machen. Mit seinen Übersetzungen gelang es ihm, *Beats* und Jugendliche zu erreichen, und brachte sie so mit der fernöstlichen Welt in Kontakt. Die buddhistischen Konzepte, die auf den ersten Blick Abwechslung versprachen, wurden begeistert aufgenommen. Dazu zählten vor allem solche aus Meditation und Philosophie. Doch kaum einer baute damals sein Studium des Buddhismus so weit aus wie Gary Snyder.

Snyder publizierte regelmäßig in der Zeitschrift *Zen Notes* des *First Zen Institute of America*, dem er beigetreten war – unter anderem fand sich dort sein Artikel »Anyone with Yama-Bushi Tendencies: A Message from a California

112 Jack Kerouac, Collected Poems. New York 2012, 643.

113 Gary Snyder, Cold Mountain Poems and Persons, in: Ders., Cold Mountain Poems: Twenty-Four Poems by Han Shan, translated by Gary Snyder. Berkeley 2013, [Part One].

114 Ebd.

115 Gary Snyder, Foreword, in: Edward H. Schafer, The Divine Woman: Dragon Ladies and Rain Maidens. San Francisco 1980, XII.

Member of Special Interest to Those Seeking Jobs Which Leave Time for Study and Zazen« von 1954.[116] Zu dieser Zeit war er noch in Berkeley am *Department of Oriental Languages* an der *University of California*. In diesem Artikel verband er die Aufgaben und Erfahrungen seiner Aufenthalte auf den Feuerwachtürmen in den *Sierras* mit der Meditation des Zen-Buddhismus, welche sich für ihn perfekt ergänzten. Er wollte mit dem Artikel auch Mitglieder des *First Zen Institute* dafür begeistern, solche Arbeiten anzunehmen und gab das Beispiel der buddhistischen Yamabushi an, die als Asketen in den Bergen Japans lebten. Nach deren Prinzipien begann Snyder während seiner Arbeit in den Bergen bereits jeden Morgen um 4:30 Uhr mit Sitzmeditation bevor er um 8:00 Uhr über Funk seine erste Tagesmeldung bei der Nationalpark-Verwaltung abgeben musste.[117]

Während seines Studiums in Berkeley lernte Snyder Ruth Fuller Sasaki kennen, die in den 1950er-Jahren Leiterin des *First Zen Institute of America* war. Sasaki, die häufig auch als *Zen-Lady* bezeichnet wird, war eine Pionierin in vielerlei Hinsicht. Als eine der ersten Frauen aus der westlichen Welt hatte sie sich bereits in den 1930er-Jahren vollkommen dem Studium und dem Leben des Zen-Buddhismus gewidmet. Sie war mit dem Japaner Sokei-an verheiratet, der 1906 nach Nordamerika gekommen war und zunächst einen eher einfachen und unspektakulären Meditationsstil praktiziert hatte.[118] 1930 gründete er die *Buddhist Society of America*, der Fuller Sasaki 1938 beitrat. Da Zen damals gerade populär war, erkannte Sasaki in Sokei-ans Meditation Potenzial und regte ihn dazu an, den Amerikanern die Sitzmeditation Zazen beizubringen. Die beiden heirateten 1944, jedoch starb Sokei-an bereits ein Jahr später nach schwerer Krankheit. Die *Buddhist Society of America* wurde im Folgenden als *First Zen Institute of America* bekannt.

Neben D. T. Suzuki war Ruth Fuller Sasaki eine der bedeutendsten Persönlichkeiten, die die Konzepte des Zen-Buddhismus in Amerika bekannt zu machen versuchte. Zum großen Durchbruch kam es aber erst in den 1950er-Jahren. Ihren Höhepunkt erlebte die Zen-Strömung dann ein Jahrzehnt später im Zeitalter der Hippies.[119]

In einem ihrer Briefe schrieb Fuller an Snyder:

> A young man with an assured income of fifty dollars a month, who is willing to come to Japan and spend a minimum of three years there, who will for one year devote himself to the study of Japanese language and to acquainting himself with Japanese culture

116 Isabel Stirling, Zen Pioneer: The Life &Works of Ruth Fuller Sasaki. Berkeley 2006, 67.

117 Gary Snyder, Anyone with Yama-Bushi Tendencies: A Message from a California Member of Special Interest to Those Seeking Jobs Which Leave Time for Study and Zazen, in: Zen Notes November 1954, 3–4.

118 Inken Prohl, California ›Zen‹: Buddhist Spirituality Made in America, in: Amerikastudien Vol. 59, No. 2. 2014, 196.

119 Nachzulesen in: Deborah Baker, A Blue Hand: The Beats in India. New York 2008.

and to learning to practice zazen, then to spend two years under a Zen teacher – living in or out of a Zen monastery – may reasonably well expect to pass his first koan at the end of that time.[120]

Der Kontakt zu Fuller Sasaki war für Gary Snyder 1956 zwar die Eintrittskarte nach Japan und in ein Zen-Kloster. Im Vorwort zu Ruth Fuller Sasakis Biografie schreibt Snyder jedoch: »We have to face it, Zen Buddhism is pretty elite.«[121] Er war einerseits von den Ideen und Praktiken des Zen fasziniert, andererseits kritisierte er die Kommerzialisierung, die im Westen damit einherging. Fuller Sasaki finanzierte ihm die Überfahrt nach Japan und gab ihm die Aufgabe, chinesische Zen-Texte ins Englische zu übersetzen. Sein Aufenthalt war gleichzeitig mit einer Ausbildung im Zen verbunden, die von Oda Sesso, dem *Roshi* des Daitoku-ji-Ausbildungszentrums, geleitet wurde.[122] Ein *Roshi* ist der spirituelle Anführer einer Gruppe von Zen-Studenten.

Im Übrigen hatte die *Zen-Lady* Jack Kerouacs *The Dharma Bums* gelesen. Kerouac schrieb dazu in einem Brief an Snyder:

For Mrs. Sasaki to say that »it was a good portrait of Gary but he doesn't know anything about Buddhism« is just fuckin typical of what's wrong with official Buddhism and all official religions today – woe, clashings, divisions, sects, jealousies, formalities, materialism, do-goodism, actionism, no response, no universal love-try, no abandoning of arbitrary conceptions for a moment. Even Suzuki was looking at me through slitted eyes as tho I was a monstrous impostor of some kind (at least I feel that, I dunno). Why should the Japanese make the chief claim on Buddhism when it came from an Aryan Indian, and Bodhisattva Bodhidharma came from the West?[123]

Kerouacs Kritik ist wohl berechtigt, da der Buddhismus in Japan in der Tat eine relativ neue Religion ist. Während er seine Ursprünge in Zentralindien um etwa 500 vor Christus hat, kam er erst im 6. Jahrhundert nach Japan, der Zen-Buddhismus sogar erst im 12. Jahrhundert. Kerouacs Einwürfe hinderten Snyder jedoch nicht daran, in den Tempel von Fuller Sasaki einzutreten. Seiner Ansicht nach gab es noch vieles zur japanischen Kultur zu erlernen, was ihm in den Vereinigten Staaten nicht möglich war. Diese selbstgesetzte Aufgabe wollte er um jeden Preis verfolgen.

Die Arbeit von Fuller Sasaki und auch die von Snyder trugen maßgeblich zum Transfer buddhistischer Traditionen und buddhistischen Gedankenguts in den Westen bei. In San Francisco wurden in den späten 1960er- und frühen 1970er-Jahren einige Zen-Klöster gegründet. Musiker, wie zum Beispiel Leonard

120 Suiter, Poets on the Peaks, 58.

121 Stirling, Zen Pioneer, IX.

122 Ebd., XII.

123 Jack Kerouac, Letter to Gary Snyder, Feb. 23, 1959 Northport, NY, in: Ann Charters (Hrsg.), Jack Kerouac: Selected Letters 1957–1969. London 2000, 213.

Cohen, und andere bekannte Persönlichkeiten nutzten diese Klöster, um die Meditation zu erlernen.

Kerouac schrieb im Februar 1956 in einem Brief, der gleichzeitig den kommenden Abschied thematisierte, folgendes Gedicht, in dem sich sowohl christliche als auch buddhistische Elemente finden. Es zeigt sein Interesse am Buddhismus, aber gleichzeitig seine Beziehung zum Christentum, das in seiner Familie eine zentrale Rolle spielte:

> I bless you, all living
> things, I bless you
> in the endless past,
> I bless you in the
> endless present, I
> bless you in
> the endless future
> Amen.[124]

Kerouac hatte der Buddhismus bereits vor seiner Bekanntschaft mit Snyder fasziniert: 1955 schrieb er eine Biografie über den Begründers des Buddhismus, Siddhartha Gautama, welche erst nach Kerouacs Tod als *Wake Up: A Life of the Buddha* veröffentlicht wurde. Durch Snyder wurde Kerouac auf neue Aspekte des Buddhismus, vor allem des Zen-Buddhismus aufmerksam. Zu den Werken, die Snyder ihm empfahl, gehörten auch die Schriften D. T. Suzukis, der als Wegbereiter des Buddhismus in Nordamerika gilt.

D. T. Suzuki selbst lebte vor dem Zweiten Weltkrieg für längere Zeit in den USA. Bei Kriegsausbruch befand er sich in Japan und verurteilte den Krieg zwischen Japan und Amerika stark, da er sich in beiden Ländern zu Hause fühlte. In den Nachkriegsjahren wurde er zu Vorträgen nach Amerika eingeladen, wo er die Spaltung zwischen Ost und West anprangerte. 1949 erklärte er bei einer Konferenz vor *Fulbright*-Stipendiaten diese Beziehung folgendermaßen:

> As to meeting in East and West, this has been going on to a great extent in various ways. But mostly, as far as I can see in history, East has been exploited by the West economically, politically, so far. And it is only after the last war that the West has really, earnestly begun to study what East is, what East means, what Eastern culture stands for.[125]

Im wachsenden Interesse der westlichen Welt für die asiatischen Kulturen im Allgemeinen und den Buddhismus im Besonderen sah er das Potenzial für eine Annäherung von Ost und West.

124 Jack Kerouac, Letter to Gary Snyder, Feb. 14, 1956 Rocky Mount, NC, in: Ann Charters (Hrsg.), Jack Kerouac: Selected Letters 1940–1956. London 1995, 558.

125 A Zen Life (Spielfilm, 2006), 25:07 min.

Gary Snyder formulierte Suzukis These noch radikaler und begründete sie mit einem Schuldbewusstsein des Westens: »It took, maybe, America dropping the Atomic bomb, for the West to become interested in Zen. Almost out of guilt.«[126] Diese Aussage mag zwar übertrieben klingen, jedoch gab es nach dem Zweiten Weltkrieg vor allem in Europa und Nordamerika eine Vielzahl an Konferenzen zum kulturellen Austausch von Ost und West, was Snyders These durchaus unterstützt.

Für Snyder war die Vorreiterrolle Suzukis, der mit dem Kulturaustausch schon in den 1930er-Jahren begonnen hatte, enorm wichtig: »He [Suzuki] is probably the most culturally significant Japanese person in international terms, in all history.«[127] Internationalität war eines der Themen, die Snyder beschäftigten. Er nahm später, wie bereits Suzuki vor ihm, eine Art Vermittlerrolle zwischen Japan und Nordamerika ein. Jedoch blieb für Snyder auch die indigene Kultur Nordamerikas weiter bedeutend, da er den pazifischen Ozean nicht als Grenze zwischen den Kontinenten sieht, sondern als verbindendes Element.

Der kulturelle Austausch von Ost und West wurde in Nordamerika auch von den *Beats* akzeptiert, deren Ideen antikonforme und exotische Züge annahmen. Der Zen-Buddhismus verbreitete sich schnell, und Gary Snyder und Philipp Whalen waren dabei die Hauptakteure, die rasch auch Kerouac, Ginsberg und andere von seinen Konzepten überzeugten. Dazu zählten vor allem die Forderung von der Gleichberechtigung allen Lebens sowie ein Lebensstil, der dem der *Beats* in gewisser Weise ähnelte.

Der amerikanische Schriftsteller Jim Harrison lebte zwar selbst nicht nach buddhistischen Konzepten, besaß aber ein detailliertes Wissen über die Religion. In einem 2010 gefilmten Gespräch mit Snyder diskutieren die beiden über Aspekte der Wiedergeburt.[128] Dabei geht es auch um die Rolle der Pflanzenwelt im Buddhismus. In manchen Sekten glauben die Mitglieder, dass es möglich ist, als Baum wiedergeboren zu werden. Harrison ist begeistert von dieser Vorstellung, da er sie als potenziell zentral für das Ökosystem der Natur sieht. Snyder teilt diese Auffassung. Dieses auf den ersten Blick einfach anmutende Gedankenspiel zwischen den beiden Männern geht durchaus in die Tiefe. Der Buddhismus ermöglicht dem Menschen, sich in ein anderes Lebewesen hineinzuversetzen und aus dieser Perspektive die Natur komplett neu zu erleben. Ein Baum, so Harrison, besteht aus einer Vielzahl von eigenständigen Lebewesen und steht gleichzeitig vor vielen Aufgaben, die sein Leben und das Leben vieler anderer Organismen, wie auch das des Menschen, garantieren. Snyder geht noch einen Schritt weiter und argumentiert mit der Beständigkeit, die dieses Lebewesen besitzt. Ein Baum an sich hat eine begrenzte Lebenszeit, jedoch kann das Alter

126 Ebd., 26:19 min.
127 Ebd., 1:45 min.
128 Zu sehen auf der DVD: The Practice of the Wild (DVD, 2010).

einer Baumfamilie sich auf mehrere Hundert Jahre ausdehnen. Ein Faktor, der das Leben der »Familie« stark beeinflusst, ist das Eingreifen des Menschen. Im Falle der Wälder an der Westküste der USA, so Snyder, hat der Mensch seinen Einfluss missbraucht.[129]

Das Gedankenspiel eröffnet außerdem einen großen poetischen Freiraum, der vor allem in der Zeit der *Beats* und Hippies genutzt wurde und immer noch genutzt wird. Gary Snyder selbst schrieb Gedichte aus der Perspektive von Bergen und Organismen. Die Parallele zu den Mythen der Indigenen Nordamerikas ist augenfällig. Neben der Personifizierung bestimmter Tiere, wie zum Beispiel der Kojoten und Bären, rückt auch die Pflanzenwelt ins Zentrum der Betrachtung. Gary Snyder beschreibt in einem seiner Essays, wie Indianer das Atmen der Blumen wahrnehmen. Die indigene nordamerikanische Kultur und die buddhistische Kultur, die bei einem ersten Vergleich grundverschieden erscheinen, zeigen bei näherem Hinsehen durchaus Gemeinsamkeiten, die sich in erster Linie auf das Leben im Einklang mit Natur und Umwelt beziehen.

Im Mai 1956 erreichte Gary Snyder den Tempel *Ryosen-an* bei Kyoto, nachdem es von Seiten der amerikanischen Behörden zuvor einige Probleme mit seinem Reisepass und Visum gegeben hatte.[130] Wieder einmal sorgten sein Aufenthalt auf einem Frachtschiff im Jahr 1948 und seine damalige Mitgliedschaft in der *Marine Cooks and Stewards Union* für Probleme, da diese Gewerkschaft als kommunistisch angesehen wurde.[131] Wie schon zuvor mit der Einstellung beim *U.S. Forest Service* gab es wieder Schwierigkeiten, die auf seiner Vergangenheit beruhten. Trotz seiner Eintragung als potenzieller Kommunist durch das *Federal Bureau of Investigation* bekam er nach einem ausführlichen Briefwechsel mit den Behörden die Erlaubnis, nach Japan auszureisen.

Zur Zeit von Snyders Aufenthalt in Japan war der Zen-Buddhismus dort nicht sehr verbreitet; er wurde von den Japanern als altmodisch betrachtet. Die Verehrung und Wertschätzung der Religion kamen aus dem Westen, wo der Zen romantisiert zu werden begann. Die jungen Japaner ihrerseits waren eher an den neuen Bewegungen im Westen interessiert.

Joanne Kyger, Snyders Freundin aus Kalifornien, zog 1960 nach Japan, um mit ihm in Kyoto zu leben. Ruth Fuller Sasaki, damals 77, gab als Bedingung für ein gemeinsames Zusammenleben der beiden eine Heirat vor. Kyger kritisierte dieses altmodische, christliche Verhalten, das Fuller Sasaki trotz ihrer Hinwendung zum Buddhismus beibehielt: »Mrs Sasaki's views on sex – holdover from early Christian training. Certainly no counterpart on contemporary buddhism.«[132] Kyger, die sich stark zu Snyder hingezogen fühlte, war bei ihrer Überfahrt den-

129 The Practice of the Wild (DVD, 2010), 43:27 min.

130 Stirling, Zen Pioneer, 82.

131 Ebd.

132 Joanne Kyger, Strange Big Moon: The Japan and India Journals: 1960–1964. Berkeley 2000, 98.

noch entschlossen, ihn nicht sofort bei ihrer Ankunft zu heiraten.[133] Sie hatte ihn in der *East West Community* kennengelernt, in der sie in San Francisco lebte. Gary Snyder war dort das Gesprächsthema schlechthin gewesen, wie die *Beat*-Biografin Deborah Baker anmerkt.[134] Dies ist ein Anhaltspunkt dafür, dass Snyder auch außerhalb der *Beat*- und *Boheme*-Kreise bekannt war und sein Handeln und Auftreten für einen gewissen Einfluss Pate stand. Grundstein der Beziehung von Kyger und Snyder war ein 1958 von ihr geführter Dichterkreis, an dem auch Snyder teilnahm.[135] Bei dieser Veranstaltung, die von einem Zentrum für den Austausch westlicher und östlicher Kultur organisiert wurde, trafen sich die beiden zum ersten Mal, kurz vor Snyders Aufbruch nach Japan. Gary Snyder schrieb über Kyger: »America's great future woman poet and remarkable person in her own right.«[136]

Ruth Fuller Sasaki blieb jedoch bei ihrer Meinung: »If you and Joanne want to marry at any time and then live in your little house in the mountains, fine. But living together in the little house before marriage won't do.«[137] Deshalb stimmte Joanne Kyger sehr bald nach ihrer Ankunft im *Ryosen-an* Tempel in Daitoku-ji einer Heirat zu. Allein fühlte sie sich in dieser fremden Kultur wie ausgestoßen und hatte Schwierigkeiten, Zugang zu ihr zu finden. Mit der Heirat und der Akzeptanz durch Ruth Fuller Sasaki fiel es ihr leichter. Jedoch lernte sie nur langsam Japanisch und es fiel ihr schwer, sich in den Zen-Buddhismus hineinzuleben. Neben Unterrichtseinheiten in Englisch für Japaner übernahm Kyger auch Lektoratsaufgaben für Fuller Sasaki. Snyders Aufgaben im Daitoku-ji Tempel bestanden darin, ebenfalls Englisch zu unterrichten und seine Sitzmeditation zu praktizieren und zu verbessern.[138] Seine Meditationsübungen begann Snyder bereits um drei Uhr morgens, um sich dann mindestens fünf Stunden pro Tag der Meditation und den Farmarbeiten auf dem Klostergelände zu widmen.[139]

Am 23. Februar 1960 heirateten Snyder und Kyger im amerikanischen Konsulat in Kobe.[140] Eine Woche später wurde die Heirat von der Nachrichtenagentur *United Press International* bekanntgegeben, und das Ehepaar erhielt Besuch von einem Reporter der Agentur, der in Amerika über die Heirat berichten wollte.[141] Dies zeigt das in den USA vorhandene Interesse an der Person Snyders, auch über seine Arbeit in Japan wurde bereits in den Zeitungen berichtet.

133 Deborah Baker, A Blue Hand: The Beats in India. New York 2008, 73.
134 Ebd.
135 Ebd.
136 Ebd., 74.
137 Kyger, Strange Big Moon, XII.
138 Baker, A Blue Hand, 77.
139 The Practice of the Wild (DVD, 2010), 21:25 min.
140 Kyger, Strange Big Moon, 7.
141 Ebd.

In Japan wiederum wurde Gary Snyder des Öfteren auch von japanischen Medien und Institutionen angesprochen, mit der Bitte, über die neuesten Entwicklungen in Amerika zu berichten. Ein interessantes Dokument aus dieser Zeit ist *Notes on the Beat Generation*, in dem er 1960 versuchte, die gegenkulturellen Strömungen in den USA für das geachtete japanische Magazin *Chuo-koron* zu beschreiben.[142]

Snyder schrieb in Kyoto auch viele Gedichte, die sowohl in Japan als auch in den Vereinigten Staaten veröffentlicht wurden. Die japanischen Veröffentlichungen erfolgten oft zweisprachig. Ein Gedicht aus dieser Zeit mit dem Titel *Song of the Taste* bezeichnet er als sein erstes wirklich ökologisches Gedicht:[143]

> Eating the living germs of grasses
> Eating the ova of large birds
>
> the fleshy sweetness packed
> around the sperm of swaying trees
>
> The muscles of the flanks and thighs of
> soft-voiced cows
> the bounce in the lamb's leap
> the swish in the ox's tail
>
> Eating roots grown swoll
> inside the soil.
>
> Drawing on life of living
> clustered points of light spun
> out of space
> hidden in the grape.
>
> Eating each other's seed
> eating
> ah, each other.
>
> Kissing the lover in the mouth of bread:
> lip to lip.[144]

Wie schon an der kalifornischen Westküste war Snyder auch in Japan viel in der Natur unterwegs. Seine vom Kloster vorgeschriebene Zeit als Bettelmönch mag ihn dazu veranlasst haben, dieses Gedicht zu schreiben. Die detaillierten Anführungen können als Studie zum Konsum verstanden werden und beinhalten

142 Die Originalversion erschien 1960 im japanischen Magazin *Chuo-koron*. Eine Übersetzung findet sich in: Gary Snyder, A Place in Space: Ethics, Aesthetics, and Watersheds. Berkeley 1995, 7–18.

143 Gary Snyder, Writers and the War Against Nature, in: Ders., Back on the Fire: Essays. Berkeley 2006, 68.

144 Ebd.

gleichzeitig eine Erläuterung des Kreislaufes der Natur. Snyder erklärt in einem Essay zu dem Gedicht, dass er die Ethik von *ahimsa* ansprechen wollte. *Ahimsa* ist das Konzept der Gewaltlosigkeit, auf das sich auch Mahatma Gandhi berief.[145] Es fordert aber auch dazu auf, Respekt gegenüber allem Lebenden aufzubringen. Snyders Schlussfolgerung: »This cannot come from ›thinking about‹ nature; it must come from being *within* nature.«[146]

Im Winter 1961/62 brach Gary Snyder zusammen mit seiner Ehefrau Joanne Kyger zu einer Reise nach Indien auf. Sie sollte sechs Monate in Anspruch nehmen. Snyder war auf der Suche nach den Ursprüngen des Buddhismus (Abb. 10). Es war auch die Vielfalt der Religionen, die er dort studieren wollte: »Devotion to a host of Gods and Goddesses that will cleanse the whole universe of pollution (but it's not time yet).«[147] Zudem begann mit dem Zusammentreffen mit Allen Ginsberg und dessen Freund Peter Orlovsky ein weiteres wichtiges Kapitel in der Geschichte der amerikanischen Gegenkulturen. Kaum eine Reise Snyders ist so gut dokumentiert wie dieser Indienaufenthalt. Neben den veröffentlichten Tagebüchern aller vier Reisenden sind auch viele Briefwechsel mit Freunden und Schriftstellern in den USA zugänglich. Ferner hat die *Beat*-Biografin Deborah Baker mit ihrem Buch *A Blue Hand* aus Archivmaterial eine Erzählung der Reise aus der Sicht Ginsbergs geschrieben und damit die Indien-Abenteuer der *Beats* einem neuen Publikum zugänglich gemacht.

Snyder und Kyger verließen Kyoto und das Zen-Kloster am 10. Dezember 1961. Bereits auf der Überfahrt in Richtung Indien machten sie Bekanntschaft mit Neale Hunter, einem Australier. In einem Gespräch mit Kyger erzählte er von dem Buch *The Dharma Bums*, das er in Australien gekauft und vor seiner Reise gelesen hatte. Als Kyger ihm mitteilte, dass Gary Snyder der *Dharma Bum* sei, war Neale überrascht.[148] Für ihn war die Person des *Japhy Ryder* nur eine Erfindung Kerouacs gewesen. Das Idealbild des Romans eilte Snyder bereits voraus und war in dieser Zeit, zumindest in der englischsprachigen Welt, nicht mehr unbekannt. Dies ist insofern interessant, als Snyder selbst sehr abgeschieden in einem japanischen Kloster lebte und nur noch wenig Kontakt zu amerikanischen Verlagen und Medien hielt. Bei einem kurzen Aufenthalt auf Ceylon besuchte Snyder neben den botanischen Gärten von Peradeniya, die für ihre Artenvielfalt berühmt sind, die buddhistischen Tempel und Gedenkstätten.[149]

Am 5. Januar 1962 kamen die Reisenden schließlich im südindischen Madurai an. Nach einem Besuch im Minakshi-Tempel vor Ort ging die Reise weiter nach

145 Ebd., 69.

146 Ebd.

147 Gary Snyder, Passage Through India: An Expanded and Illustrated Edition. Berkeley 2007, X.

148 Kyger, Strange Big Moon, 145.

149 Snyder, Passage through India, 18.

Abb. 10: Gary Snyder in Kyoto, Japan, Juli 1963. (Foto: Allen Ginsberg © Allen Ginsberg Estate)

Pondicherry. Dort kamen Snyder und seine Frau in einem Aschram unter.[150] Diese klosterähnlichen Institutionen sind typisch für Indien. Sie vermittelten laut Snyder ein neues Gefühl von Gemeinschaft: »It is a religious community based around some teacher and branch of Hinduism; the person of the teacher being very important«.[151] Jedoch sind nicht alle Aschrams in Indien religiös motiviert, es gibt auch Gandhi-Aschrams oder Vinoba-Bhave-Aschrams, die in erster Linie einen spirituellen Kommunismus mit sozialen Aufgaben und Arbeiten verbinden.[152] Im Pondicherry-Aschram, der als einer der am besten

150 Ebd., 25.
151 Ebd.
152 Ebd.

organisierten in Indien gilt, wurde die Praxis des Yoga in den Vordergrund gestellt, die Mitglieder der Gemeinschaft sprachen von *Integral Yoga*.[153] Gary Snyder verfolgte und studierte die verschiedenen Konzepte, die teilweise an kommunistische Gemeinschaften erinnern, ausführlich.

»And this is what I am always looking for«: Angetan von den Ideen, der Meditation, dem Studium des Selbst und der Einstellung gegenüber der Gemeinschaft, die in den Aschrams praktiziert wurde,[154] war Snyder wieder fasziniert von einer fremden Kultur, die einen starken Kontrast zu den westlichen Ansichten bildete. Bei den anschließenden Stationen verweilten die Reisenden noch in zahlreichen weiteren Aschrams, in denen Snyder vor allem an den meditativen Übungen teilnahm und viele der indischen Meditationspraktiken übernahm, die er in seinen Tagebüchern und Aufsätzen verewigte.

Jedoch schwingt auch Kritik in den Aufzeichnungen Snyders mit. In manchen Tempeln wurde komplette Hingabe und Unterordnung gegenüber dem jeweiligen Anführer verlangt, die für Snyder teilweise zu weit ging.[155]

In Madras wurde das Paar erneut von der Tragweite der amerikanischen *Beat Generation* überrascht. In einer der unzähligen kleinen Buchhandlungen, in denen Snyder auf der Suche nach buddhistischen und hinduistischen Texten war, fiel Joanne zufällig ein Exemplar von Kerouacs *Scripture of the Golden Eternity* in die Hände.[156] Dieser Fund belegt, wie schnell sich die Literatur der *Beats* verbreitete und auch, dass sowohl in Indien als auch in Japan ein Interesse an westlichen Subkulturen gedieh.

Auch bemerkte Snyder während seines Aufenthalts in Madras, dass die gebildete Schicht Südindiens versuchte Hindi zu verbreiten, nachdem Englisch nach der Unabhängigkeit Indiens nicht mehr die Amtssprache war. Diese Form der Identifikation mit alten kulturellen Werten beeindruckte Snyder, der neben Traditionen und Einstellungen zur Natur in den jeweiligen Regionen auch jüngere Entwicklungen neugierig betrachtete. Die neue Unabhängigkeit von einer zuvor sehr dominanten Kolonialmacht weckte sein Interesse. Gleichzeitig verurteilte er die Vorteile, die ihm durch seine Position als weißer, westlicher Mann zuteilwurden. Die Spuren des Kolonialismus, die an zahlreichen Stellen zu finden waren, missfielen ihm.

Ein Höhepunkt des Aufenthaltes in Madras war der Besuch einer internationalen Landwirtschaftsausstellung.[157] Auf dieser Messe waren auch Deutschland

153 *Integral Yoga* ist eine zu Beginn des 20. Jahrhunderts entwickelte Form des Yoga, bei der die spirituelle Philosophie der Yogis in die Praxis umgesetzt wurde. Sri Aurobindo gilt als Begründer des *Integral Yoga* welches auch in Pondicherry am Golf von Bengalen gelehrt wurde.

154 Snyder, Passage through India, 29.

155 Ebd.

156 Ebd., 37.

157 Ebd., 41.

und Amerika vertreten, die versuchten, vor Ort Methoden für eine effizientere Land- und Viehwirtschaft anzupreisen. Obwohl Snyder diese Aktivitäten der westlichen Länder nicht explizit verurteilte, so lässt sich doch an seiner kritischen Haltung erkennen, dass er die kapitalistisch orientierten Versuche Europas und Amerikas, in die asiatische Wirtschaft und Kultur einzugreifen, missbilligte. Es scheint, als habe er darin eine moderne Art des Kolonialismus gesehen, die eine neue Abhängigkeit Indiens vom Westen bedeuten könnte. Eben diese potenzielle Abhängigkeit könnte aber auch dazu führen, dass Indien, das damals kaum Monokulturen besaß, längerfristig mit den gleichen Problemen zu kämpfen hätte wie Europa und Amerika, wenn neue Agrarkonzepte zu schnell großflächig eingeführt würden.

In der Ruinenstadt Rajagriha sah sich Snyder erstmals mit einer historischen Umweltsünde konfrontiert. 1.000 Jahre zuvor war es in dieser Region zu einer enormen Entwaldung durch die Bewohner und Herrscher gekommen (Abb. 11). Das heute arid wirkende Terrain wird in alten Aufzeichnungen als gut bewässert beschrieben, berühmt für seinen Baumreichtum, vor allem für seine Mangohaine.[158]

Beim Aufenthalt in der Region um Rajagriha, während dem die Reisegruppe in der *Nalanda University* untergebracht war, hielt Snyder für die Studenten und Professoren einen Vortrag über den Zen-Buddhismus.[159] Es ist bemerkenswert, dass eine dominant hinduistische Universität das Angebot eines Vortrags über eine andere Religion annahm. Gary Snyder lud sich während seiner Indienreise häufig in Universitäten und Institutionen ein, um die Konzepte des Buddhismus zu erläutern, aber auch, um seine Reise zu finanzieren. Trotz vieler Gemeinsamkeiten gibt es doch einige Unterschiede zwischen dem Buddhismus und dem Hinduismus. So unterscheiden sich zum Beispiel die Vorbilder der beiden Religionen. Während im Buddhismus der Buddha das zentrale Vorbild ist, so gibt es im Hinduismus viele Gottheiten. Eine Gemeinsamkeit ist jedoch, dass in beiden Religionen der Umwelt und der Natur eine tragendere Rolle zuteil wird, als in vielen westlichen Kulturen und Religionen. Snyder vermisste diesen Aspekt sehr in der Kultur, die er aus den Vereinigten Staaten kannte.

Die nächste Station der Reise war Nepal. Neben der kulturellen und geografischen Vielfalt des Landes interessierte sich Snyder erneut für die Landwirtschaft: »Nepal has intensively cultivated land; ricefield terraces up steep hills, and farms perched on the edge of abysses. Erosion is a problem here too.«[160] Jedoch stellte er während seines Aufenthaltes kulturelle Beobachtungen in den Hintergrund und widmete sich einer seiner Leidenschaften: dem Wandern. Vor der Kulisse des Himalayas bewunderte Snyder die Arbeiten und die Kunst der Nepalesen,

158 Ebd., 54.
159 Ebd., 55.
160 Ebd., 58.

Abb. 11: Aufnahme (mit unbekannter Person) von Rajagriha mit Blick auf das entwaldete Tal (Foto: Gary Snyder)

selbst in die unzugänglichsten Gegenden Wege und Pfade zu bauen, die sich teilweise perfekt in die Natur einfügen und mit der Landschaft verschmelzen.

Snyder, der stark von Thoreau und dessen Essay *Civil Disobedience* beeinflusst war, wurde in Indien des Öfteren mit dem Bürgerrechtler Mahatma Gandhi konfrontiert.[161] Ein Mönch, der sich später als Shankarao Deo, eine bekannte Figur der Gandhi-Bewegung zu erkennen gab, fragte Snyder, was er von Gandhi hielte. Snyder erwiderte: »Some Americans have gotten a lot out of nonviolence from Gandhi, the Negro movement in the south etc…«.[162] Bevor Snyder noch mehr antworten konnte, konterte der Mönch: »You want to get something out of nonviolence; it won't work that way. Like India, when she got Independence, she threw Gandhi away.«[163] Diese Worte sollten Snyder noch lange begleiten. Bei seiner Rückkehr in die USA in den späten 1960er-Jahren griff er sie als Reaktion auf bedeutende Veränderungen wieder auf.

161 Mahatma Gandhi wurde sehr durch Henry David Thoreau beeinflusst. Folgender Aufsatz gibt mehr Hintergründe: George Hendrick, The Influence of Thoreau's Civil Disobedience on Gandhi's Satyagraha, in: The New England Quarterly (Vol. 29, No. 4, Dec. 1956), 462–471.

162 Snyder, Passage through India, 71.

163 Ebd.

Abb. 12: »Treffen der Beats«: Kyger, Ginsberg und Orlovsky in Delhi (Foto: Gary Snyder)

Kurz nach der Unterhaltung mit Shankarao Deo trafen Snyder und Kyger in Neu-Delhi ein. Dort konnte Snyder beim *American Express*-Amt seine Post einsehen und erhielt auch einen Brief von Ginsberg, in dem dieser berichtete, erfolgreich mit Peter Orlovsky in Neu-Delhi angekommen zu sein. Am 23. Februar, nachdem Snyders Indienaufenthalt fast zur Hälfte vorbei war, kam es zum ersten Treffen der Freunde auf indischem Boden (Abb. 12).

Obwohl für Ginsberg und Orlovsky Drogenkonsum und Exzesse im Vordergrund ihrer Reise standen, sorgte Snyders Anwesenheit auch für ein Interesse an kulturellen und religiösen Themen. In Indien waren die Drogengesetze sehr liberal und es stellte kein Problem dar, an Cannabis oder Morphium zu kommen. Gerade deshalb erschien das Land manchen Mitgliedern der *Beat Generation* vielversprechend. Ginsberg wandte sich aber, anders als Orlovsky, bald von Drogen ab. Er war bereits Mitte der 1950er-Jahre durch Snyder mit dem Buddhismus in Berührung gekommen und war nun auf der Suche nach einem passenden Guru, weshalb er die Absicht hatte, länger in Indien zu verweilen.[164] In den Jahren zuvor war er durch den Gerichtsprozess, der mit der Veröffentlichung seines Gedichts *Howl* einherging, psychisch oft an seine Grenzen gesto-

164 Allen Ginsberg, Indian Journals: March 1962 – May 1963: Notebooks, Diary, Blank Pages, Writings. San Francisco 1970, 4.

Abb. 13: Kyger, Ginsberg, Orlovsky vor der Kulisse des Himalaya (Foto: Gary Snyder)

ßen.[165] Nun sah er in der Reise nach Indien eine neue Chance für seine schriftstellerische Entwicklung. Zum einen wollte er viele Themen und Erlebnisse in Gedichten verarbeiten, zum anderen war er mit seinem Freund Peter Orlovsky unterwegs und bereit für ein Abenteuer und die Suche nach einer Religion, mit der er sich identifizieren konnte.

Durch die Beziehungen der beiden Neuankömmlinge wurden Kontakte mit dem Autor Kushwant Singh und dem Musiker Chattur Lal aufgebaut, der schon mit dem Sitar-Spieler Ravi Shankar zusammen Amerika besucht hatte.[166] Mit Konzerten waren sie damals in den USA sehr erfolgreich gewesen und hatten in den 1950er-Jahren die indische Kultur nach Amerika gebracht.

Zusammen zogen die vier weiter, um eine passende Lebensphilosophie für Ginsberg zu finden (Abb. 13). In einem Aschram kamen sie in Kontakt mit dem Yoga-Lehrer Swami Shivananda, der 1936 die *Yoga Vedanta Forest Academy* gegründet hatte, die inzwischen auch zwei Zweigstellen in San Francisco unterhielt.[167] Nach einer Unterrichtsstunde gab der Lehrer dem begeisterten Ginsberg

165 Im Frühjahr kam es nach der Veröffentlichung des Gedichtbandes *Howl* zu einem Prozess, der aufgrund von vermeintlichen »Obszönitäten« im Text gegen die Verbreitung des Buches vorging. Ginsberg und sein Verleger gewannen den Prozess. Mehr zum Prozess in: Bill Morgan (Hrsg.), Howl on Trial: The Battle for Free Expression. San Francisco 2006.

166 Snyder, Passage through India, 86.

167 Ebd., 88.

sein Werk *Raja Yoga*, in dem Yoga-Praktiken erklärt werden.[168] Dieses sollte großen Einfluss auf das Schaffen Ginsbergs haben, was sich im Amerika der späten 1960er-Jahre erneut in Bedeutung und Einfluss seiner Werke widerspiegelte.[169]

Snyder hingegen war eher auf die Verbindungen zwischen Zen-Buddhismus und Indien fixiert:

> Zen came into being as a development of the Yogachara sect, which was a sect combining yoga-meditation and Mahayana metaphysical speculative-type philosophical systems largely developed at Nalanda.[170]

Er sah darin ein Zusammentreffen der indischen und japanischen Kultur und versuchte, diese Praktiken auch in westlichen Kreisen bekannter zu machen.

In Kasar Devi wollte Snyder den deutschstämmigen Lama Govinda ausfindig machen.[171] Dieser war Autor des Buches *The Foundation of Tibetan Mysticism* und beschäftigte sich mit buddhistischer Psychologie. Snyder suchte das Gespräch, um auf Themen des Buddhismus zu kommen, die in Amerika kaum besprochen wurden. Zentral waren dabei tibetanische Meditation und die Initiation Außenstehender in den Buddhismus. Govinda selbst, der deutsch-bolivianische Wurzeln hatte, befand sich bereits seit 1931 in Indien und war schon fest in der Kultur verwurzelt. Snyder war auf all seinen Reisen und Aufenthalten in fernen Ländern darauf bedacht, so viel wie möglich von jeder Kultur mitzunehmen und dieses Wissen mit ihm bereits bekannten Konzepten zu vergleichen und, wenn möglich auch zu kombinieren.

Der Dalai-Lama-Aschram war für Snyder eine der wichtigsten Stationen gegen Ende seiner Indienreise. Neben Gandhis Lehren interessierte Snyder auch die Biografie des Dalai Lama. Der Dolmetscher des Dalai Lama, Sonam Topgay, war sehr angetan vom Besuch der Gruppe und stellte den Amerikanern viele Fragen über den Zen-Buddhismus, der in einigen Punkten und Meditationstechniken der tibetanischen Schule sehr ähnelt.[172] Eines der zentralen Werke des tibetanischen Buddhismus ist das tibetische Totenbuch, *Book of the Dead*, welches in der westlichen Welt sehr erfolgreich war und auch von Subkulturen wie den *Beats* oder der Hippie-Bewegung wiederentdeckt wurde.[173]

168 Ebd., 89.

169 Spätere erwähnenswerte Publikationen von Ginsberg sind: Reality Sandwiches (San Francisco 1963), Planet News (San Francisco 1971) und sein mit dem *National Book Award* ausgezeichnetes The Fall of America: Poems of These States (San Francisco 1973).

170 Snyder, Passage through India, 90.

171 Ebd., 97.

172 Ebd., 113.

173 Das *Tibetan Book of the Dead* (oder auch: *Bardo Thodol*) ist eine tibetische Totenschrift, die sich mit dem Sterben und dem Zeitraum bis zur nächsten Reinkarnation beschäftigt. Das Buch wird häufig in der Popkultur aufgegriffen und erhält regelmäßige Neuübersetzungen.

Nachdem Topgay die kleine Gruppe auf das Treffen mit dem Dalai Lama vorbereitet hatte, wurden sie zu einer Audienz beim tibetischen Staatsoberhaupt geladen. Ginsberg und Orlovski waren vor allem an bewusstseinserweiternden Substanzen und deren Wirkung interessiert. Der Dalai Lama jedoch erwiderte:

Drug states are real psychic states, but they aren't ultimately useful to you because you didn't get them on your own will and effort. For a few glimpses into the unconscious mind and other realms, they may be of use in loosening you up. After that, you can too easily come to rely on them, rather than undertaking such a discipline as will actually alter the structure of the personality in line with these insights. It isn't much help to just glimpse them with no ultimate basic alteration in the ego that is the source of lots of the psychic-spiritual ignorance that troubles one.[174]

Allen Ginsberg war beeindruckt von dieser Aussage. Später widmete er seine *Indian Journals* unter anderem dem Dalai Lama und Gary Snyder.[175] Allen Ginsberg wollte so schnell wie möglich die »Erleuchtung« erlangen, da die Ruhe und Disziplin, die eine Sitzmeditation benötigt, ihm Probleme bereiteten. Joanne Kyger schrieb über ihn: »[Ginsberg] came to India to find a spiritual teacher. But I think he actually believes he knows it all, but just wishes he felt better about it.«[176] Sie führte weiter aus: »Something about Ginsberg that's stubborn unyielding & unattractive, a giant inflated ego part that really believes he's god & untouchable & good.«[177] Während Snyder sich eher gleichgültig gegenüber Ginsbergs Verhalten äußerte, übte Kyger als einzige Person in der Reisegruppe Kritik an ihm.

Gary Snyder war im Gespräch mit dem Dalai Lama an anderen Themen interessiert. Der Dalai Lama, genauso neugierig und wissensdurstig wie Snyder, zeigte sich offen für die Meditationspraktiken des Zen. Snyder gab ihm detaillierte Anleitungen und fungierte erneut als Mittler zweier Kulturen.[178] Bemerkenswert ist, dass Snyder sein Wissen über die Kulturen, über die sie sprachen, im Eigenstudium erworben hatte.

Snyders Reiseroute durch Indien wurde darüber hinaus von dem Prinzip bestimmt, nicht mehr als fünf US-Dollar am Tag auszugeben.[179] Zudem war sein Aufenthalt fest terminiert, und es war abgemacht, dass er zu seinem *Roshi* Oda Sesso nach Kyoto zurückkehren würde. Er war nicht auf der Suche nach einem

174 Snyder, Passage through India, 114.

175 Ginsberg, Indian Journals, 4. Er schreibt in der Einleitung »H. H. The Dalai Lama who asked ›If you take LSD can you see what's in the briefcase?‹ whereafter Gary Snyder chanted the Prajnaparmita Sutra in a cave at Ajanta.«

176 Kyger, Strange Big Moon, 194.

177 Ebd., 190.

178 Snyder, Passage through India, 115.

179 Baker, A Blue Hand, 87.

neuen Guru.[180] Indien kann dennoch als wichtige Station in der Entwicklung von Snyders Philosophie gesehen werden. Neben den kulturellen und religiösen Aspekten, die Snyder in den Aschrams und von der indischen Bevölkerung kennenlernte, waren auch die Wochen mit Allen Ginsberg wichtig. Kerouacs *The Dharma Bums* verfolgte ihn ebenfalls noch bei etlichen Gelegenheiten.[181] Sowohl auf der Überfahrt nach Indien als auch in mehreren Städten wurde Snyder auf das Buch angesprochen, und meist wussten die Gesprächspartner gar nicht, dass er *Japhy Ryders* reales Vorbild war.

Snyder verarbeitete seine Indien-Erfahrungen in dem Essay *Buddhism and the Coming Revolution.*

> Buddhism holds that the universe and all creatures in it are intrinsically in a state of complete wisdom, love and compassion; acting in natural response and mutual independence.[182]

Aus dem Buddhismus leitete Snyder ein wichtiges Element seiner Gesellschaftskritik ab. Die Gesellschaft stellt sich für ihn als sogenannte *preta*s dar, die im Buddhismus wie immer-hungrige Geister imaginiert werden, aber nur kleine, schmale Hälse besitzen.[183] Dieser ewige Hunger lässt sich laut Snyder vor allem in der europäischen und amerikanischen Gesellschaft erkennen, die mit Produktion und Nutzung der Natur versuchen, ihre Bedürfnisse zu stillen, dabei aber dem Exzess verfallen: Überproduktion und Ausbeutung der Natur sind die Folge. Snyder kontrastiert die *pretas* mit der Idee der freiwilligen Armut, die im Buddhismus oft von Mönchen praktiziert wird. Er selbst kennt das Konzept aus seiner Zeit als Bettelmönch in Japan.

Meditation gilt für ihn übrigens auch als eine Widerstandsform gegen den Massenkonsum, der an der Ausbeutung der Umwelt Mitschuld trägt. Massenkonsum ist allerdings laut Snyder nicht rein materiell, sondern auch spirituell, nicht zuletzt durch die Massenmedien oder die westlichen *supermarket universities*, in denen Wissen als Konsumgut angeboten wird, zu dem oft der individuelle Bezug fehlt.[184] Dem geistigen Massenkonsum kann seines Erachtens auch durch die Praxis des Buddhismus entgegengewirkt werden.

Ferner werden im Buddhismus die Welt und alle Menschen als ein großes Netzwerk betrachtet. In diesem idealen Netzwerk sind Regierungen, Kriege und alle weiteren Übel nicht tragbar oder durchsetzbar.[185] Um dieses ideale Netz-

180 Ebd., 92.

181 Kyger, Strange Big Moon, 162.

182 Gary Snyder, Buddhism and the Coming Revolution, in: Ders., Earth House Hold: Technical Notes & Queries To Fellow Dharma Revolutionaries. New York 1969, 90.

183 Ebd., 91.

184 Ebd.

185 Ebd., 92.

werk zu schaffen, geht Snyder so weit, eine Verschmelzung von Ost und West vorzuschlagen.

The mercy of the West has been social revolution; the mercy of the East has been individual insight into the basic self/void. We need both. They are both contained in the traditional three aspects of the Dharma path: wisdom (prajna), meditation (dhyana), and morality (śila). [...] This last aspect means, for me, supporting any cultural and economic revolution that moves clearly toward a free, international, classless world. It means using such means as civil disobedience, outspoken criticism, protest, pacifism, voluntary poverty and even gentle violence if it comes to a matter of restraining some impetuous redneck.[186]

Snyder fordert die Formierung einer neuen Gesellschaft in der Hülle der alten.[187] Seine revolutionären Ideen haben den Ursprung in marxistisch-kommunistischen Ideen, die er zum Teil aus den Manifesten der Gewerkschaft *Industrial Workers of the World* bekam, mit der er früh sympathisierte. So erinnert die klassenfreie Welt, von der Snyder spricht, in vielen Dingen an eine kommunistische, klassenfreie Gesellschaft.

Der buddhistische Begriff *ahimsa*, der später im Zusammenhang mit Gandhi oft fälschlicherweise als »gewaltlos« übersetzt wurde, aber tatsächlich »schadenfrei« bedeutet, wurde ebenfalls zu einem zentralen Punkt in Snyders Vision von einer besseren Welt.[188] Er beschreibt die eine Gesellschaft, die im Westen aus den Lehren des Buddhismus heraus entstehen könnte, folgendermaßen:

If we are lucky we may eventually arrive at a totally integrated world culture with matrilineal descent, free-form marriage, natural-credit communist economy, less industry, far less population and lots more national parks.[189]

Diese Punkte machen deutlich, welche neuen Ideen Gary Snyder durchzusetzen versuchte. Seine Indienreisen halfen ihm auch dabei, sich ein neues Bild von Japan zu machen:

From those travels in India we returned to Japan. Then as now it was almost a model of what the developed world might be. Though heavy-handed, it sports a capitalism with some remnant regard for family and society, and a strong old morality of social harmony.[190]

Nach seinem Indienaufenthalt verbrachte er weitere sechs Jahre in dem japanischen Zen-Kloster. In Japan begann gerade eine soziale und kulturelle Revolution. Der Literaturwissenschaftler Paul Sherman sieht darin auch eine Revo-

186 Ebd.
187 Ebd.
188 The Practice of the Wild (DVD, 2010). DVD Bonus Interview: Gary Snyder (4:48).
189 Snyder, Buddhism and the Coming Revolution, 93.
190 Snyder, Passage through India, IX.

lution der Gedanken: »As ›dharma‹ implies, this revolution turns on truth; it is what [Ralph Waldo] Emerson called a silent revolution of thought, and the thought, much of it, is Oriental.«[191]

Snyder greift diese Stimmung auf und veröffentlicht 1960 im japanischen Magazin *Chuo-koron* einen Text über die Entstehung der *Beat Generation* in den USA. Snyders Text kann als Orientierungshilfe für die gegenkulturellen Strömungen in Japan gesehen werden, die zu dieser Zeit gerade in der Entstehung begriffen war. Snyders Bericht gibt ebenfalls einen guten Einblick, wie er selbst die *Beat Generation* betrachtete:

> This new generation was educated, but it refused to go into academic careers or business or government. It published its poems in its own little magazines, and didn't even bother to submit works to the large established highbrow journals that had held the monopoly on avant-garde writing for so long.[192]

Snyder geht in dem Bericht auf die Teilung der amerikanischen Bevölkerung ein, die zum einen die Entwicklungen enthusiastisch verfolgte, zum anderen aber auch sehr kritisch betrachtete. Die von Seiten der Konservativen entstandene Kritik an der *Beat Generation* war der in Japan an ihren eigenen Subkulturen in den späten 1950er- und frühen 1960er-Jahren nicht unähnlich. Häufig taucht der Vorwurf der Verantwortungslosigkeit gegen die Beat-Bewegung auf. Snyder kritisierte diese Ansichten in seinem Text für das Magazin.

> Now for »irresponsible«. The irresponsible people in this world are the generals and politicians who test nuclear bombs; the antisocial, violent and childish people are the ones who are running the world's governments right now. To refuse to participate in their idiocy – and this means keeping out of jobs that contribute to military preparations, staying out of the army, and saying what you think without fear of anyone – is a real responsibility and one for poets to face up.[193]

Zum ersten Mal spricht Snyder hier politische Themen wie Aufrüstung und Atomwaffen an, auf die Allen Ginsberg in seinen Gedichten *Howl* und *America* bereits Bezug nimmt. Die Kritik an der modernen Gesellschaft und ihren Anführern klingt nun auch bei Snyder an. Ferner wird im Text die internationale Rolle der *Beat*-Bewegung verdeutlicht:

> The beat generation can be seen as an aspect of the worldwide trend for intellectuals to reconsider the nature of the human individual, existence, personal motives, the qualities of love and hatred, and the means of achieving wisdom. Existentialism,

191 Emerson zitiert nach: Sherman Paul, From Lookout to Ashram: The Way of Gary Snyder, in: The Iowa Review Vol. 1, No. 3, Summer 1970, 76.

192 Gary Snyder, ›Notes on the Beat Generation‹ and ›The New Wind‹, in: Ders., A Place in Space: Ethics, Aesthetics, and Watershed. Berkeley 1995, 9.

193 Ebd., 12.

the modern pacifist-anarchist movement, the current interest of Occidentals in Zen-Buddhism are all part of this trend.[194]

Abschließend ermutigt Snyder die japanischen Schriftsteller, sich am amerikanischen Vorbild zu orientieren: »It would do no harm if some of their attitudes came to liven up the poets of Japan.«[195] Er versucht somit, zwischen den Kulturen zweier Länder zu vermitteln und eine konstruktive Kommunikation anzuregen.

Während Zen-Lehrer wie Suzuki und Fuller Sasaki den Zen-Buddhismus »amerikanisierten«, führten Snyders Hingabe und seine Präsenz in Japan dazu, seine Autorität auf dem Gebiet des Buddhismus zu bestätigen. Josephine Nock-Hee Park geht in ihrem Buch *Apparitions of Asia* sogar so weit, Snyders Auslandsaufenthalt als festen Bestandteil seiner Expertise in fernöstlichen Dingen festzulegen: »Snyder's expertise is entirely constructed by managing his absence from the American scene and establishing his traditional practice in Japan.«[196] Kerouac, Ginsberg und weitere Vertreter der *Beat Generation* fördern währenddessen in den Vereinigten Staaten dieses Bild Snyders weiter.

Um die Motive für Snyders Aufenthalt in Asien zu verstehen, lohnt es sich sein *East West Interview* zu betrachten. Snyder gab es 1977 Peter Barry Chowka und erläutert darin genauestens die Beweggründe für seine Japan-Reise. Im Gespräch erzählt Snyder, dass er nie vorhatte, für immer in Japan zu bleiben, sondern die Rückkehr in die Staaten plane:

At a certain point I realized that, for the time, I'd been in Japan enough. I began to feel the need to put my shoulder to the wheel on this continent. It wasn't just returning – the next step of my own practice was to be here.[197]

194 Ebd., 13.

195 Ebd.

196 Josephine Nock-Hee Park, Apparitions of Asia: Modernist Form and Asian American Poetics. Oxford 2008, 64.

197 Snyder, The Real Work, 99.

2. *Toward Climax:* Umweltaktivismus und Poesie (1967–1989)

2.1 *East-meets-West*: Protest und Meditation

Im Juni 2008 nahm Gary Snyder an einer Konferenz der *Asia Society* zum Thema *Beats in India* teil.[1] In einem Gespräch zwischen ihm und dem *Beat*-Archivar Bill Morgan geht es um die Wirkung, die Berichte von Snyders Asienreisen auf die westliche Kultur hatten:

Bill Morgan: It's interesting that India becomes the locus compared to a lot of other places.
Gary Snyder: The Beatles. The Music…
Bill Morgan: Yeah, but you started it, though.
Gary Snyder: Not necessarily. I'm not sure about that.
Bill Morgan: Do you think the Beatles would have ended up in India if you hadn't gone?
Gary Snyder: Yeah, I would give it a fair chance.
Bill Morgan: I'm not so sure about that.[2]

Die Inspiration und das Interesse für Asien, das besonders die Indienreise bei vielen Lesern weckte, konnten durch die ausführliche Dokumentation der Reise erklärt werden. Sowohl Allen Ginsberg als auch Snyder veröffentlichten Reisetagebücher und viele Zeitungen berichteten über Snyders Asienaufenthalt. So gab es in den 1960er-Jahren viele Versuche, asiatische Elemente in britische und amerikanische Musik und Literatur zu integrieren. Obwohl Snyders Tätigkeiten schon sehr früh einer breiten Menge zugänglich waren, zeigte er sich gerne bescheiden (was auch von Personen bestätigt wird, die ihn persönlich trafen) und mochte nicht als Vorreiter einer zukünftigen kulturellen Entwicklung gesehen werden.[3] Nicht von der Hand zu weisen ist jedoch sein Einfluss auf viele Persön-

1 The Beats in India – A Symposium wurde von der *Asia Society* organisiert und fand am 14. Juni 2008 in New York City statt. Es waren Vertreter der *Beat Generation*, Forscher und Zeitzeugen geladen. Von der Konferenz existieren Audio- und Videomitschnitte.

2 Video highlights from The Beats in India – A Symposium. Video Clip 08:27, 02:14 min.

3 Diese Einschätzung basiert auf persönlichen Gesprächen mit Gary Snyder und mit Menschen, die ihn getroffen haben. Der Umwelthistoriker Donald Worster sagte 2010 in einem Gespräch mit dem Autor: »Gary Snyder is one of the most modest and congenial people I've ever met.«

lichkeiten der westlichen Popkultur. Neben den *Beatles*, die Kerouacs Bücher vor ihrer Indien-Reise gelesen hatten und durch die Schilderungen des Buddhismus und der amerikanischen Kultur beeinflusst wurden, sagte Bob Dylan über die *Beat*-Literatur: »Ich war achtzehn, als ich Ginsberg, Gary Snyder, Philip Whalen, Frank O'Hara und diese Leute für mich entdeckte.«[4] Snyder war also auf dem besten Weg, ein fester Bestandteil nicht nur der amerikanischen Populärkultur zu werden, sondern erreichte mit den *Beatles* auch den europäischen Raum.

Bevor Snyder 1968 endgültig in die Vereinigten Staaten zurückkehrte, war er bereits zwischen 1964 und 1967 für einige Aufenthalte an der Westküste. Fast immer wählte er dafür den Seeweg, wobei er sich die Überfahrt meist durch Arbeit auf den Schiffen finanzierte. Diese Besuche in seiner Heimat sollten wegbereitend für die Gegenkultur in den USA werden.

1964 erreichte Snyder mit dem Schiff die amerikanische Ostküste und verweilte dort für mehrere Tage. Er hielt eine Reihe von Vorträgen und Lesungen. Dabei präsentierte er seine Übersetzungen der Gedichte von Nanao Sakaki, einem Dichter, den er in Japan kennengelernt hatte und nun einem amerikanischen Publikum präsentieren wollte. Im Herbst des Jahres begann er, an der *University of Berkeley* Dichtung in Vollzeit zu unterrichten.[5] In dieser Zeit hatte er zum ersten Mal in seinem Leben keine Geldsorgen – seiner Mutter schrieb er: »We're not poor anymore!«[6] Von Snyders Lehrveranstaltungen waren Studierende wie Universitätsverwaltung sehr angetan, weshalb sein Vertrag für das Frühjahrssemester verlängert wurde. Dies gab ihm die Möglichkeit, die revolutionäre Stimmung in San Francisco zu beobachten und aktiv daran teilzunehmen.

Das Amerika, in dem sich Gary Snyder wiederfand, begann sich gerade zu verändern. Die Vertreter der *Beat Generation* hatten sich zurückgezogen oder ihre Stile und Ideale verändert. Neben dem Jazz und Bebop der *Beat Generation* erklangen nun psychedelische Rockmusik und *Folk*-Lieder in den Straßen und Clubs von San Francisco. Die amerikanische Regierung hatte mit ihrem Eintritt in den Vietnamkrieg 1964 für großen Missmut unter den amerikanischen Jugendlichen gesorgt. Die unpolitischen *Beats* transformierten sich langsam zu den teils politisch motivierten Hippies.

Da er an der Westküste wieder mit seinen alten Studienkollegen aus *Reed* vereint war, nutzte Snyder die Gelegenheit zu einer Lesung mit Philip Whalen und Lew Welch in der *Longshoreman's Hall* in San Francisco (Abb. 14). Die Veranstaltung am 12. Juni 1964 sollte als *Free Way Reading* bekannt werden, da

4 Bob Dylan, Interview mit Scott Cohen (September 1985), in: Spin Vol. 1, Nr. 8, Dezember 1985.

5 Gary Snyder, Letter to Allen Ginsberg [May 26, 1964], in: Bill Morgan (Hrsg.), The Selected Letters of Allen Ginsberg and Gary Snyder. Berkeley 2009, 73.

6 Sullivan, Ex-copyboy takes Pulitzer Prize in stride, E1.

Abb. 14: Gary Snyder, Philip Whalen und Lew Welch vor dem *Free Way Reading* im Juni 1964 (Foto: © Jim Hatch)

die gesamten Einnahmen an die Künstler gingen.[7] Organisiert wurde die Veranstaltung von dem Schriftsteller Don Carpenter. Es kamen über 800 Zuhörer.[8] Snyder wählte für die Lesung das Gedicht *Nanao Knows* aus, mit dem er die Amerikaner auf den Dichter Nanao Sakaki aufmerksam machen wollte, der sich in seinem Werk ebenfalls mit Landschaft und Natur beschäftigt.

> Mountains, cities, all so
>   light, so loose. blankets
> Buckets – throw away –
> Work left to do.
>   it doesn't last.[9]

Snyder hatte den Dichter im selben Jahr in Japan kennengelernt und war fasziniert von ihm. Er erinnerte ihn in vielerlei Hinsicht an die *Beat Generation*. Sakaki war wie viele *Beats* zuvor rastlos und versuchte sein Land durch Tram-

7 Schneider, Crowded by Beauty, 198.
8 Ebd., 199.
9 Gary Snyder, Nanao Knows, in: Ders., The Back Country. New York 1968, 88.

Abb. 15: Gary Snyder, Philip Whalen und weitere Demonstranten vor dem *Oakland Army Terminal* im Frühjahr 1965 (Foto: Gary Snyders Privatsammlung)

pen kennenzulernen. Dabei reiste er zusammen mit Snyders Bekannten, Neale Hunter, durch Japan, wobei sie die Angewohnheit hatten, nie zweimal am gleichen Ort zu übernachten.[10] Auch gab es immer neue Herausforderungen und Ziele, die Snyder ebenso verfolgte wie Sakaki. Für Snyder war es wichtig, als Vermittler zwischen den asiatischen Kulturen und der amerikanischen Westküste zu stehen. In dieser Zeit zerbrach die Ehe mit Joanne Kyger endgültig, die bereits vor Snyder nach Kalifornien zurückgekehrt war, da sich die beiden über ihre Zukunftspläne sehr uneinig waren. Snyder fühlte sich, im Gegensatz zu Kyger, durch die natürliche Grenze des Pazifiks weniger eingeschränkt und es zog ihn wieder nach Japan.

Während Snyder um die kulturellen Verbindungen der Kontinente sehr bemüht war, verschlechterte sich das politische Verhältnis zwischen einigen asiatischen Ländern und Amerika durch andauernde Konflikte. Nach dem Koreakrieg in den 1950er-Jahren, war 1965 der Vietnamkrieg gerade auf seinem Höhepunkt. Anfang des Jahres hatte die *Operation Flaming Dart* begonnen, bei der US-Präsident Lyndon B. Johnson vermehrt Luftangriffe in Vietnam anord-

10 Katsunori Yamazato, Snyder, Sakaki, and the Tribe, in: Jon Halper (Hrsg.), Gary Snyder: Dimensions of a Life. San Francisco 1991, 97.

nete. Dabei kam auch verstärkt das chemische Entlaubungsmittels *Agent Orange* zum Einsatz. Was zuerst die Bäume entlauben und damit feindliche Stützpunkte aufdecken sollte, wurde zu einer der größten Katastrophen für Bevölkerung und Umwelt in Vietnam. Snyder organisierte eine eintägige Zazen-Sitzmeditation vor dem *Oakland Army Terminal*, einer zentralen Durchreisestation für US-Soldaten nach Vietnam (Abb. 15). Die Protestaktion wurde in Flugblättern angekündigt und fand am 22. Juni 1965 statt. Neben Snyder waren auch Philip Whalen und Richard Baker vom *San Francisco Zen Center*, sowie ein gutes Dutzend weiterer Demonstranten anwesend. Über den gewaltlosen Protest wurde in den Medien berichtet. Damit einher ging die Verbreitung von Protestgedichten von Snyder, Whalen und John Armstrong, die sie unter anderem an Präsident Johnson schickten. Von Snyders Gedicht *Dear Mr. President* wurden insgesamt über 500 Exemplare verteilt.[11] Snyder macht darin gleich auf mehrere Probleme der amerikanischen Außen- und Innenpolitik aufmerksam:

DEAR MR PRESIDENT

THERE IS NO BOMB IN GILEAD.
THE RED CHINESE ARE NOT RED INDIANS:
YOU COULD HAVE SAVED THE SIOUX.
PLEASE STOP THEM BUILDING ROADS
IN THE NORTH CASCADES

THERE WERE GREAT WHITE BIRDS
IN THE TOPS OF THE BANYAN TREES
CALLING ACROSS THE TOWN,
WHEN I WAS IN SAIGON.

RESPECTFULLY YOURS,
GARY SNYDER[12]

In der ersten Zeile erwähnt Snyder das biblische Land Gilead östlich des Jordans. Gilead ist in der Bibel Teil des verheißenen Landes. In der Bibel wird auch nach einer heilenden Salbe in Gilead gefragt. Der Dichter Edgar Allan Poe, den Snyder in seiner Kindheit oft von seiner Mutter vorgelesen bekommen hatte, erwähnt in seinem Gedicht *The Raven* ebenfalls die Salbe. Der Protagonist fragt, ob es die Salbe gibt, jedoch erwidert der Rabe »Nimmermehr«. Von diesem vermeintlichen »balm of Gilead« zieht Snyder die Parallele zur »bomb in Gilead«. Snyder möchte sagen, dass aus »Gilead« keine Gefahr droht. Anfang der 1960er-Jahre verkauften die USA Waffen an Israel, Ägypten und Jordanien, um im Kalten Krieg gegen einen Angriff aus dem Ostblock gewappnet zu sein. Snyder kritisiert dies, da dadurch Länder involviert werden, die nicht Teil des Konfliktes sind

11 McNeil, Gary Snyder: A Bibliography, 24.
12 D-050: Folio 1:4, Dear Mr. President, n. d. [1965].

oder sein sollten, in denen es »keine Bombe gibt«. Als nächstes vergleicht er das Vorgehen der USA gegen die kommunistischen Truppen Chinas in Vietnam mit den Stämmen Nordamerikas. Die Sioux gewannen zwar 1876 die Schlacht gegen amerikanische Truppen am *Little Bighorn*, wurden jedoch im weiteren Kriegsverlauf von amerikanischen Truppen besiegt und in Reservate zurückgedrängt. Snyder weist darauf hin, dass man die Sioux hätte retten und eine friedliche Lösung finden können. Im zweiten Teil der ersten Strophe verweist Snyder auf Umweltprobleme. Dabei setzt er den Fokus auf die *North Cascades*, in denen er als Jugendlicher viel unterwegs war, und deren Ökosysteme 1965 stark bedroht waren.[13] Durch Straßenbau und Holzindustrie wurde dort die Landschaft in den vergangenen Jahrzehnten enorm zerstört. Viele Umweltschützer engagierten sich zu dem Zeitpunkt für die Erhaltung des Gebiets, welches drei Jahre später durch das Mitwirken von David Brower zum Nationalpark ernannt wurde.[14] In der zweiten Strophe hält Snyder weiter an der Umweltrhetorik fest und kommt auf Vietnam zu sprechen. Er beschreibt die Banyan-Feige, einen Baum, der sehr groß und alt werden kann und für die Region typisch ist. Diese Idylle mit singenden Vögeln im Baum soll zeigen, wie unschuldig die Natur in dem Land ist. Durch den Einsatz von *Agent Orange*, welcher die Flora und Fauna zerstört, wird es für längere Zeit nicht mehr zu Bildern wie diesem kommen.

Im Lauf der Proteste gegen den Vietnamkrieg wird sich diese Umweltrhetorik verstärken und mit Senator Gaylord Nelson, der auch seit 1968 auf die Umweltprobleme im Vietnamkrieg aufmerksam machte, zum *Vietnam War Ecological Damage Assessment Act of 1972* führen.

Nach dem politischen Engagement Snyders im Juni 1965 folgte im Juli eine weitere zentrale Konferenz, die zeitgenössische Dichter Amerikas präsentierte und auf politische Themen einging. Die *Berkeley Poetry Conference* dauerte fast zwei Wochen und umfasste mehrere Workshops, Lesungen und Seminare. Snyder, der zuvor in Berkeley gelehrt hatte, war an den Planungen der Konferenz beteiligt. Er übernahm die Leitung vieler Workshops und sprach in seinen Vorträgen und Lesungen erneut Umweltprobleme an. Außerdem präsentierte er junge Künstler aus der Bay Area, die er teilweise in den Semestern zuvor unterrichtet hatte und die ebenfalls Snyders Themen Buddhismus und Natur aufgriffen. Die Konferenz half Snyder auch dabei, neue Geldgeber für seine Japanaufenthalte zu gewinnen. So arbeitete er in Japan von 1966 bis 1967 durch eine Finanzierung der *Bollingen Foundation* und musste in Rahmen dieser Förderung zahlreiche Termine wahrnehmen. In dieser Zeit entstanden viele Gedichte, die

13 Eine genaue Aufzeichnung der Einführung der Wilderness Area in den North Cascades findet sich im Kapitel »The North Cascades, 1956–1968« von: Kevin R. Marsh, Drawing Lines in the Forest: Creating Wilderness Areas in the Pacific Northwest. Seattle 2007, 38–60.

14 Die einzelnen Stationen werden in: David Louter, Contested Terrain: North Cascades National Park Service Complex, Washington: An Administrative History. Seattle 1998 aufgezeigt.

in den Folgejahren – häufig zusammen mit älteren Gedichten – in Sammlungen veröffentlicht wurden. Eine der prominentesten Sammlungen ist *The Back Country*, welches eine Menge zentraler Gedichte beinhaltet. Es finden sich »A Berry Feast« vom *Six Gallery Reading*, »Nanao Knows« und »Circumambulating Arunachala« in der Sammlung.[15]

Die letzte Station vor Snyders Rückkehr nach Japan war der Berg Mount Tamalpais nördlich von San Francisco. Dieses dominierende Wahrzeichen, welches man von fast jedem Ort entlang der Bay Area gut erkennen kann, wurde zu einem Treffpunkt östlicher und westlicher Weltanschauungen, nachdem Snyder dort zusammen mit Ginsberg und Whalen ein buddhistisches Ritual eingeführt hatte.

Der Bergwelt werden im Buddhismus gemeinhin spirituelle Mächte zugeschrieben. Historiker Jon Mathieu stellt in seiner vergleichenden Geschichte der Berge in der Neuzeit besonders zwei Arten heraus, wie die Anbetung der Berge gemeint sein kann.[16] Die beiden Konzepte, *yüllha* und *néri*, die in Tibet und im Himalaya verbreitet sind, befassen sich mit zwei verschiedenen Dimensionen von Spiritualität. Bei beiden ist jedoch eine Anbetung der Berge wichtig. *Yüllha* bedeutet so viel wie »Gott des Ortes« und wird in vielen Dorfgemeinschaften praktiziert, die sich an Ausläufern von Bergen befinden. Die Rituale sollen der Erfüllung von Wünschen oder der Lösung von Alltagsproblemen dienen.[17] Im Gegensatz dazu steht die spirituelle Form des *néri*, wo der Berg als Aufenthaltsort bedeutender Götter angesehen wird. Die Rituale setzen sich vor allem mit Fragen zum Tod und dem Jenseits auseinander.

Bei beiden dieser vielschichtigen Rituale ist das Umrunden der Berge bedeutend, das auch als *Circumambulation* bezeichnet wird. Dieser Begriff setzt sich aus den lateinischen Wörtern »circum« und »ambulare« zusammen, was so viel bedeutet wie »um etwas herumwandern«. Snyder hatte während seiner Aufenthalte in Japan mehrfach die Möglichkeit, diesen Brauch zu studieren, der sich im Buddhismus und auch im Hinduismus sowie in deren Untergruppen findet. In Japan wurde dieser Brauch jedoch erst relativ spät eingeführt, im 6. Jahrhundert nach Christus, als der Buddhismus vom asiatischen Festland seinen Weg nach Japan fand. Dabei wurden viele neue Rituale übernommen, die sich aber auch mit lokalen, japanischen Bräuchen vermischten.

15 *The Back Country* wurde 1968 von James Laughlin bei »New Directions Press« verlegt. Die Kontakte zu den Verlegern entstanden durch Snyders zahlreiche, zum Teil sehr gut besuchte Lesungen. Auch der Kontakt mit der *Beat Generation* hat ihm viele Angebote von Verlegern gebracht.

16 Jon Mathieu, The Third Dimension: A Comparative History of Mountains in the Modern Era. Cambridge 2011, 133; Mathieu spricht passenderweise von einer »Dritten Dimension«, was sich auf die Dreidimensionalität der Landschaft, insbesondere der Berge, bezieht.

17 Mathieu, Third Dimension, 133.

Abb. 16: Mount Hiei bei Kyoto (Foto: 663highland)

Abb. 17: Mount Tamalpais in Kalifornien (Foto: Marin Convention & Visitors Bureau)

Snyder war zum ersten Mal 1956 am Mount Hiei bei Kyoto (Abb. 16) mit dem Brauch in Berührung gekommen. Dieser Berg ist die Gründungsstätte der buddhistischen Tendai-Schule, die dort eine zeremonielle Pilgerschaft, genannt *kaihōgyō*, pflegte.[18] Der Weg der Pilger führt vorbei an Schreinen und markanten landschaftlichen Orten, die Möglichkeiten zum Innehalten, Beten und Singen bieten. Dieses Praktizieren der Religion inmitten und mit Bezug zur Natur hatte Snyder sofort fasziniert. Ein Jahr nach seinem Besuch hatte er die Gelegenheit ergriffen, sich der Pilgertour einer Gruppe von *yamabushi*-Schülern anzuschließen. Sie praktizierten eine mit der Tendai-Schule vergleichbare Richtung des Buddhismus. Snyder holte sich von seinem Lehrer in Kyoto die Erlaubnis, seine Ausbildung zu pausieren und die *yamabushi* zu begleiten. Daraufhin hatte sich Snyder 1957 mit den *yamabushi*, die zu einer alten Shinto-Bruderschaft gehörten, zu den Bergen in der Präfektur Wakayama begeben.[19] So lernte Snyder die japanische Landschaft und die Merkmale der *Circumambulation* genauer kennen.

Ein paar Jahre darauf, als Snyder mit Allen Ginsberg in Indien unterwegs war, hörten sie vom Brauch der *Circumambulation* des Kailash. Der Name des Berges, der sich heute im Autonomen Gebiet Tibet befindet, bedeutet im Deutschen etwa »kostbares Schneejuwel«. Sie lernten auch den Brauch *pradakshina* kennen, der die Umkreisung von heiligen Orten im Uhrzeigersinn bezeichnet. Die Reisegruppe war von dem Berg und den Bräuchen fasziniert gewesen und hatte befunden, man sollte Wanderungen wie diese auch in Nordamerika machen.[20]

1965 bot sich der Gipfel des Mount Tamalpais für eine Einführung des Brauches in Nordamerika an (Abb. 17). Ginsberg und Snyder hatten sich nach ihrer gemeinsamen Reise in Indien auf der *Berkeley Poetry Conference* wiedergetroffen und dort zusammen mit Philip Whalen beschlossen, eine *Circumambulation* des Berges anzugehen. Im Buddhismus gibt es einen Begriff, der die Übernahme eines Brauches an einem neuen Ort bezeichnet, man spricht davon »den Berg zu öffnen«.[21] Tamalpais bedeutet in der Miwok-Sprache »West-Hügel« und wird bei Gary Snyder »Bay Mountain« genannt. Bei den Ureinwohnern der Bay Area ist der Berg Bestandteil vieler Erzählungen und Mythen.

Am 22. Oktober brachen Snyder, Ginsberg und Whalen zur Umrundung auf. Da alle bereits von früheren Wanderungen her mit dem Gebiet vertraut waren, wählten sie eine Route, die leicht an einem Tag zu bewältigen war. Whalen hatte zuvor schon etwas über das Ritual gelesen und Ginsberg und Snyder erinnerten sich an *pradakshina* von ihrer Indienreise.[22] Sie begannen die Tour auf einem

18 Gary Snyder, Foreword, in: Matthew Davis, Michael Farrell Scott: Opening the Mountain: Circumambulating Mount Tamalpais: A Ritual Walk. Emeryville, CA 2006, XIII.

19 Ebd.

20 Ebd.

21 Ebd.

22 Schneider, Crowded by Beauty, 66.

Parkplatz in den Muir Woods und umrundeten den Berg im Uhrzeigersinn. Orte zum Innehalten für Gesänge und Meditation wählten sie anhand von landschaftlich beeindruckenden Merkmalen aus. In Snyders Gedicht »The Circumambulation of Mount Tamalpais« ist die Rede von zehn Stationen. Für die einzelnen Stationen wählten die drei verschiedene Gesänge und Gebete aus. Abschließend trugen sie die *Vier Gelübde* vor, die eine zentrale Rolle im Buddhismus spielen. Diese Gelübde sollen Mitgefühl ausdrücken, das sich auf alle fühlenden Wesen bezieht. Die Gelübde bei der *Circumambulation* des Tamalpais markieren eine symbolische Wandlung der drei Dichter, wie der Literaturprofessor David Robertson feststellt. Durch das Ablegen der Gelübde wollten sich die drei verstärkt dem Umweltschutz widmen.[23]

Alle drei Teilnehmer verewigten die Wanderung in Gedichten, wobei nur die von Snyder und Whalen veröffentlicht wurden. Snyder hatte bereits zuvor Erfahrungen mit der Praxis der *Circumambulation* in Gedichten festgehalten, wie zum Beispiel die Umkreisung des Arunachala in Indien, bevor »The Circumambulation of Mt. Tamalpais« in *Mountains and Rivers Without End* erschien. Das Gedicht enthält eine Beschreibung der zehn Abschnitte des Weges und auch der Landschaft. Dabei macht Snyder im achten Teil auf die Umweltverschmutzung aufmerksam und verdeutlicht die Unterschiede zwischen Stadt und Natur.

> The Circumambulation of Mt. Tamalpais
>
> Walking up and around the long ridge of Tamalpais,
> »Bay Mountain,« circling and climbing – chanting – to show
> respect and to clarify the mind. Philip Whalen, Allen Ginsberg,
> and I learned this practice in Asia. So we opened
> a route around Tam. It takes a day.
>
> STAGE ONE
>
> Muir Woods: The bed of Redwood Creek just where the Dipsea
> Trail crosses it. Even in the dryest season of this year some running
> water. Mountains make springs.
>
> > Prajñāparamitā-hridaya-sūtra
> > Dhāranī for Removing Disasters
> > Four Vows
>
> Splash across the creek and head up the Dipsea Trail, the steep
> wooded slope and into four meadows. Gold dry grass. Cows – a huge
> pissing, her ears out, looking around with large eyes and mottled
> nose. As we laugh. » – Excuse us for laughing at you.« Hazy day,
> butterflies tan as grass that sit on silver-weathered fenceposts, a

23 David Robertson, The Circumambulation of Mt. Tamalpais, in: Western American Literature Vol. 20, No. 1 (1995), 8.

> gang of crows. »I can smell fried chicken« Allen says – only the
> simmering California laurel leaves. The trail winds crossed and
> intertwining with a dirt jeep road.
> […]
>
> EIGHT
>
> Summit of Mt. Tamalpais. A ring of rock pinnacles around the lookout
>
> Prajñāparamitā-hridaya-sūtra
> Dhāranī for Removing Disasters
> Dhāranī of the Great Compassionate One
>
> Hari Krishna Mantra
> Om Shri Maitreya
> Hari Om Namo Shiva
>
> All about the bay, such smog and sense of heat. May the whole
> planet not get like this.
> Start the descent down the Throckmorton Hogback Trail
> (Fern Canyon an alternative.)
> […][24]

Vom Mount Tamalpais hatte man einen Blick über die Bay Area und auf San Francisco. Dabei fiel den Wanderern auf, wie viel Smog sich über der Stadt befand, und sie waren der Meinung, dass man dagegen ankämpfen musste, um die Schönheit der Natur zu schützen. Nachdem Snyder bereits zuvor viele Weggefährten von den Werten der Natur überzeugen konnte, war die *Circumambulation* des Mount Tamalpais eine weitere Gelegenheit zur Stärkung des Umweltbewusstseins an der Westküste. In den folgenden Jahren sollte dieser asiatische Brauch in der Bay Area und später auch in anderen Regionen der Vereinigten Staaten große Beliebtheit erlangen, und bis heute ist der Weg um den Mount Tamalpais Ziel vieler Wanderer. Der von Snyder eingeführte Usus wurde vor allem durch die Gegenkultur der Hippies verbreitet.

2.2 *The Gathering of the Tribes:* Beginn der Hippie-Bewegung

Auch die Ideen und Auffassungen der *Beats* wandelten sich mit der Zeit. So erschien zu Beginn der 1960er-Jahre die erste und einzige Ausgabe des *Journal for the Protection of All Beings.*[25] Zentrale Themen, mit denen sich die Artikel

24 Gary Snyder, The Circumambulation of Mt. Tamalpais, in: Ders., Mountains and Rivers Without End. Washington, DC 1996, 85–88.

25 Lawrence Ferlinghetti (Hrsg.), Journal for the Protection of All Beings. San Francisco 1961; eine deutsche überarbeitete Ausgabe erschien 1980 unter: Lawrence Ferlinghetti (Hrsg.), Zum Schutze aller Lebewesen. Linden 1980.

darin beschäftigten, waren Umweltschutz, Buddhismus und Literatur. An der Entstehung und Herausgabe des Magazins waren neben Gary Snyder auch der Verleger und Autor Lawrence Ferlinghetti, der Dichter Michael McClure und der Musiker David Meltzer beteiligt. Unter anderem wurde die *Surrender Speech of Chief Joseph (of the Nez Percé Indians)* von 1877 abgedruckt. Die Verbreitung dieser Kapitulationsrede wollte ein neues Bewusstsein beweisen und fördern, das sich vor allem mit der Natur und den Bürgerrechten beschäftigte.

Jedoch waren nicht alle *Beats* von den Entwicklungen begeistert. Kerouac sagte 1967 in einem Interview mit dem Dichter Ted Berrigan, dass er der Hippie-Bewegung sehr kritisch gegenüberstehe.[26] Gründe waren für ihn eine wachsende Sensationsgier und die ablehnende Haltung gegenüber dem Arbeiten.[27] Es war aber eigentlich vor allem die Arbeit, die in der *Beat Generation* wichtig war. Als primär verfolgenswert galten zwar das Produzieren und das Konsumieren von Kultur und Literatur, doch auch Arbeiten wurde als ein zentrales und notwendiges Mittel angesehen. In *On The Road* beschrieb Kerouac ausführlich die Gelegenheitsjobs, die er annahm, um seine Ziele zu erreichen. Auch bei Snyder ist Arbeit ein wichtiger Bestandteil seiner Biografie. Die Abneigung der Hippies gegen das Arbeiten war einer der Hauptgründe für Kerouacs Ablehnung.

Nicht zu leugnen ist die Rolle, die Kerouac und die *Beat Generation* für die Annäherung von Ost und West gespielt haben.[28] So ließ Jack Kerouac bereits 1958 in *The Dharma Bums* Gary Snyder in der Rolle des Japhy Ryder verkünden:

> East'll meet West anyway. Think what a great world revolution will take place when East meets West finally, and it'll be guys like us that can start the thing. Think of millions of guys all over the world with rucksacks on their backs tramping around the back country and hitchhiking and bringing the world down to everybody.[29]

Diese »Rucksackrevolution« sollte sich tatsächlich ein knappes Jahrzehnt später verwirklichen, als gegen Ende der 1960er-Jahre die Subkulturen diese Methode für sich entdeckten. Snyder begann bald eine neue Form des Aktivismus zu entwickeln, die sich fortan durch seine Biografie zieht. Umweltprobleme wurden immer mehr zum Thema, und er begab sich auf die Suche nach Lösungsansätzen. Im Gegensatz zu Kerouac zeigte Snyder auch Sympathie für die neue Bewegung, die sich in Amerika formte, da er in ihr Potenzial für den Umweltschutz sah. Damit lässt sich eine Spaltung innerhalb der *Beat Generation* erkennen. Snyder wie auch Ginsberg wurden Teil der neuen Bewegung, während Kerouac diese

26 Chandarlapaty, The Beat Generation and Counterculture, 107.

27 Ebd.

28 Karl Neumann, Vexations and Variations: Buddhismus bei Jack Kerouac, in Volker Zotz (Hrsg.), Schnittstellen: Festschrift für Armin Gottmann zum 70. Geburtstag. Luxemburg 2013, 144.

29 Kerouac, The Dharma Bums, 155.

immer kritischer beurteilte. In einem Brief an Ginsberg bezeichnete Snyder einen *Beat*, der ein neuentdecktes Interesse an der Natur hat, als »Forest Beatnik«.[30] Ohne es zu wissen, war Snyder durch seine literarische Darstellung in den Werken der *Beats* zu einem Idol dieser neuen Bewegung geworden, die sich gerade zu formieren begann. Es war daher keine große Überraschung, dass Snyder am *Human Be-In* in San Francisco teilnahm.

Die Vorbereitungen des *Be-Ins* fanden in Michael McClures Wohnung statt, wo sich Snyder bei einem Aufenthalt in den USA im Januar 1967 mit Ginsberg und der Dichterin Lenore Kandel traf. Aus der Absicht eine öffentliche Feier zu planen, entstand das *Human Be-In*, bei dem eine bemalte und geschmückte Menge psychedelischer Pioniere ein menschliches Mandala zu formen versuchte und im *Golden Gate Park* ein großes Fest mit Konzerten und literarischem Programm abhielt.[31] Die Veranstaltung wurde auf Plakaten als »Pow-Wow: A Gathering of the Tribes for a Human Be-In« beworben. Zwei Stunden vor Beginn der Veranstaltung am 14. Januar 1967 begannen Ginsberg und Snyder zusammen mit den bereits anwesenden Teilnehmern mit einem *Circumambulation*-Ritual um das Gelände.[32] Der Brauch wurde an diesem Tag sehr positiv aufgenommen. Gary Snyder eröffnete dann das *Be-In*, indem er in ein traditionelles Muschelhorn blies, welches er aus dem Zen-Kloster in Japan mitgebracht hatte.[33] Mehr als 20.000 Zuschauer waren an diesem Tag zusammengekommen, um, wie Snyder dem *Berkeley Barb* am Vorabend gesagt hatte, eine Epoche »with new ethics and new states of mind« einzuläuten.[34]

Zusammen mit Allen Ginsberg sang Snyder dann Mantras auf der Bühne. Dieser Auftritt – der stark geprägt war von den Asienreisen der *Beats* – sollte eine Vorstufe für den *Summer of Love* werden, der im gleichen Jahr folgte. Jerry Garcia erinnert sich daran, wie er mit seiner Band *Grateful Dead* am Tag des *Be-Ins* im Park Konzerte spielte. Garcia sah in der *Beat Generation* im Allgemeinen und in Gary Snyder im Besonderen einen der wichtigsten intellektuellen Einflüsse für die Teilnehmer der Veranstaltung.[35]

Am Ende der Veranstaltung forderte Ginsberg das Publikum auf, den Müll zu entsorgen und den Park sauber zu hinterlassen. Ralph Gleason schrieb am Tag darauf im *San Francisco Chronicle*:

30 Gary Snyder, Letter to Allen Ginsberg [April 29, 1966], in: Morgan, Selected Letters of Ginsberg and Snyder, 81.

31 McNally, Desolate Angel, 325.

32 Allen J. Matusow, The Unraveling of America: A History of Liberalism in the 1960s. Athens, GA 2009, 275.

33 W.J. Rorabaugh, American Hippies. Cambridge 2015, 63.

34 When the Berkeley political activists and the love generation of the Haight-Ashbury…, in: Berkeley Barb 13. January 1967, 3.

35 The Source: The Story of the Beats and the Beat Generation. Dokumentarfilm 1999, 58:26 min.

The sun…heading for the Pacific Ocean just beyond the grove of trees on the horizon, Om Sri Maiteya. The sun coalescing in the trees, gently moving from side to side, the sun nearly gone, thickening and converging into itself, mandala-fire, Om Sri Maitreya Om.
And the day is over, and the last voice from the stage, Allen Ginsberg, »Now that you have looked up at the sun, look down at your feet and practice a little Kitchen Yoga after this first American Mehla. Please pick up any refuse you might see about you.«[36]

Die Veranstaltung verlief trotz ihrer Größe friedlich und ohne Komplikationen. Die Behörden sollen danach sogar die Teilnehmer gelobt haben, dass sie noch nie einen Veranstaltungsort dieser Größe so sauber hinterlassen vorgefunden hätten.[37] Ginsberg erinnert sich ebenfalls an das Ende der Veranstaltung:

[…] and we chanted mantras – I think it was (Chants) »Om-shree maitre-ea, om-shree maitre-ea,« as the sun sank, and people cleaned up after themselves. And Suzuki Roshi, the great Zen master, who was sitting on the platform with us, with Snyder and myself and McClure got up and folded his robes and went home, after being with us all afternoon silent.[38]

Am *Human Be-In* nahmen Menschen aus den verschiedensten Bevölkerungsschichten teil. Sie legten an diesem Tag den Grundstein für eine neue Bewegung. Die aufkeimende Hippie-Bewegung sollte sich, obwohl sie aus der *Beat Generation* entstanden war, von ihr absetzen. Politische Themen wie der Vietnamkrieg, Bürger- und Frauenrechte sollten für sie zu einem festen Bestandteil werden.

Yes, Gary Snyder has become a sort of prophet of the essential in human life, and in his own way a great liberator, too. His concern with ecology and the physical environment of America – to cite an important example – is not just fashionably recent. It is and has been as fundamental to his own thought and expression as it was to Thoreau's hundred years before.[39]

Mit Thoreau schließt sich der Kreis, in dem sich Snyder – und zu dieser Zeit auch die amerikanische Subkultur – bewegten. Bereits Mahatma Gandhi wurde Anfang des 20. Jahrhunderts von Thoreaus *Civil Disobedience* beeinflusst. Man kann sagen, dass Thoreau und das erste Gebot des Buddhismus – füge deiner Umwelt den geringstmöglichen Schaden zu – mit zu Gandhis Konzept der Gewaltlosigkeit beigetragen haben.[40] Dieses Konzept wurde wiederum in den späten 1950er- und frühen 1960er-Jahren in der amerikanischen Bürgerrechts-

36 Steve Levine, The Be-In, in: San Francisco Oracle 6, February 1967, 24.

37 Matusow, The Unraveling of America, 276.

38 Allen Ginsberg, The National Security Archives Interview with Allen Ginsberg August 11th, 1996, in: Beat Scene 71, 2013, 21.

39 Cook, The Beat Generation, 28.

40 The Practice of the Wild (DVD 2010). DVD Bonus Interview: Gary Snyder (4:48). [Zitat: »Cause the least possible harm«.]

bewegung von Martin Luther King Jr. und anderen aufgegriffen. Nun entdeckten es die Hippies für sich, um es auf den Vietnamkrieg und weitere Konflikte anzuwenden. Die Idee des gewaltfreien zivilen Widerstands ist eine alte. Sie findet sich weltweit, häufig unter verschiedenen Namen, jedoch sind die Grundsätze immer die Gleichen. Bei vielen Streiks und Protesten rund um den Globus wird diese Form des Widerstands angewendet. Wie bereits beschrieben, war es Gary Snyder, der den Protest gegen den Vietnamkrieg mit einer Sitzmeditation verband.

Der Buddhismus mit seiner Philosophie des Mitgefühls wurde ebenfalls von den Hippies adaptiert. Der japanische Mönch Shunryu Suzuki war bereits 1959 nach San Francisco gekommen und hatte dort das *San Francisco Zen Center* gegründet. Er war einer der größten und erfolgreichsten Zen-Lehrer an der Westküste und veröffentlichte 1970 mit *Zen Mind, Beginner's Mind* das meistgelesene Buch zum Zen-Buddhismus in der westlichen Welt. Seine und Snyders Anwesenheit am *Human Be-In* waren daher ein weiterer Schritt für die Popularisierung östlicher Religionen in den 1960er-Jahren. Dies verlief oft nicht ohne Reibungen. So kritisiert David L. McMahan in seinen Studien zum modernen amerikanischen Buddhismus, dass sich viele Mitglieder der Subkulturen in den 1960er-Jahren selektiv Aspekte aus unterschiedlichen buddhistischen Strömungen herausgriffen und so eine moderne aber gleichzeitig verfälschte Interpretation des Zen-Buddhismus begründeten, die bis heute noch in der westlichen Kultur populär ist.[41] Während dem *Sommer of Love* wurden neben farbenfrohen Bannern auch Bilder von Buddha und anderen asiatischen Gottheiten als Symbole der Hippies genutzt.[42]

Nach seiner endgültigen Rückkehr aus Japan 1968 gab Gary Snyder in einem Interview mit Bruce Cook zu: »...now that I've come back from Japan, my most pressing desire is to go back to the American Indian thing and try to fit some more of the pieces together.«[43] In der Zeit der *Hippie*-Bewegung, deren *Be-Ins* an indigene Stammestreffen erinnern, erlebten durch den Einfluss Snyders auch die Geschichte und die Kultur der indigenen Bevölkerung Nordamerikas eine Renaissance und wurden auf verschiedenste Arten neu interpretiert. So wie es einen *Buddhist Modernism* gab, so kann man auch von einer modernen Interpretation der indigenen Bevölkerung Nordamerikas sprechen. Die Hippie-Kultur war maßgeblich daran beteiligt, Snyders Essay *Why Tribe?* zu verbreiten. Snyder war der Ansicht, dass die Kultur und das Gedankengut der Ureinwohner Nordamerikas die nächste Stufe der kulturellen Entwicklung, die sich bereits in der Subkultur Amerikas erahnen ließe, mitformen könnten und würden.[44]

41 David L. McMahan, The Making of Buddhist Modernism. Oxford 2008, 118.

42 Harry Oldmeadow, Journeys East: 20th Century Western Encounters with Eastern Religious Traditions. Bloomington 2004, 249.

43 Cook, The Beat Generation, 33.

44 Ebd., 34.

Why Tribe? beschäftigt sich mit den neuen Gesellschaftsformen, die sich mittels der Subkulturen in den westlichen Industrieländern bildeten. Gary Snyder sah in diesen neuen Formen, z. B. den Hippie-Kommunen, Parallelen zu den europäischen Zigeunern. Mithilfe von Texten der Philosophen Karl Marx und Georg Wilhelm Friedrich Hegel versuchte er, Konzepte des Buddhismus und Taoismus in Einklang zu bringen und seinen eigenen Stamm zu gründen.[45] Sein Essay sah in den Hippies die »Große Subkultur«, aus der eine solche Entstehung möglich wäre.

In Snyders Theorien ist auch die Rolle der Natur stets zentral. So ist es nicht verwunderlich, dass bereits einen Monat nach dem *Human Be-In* die erste öffentliche *Circumambulation* um Mount Tamalpais stattfand. Dies war eine Hommage an die Besteigung durch Ginsberg, Snyder und Whalen zwei Jahre zuvor. Ginsberg hatte noch beim *Be-In* die japanischen *yamabushi* erwähnt: »They are the forest Buddhists [...]. Their yoga is walking around the mountains«.[46] Diese Aussage trug mit dazu bei, dass der Mount Tamalpais zum beliebten Pilgerziel der Hippies wurde. In San Francisco wurden im Stadtteil Haight-Ashbury, dem Zentrum der Hippie-Kultur, Plakate aufgehängt, die das Ereignis bewarben und mehr als 70 Teilnehmer für die Wanderung in der Natur rekrutierten, die dann zusammen mit Snyder und Ginsberg an einem kalten Morgen zur *Circumambulation* aufbrachen.[47] In den kommenden Monaten wurde die Wanderung mehrmals von Hippies wiederholt, und sie ist bis heute ein zentrales Unternehmen alternativer Gruppen an der Westküste.

Das in der Hippie-Bewegung erstarkende Umweltbewusstsein und das Interesse an der Natur waren für Snyder nichts Neues. Er hatte dieses Bewusstsein bereits an mehreren Stellen in der westlichen Kultur aufgespürt. So waren im 19. Jahrhundert die romantischen Dichter Englands sehr naturverbunden, aber auch die Transzendentalisten in Amerika. Als Beispiele für umweltbewusste amerikanische Schriftsteller nannte Snyder Walt Whitman und Henry David Thoreau. Er ging sogar noch einen Schritt weiter und beschrieb verschiedene Hexenkulte, die sowohl in Europa als auch in Nordamerika aktiv waren und eine starke Beziehung zur Natur hatten.[48] Snyder betonte, dass diese Naturreligionen selbst älter als das Christentum seien und bis ins Neolithikum zurückreichten:

> In a very real sense, I think this constitutes another culture. These are not altogether unconnected, isolated instances that appear at random, but a strong, basic strain running underground in Western culture and surfacing from time to time. I think there's a

45 Gary Snyder, Why Tribe, in: Ders., Earth House Hold: Technical Notes & Queries To Fellow Dharma Revolutionaries. New York 1969, 114.

46 George Dushek, »They're young seekers, not hippies«, Says Poet Ginsberg, in: San Francisco Chronicle January 22, 1967, 11.

47 Matthew Davis, Michael Farrell Scott, Opening the Mountain: Circumambulating Mount Tamalpais: A Ritual Walk. Emeryville, CA 2006, 13.

48 Cook, The Beat Generation, 34.

continuity here. And the reason it's surfaced in this particular moment in time is that new people are feeling threatened. There is an instinct for survival involved here.[49]

In der Zeit der Hippie-Bewegung wurden immer mehr Menschen auf die zunehmend rasante Umweltzerstörung aufmerksam. Dabei wurde ihnen auch deutlich, dass diese Zerstörung Auswirkungen auf sie selbst hatte. Auf der Suche nach Besserungsansätzen sollte nicht zuletzt das Studium verschiedener Kulturen und deren Geschichte bestehende Umweltprobleme lösen helfen.

1969 hatte sich Snyder in seine Rolle als Ökodichter der Hippie-Bewegung gefügt. Als es im gleichen Jahr zum *People's Park Protest* in Berkeley kam, bei dem Hunderte Menschen ein unbebautes Grundstück der *University of California* besetzten und das Land befreien wollten, um es zu einem öffentlichen Park umzuformen, meldete sich auch Gary Snyder zu Wort.[50] Er nannte die Aktion einen *Guerilla Strike* für die nicht verhandelbaren Forderungen des Planeten.[51] Das Campus-Magazin *Berkeley Tribe* bezeichnete die Vorkommnisse als Anfang der revolutionären ökologischen Bewegung.[52] Snyder äußerte sich in einem seiner Gedichte zu dem revolutionären Aspekt der Bewegung:

The country surrounds the city
The back country surrounds the country
»From the masses to the masses« the most
Revolutionary consciousness is to be found
Among the most ruthlessly exploited classes:
Animals, trees, water, air, grasses

We must pass through the stage of the
»Dictatorship of the Unconscious« before we can
Hope for the withering-away of the states
And finally arrive at true Communionism.

If the capitalists and imperialists
  are the exploiters, the masses are the workers.
      and the party
      is the communist.

If civilization
  is the exploiter, the masses is nature.
      and the party
      is the poets.

49 Ebd.

50 Frank Zelko, Challenging Modernity: The Origins of Postwar Environmental Protest in the United States, in: Christof Mauch et al. (Hrsg.), Shades of Green: Environmental Activism Around the Globe. Lanham, MD 2006, 28.

51 Robert Gottlieb, Forcing the Spring: The Transformation of the American Environmental Movement. Washington, DC 2005, 145.

52 Zelko, Challenging Modernity, 28.

If the abstract rational intellect
    is the exploiter, the masses is the unsconscious.
            and the party
            is the yogins.

& POWER
Comes out of the seed-syllables of mantras.[53]

»Revolution in the Revolution in the Revolution« ist dem 1970 erschienen Gedichtband *Regarding Wave* entnommen. In diesem Gedicht zeigt sich Gary Snyder sozialistisch-marxistisch revolutionär und thematisiert seine zentralen Ideen, die gegen Ausbeutung sprechen. Es lässt sich in den letzten drei Versen auch eine Einteilung in Wirtschaft, Gesellschaft und Geist erkennen, die zu Snyders Rhetorik der späten 1960er-Jahre gehört. Er setzt die Dichter als Sprecher der Natur ein und kritisiert die Zivilisation als Ausbeuter. Auch gibt er im Sinne des Buddhismus jedem Lebewesen Rechte und erkennt sie als ausgebeutete Klassen an. Auch die Pflanzen, das Wasser und die Luft können leiden. Diese Faktoren spiegeln sich auch in dem argumentativen Vorgehen wider, das Snyder bereits ein Jahr zuvor in der Protestschrift *Four Changes* anwendet.

2.3 *Four Changes:* Gary Snyders Zivilisationskritik

Der 1969 geschriebene Text *Four Changes* gliedert sich in vier Teile: *Population, Pollution, Consumption* und *Transformation. Four Changes* fordert Veränderungen der Gesellschaft, die auf Konzepten von Umweltschützern und Gesellschaftskritikern seiner Zeit beruhen. Gary Snyder erwies sich als Zivilisationskritiker. Hierfür bedient er sich einer Form, die im Zen-Buddhismus als die »Vier Gelübde« bekannt ist. Wer diese Gelübde ablegt, verspricht, zum Wohle aller fühlenden Lebewesen beizutragen.[54] Im Buddhismus ist das Ziel, durch tägliche Betrachtung und das Praktizieren von Weisheit und Mitgefühl, einen Weg aus Samsara, dem Kreis der Wiedergeburt, zu finden. Auch Snyders *Four Changes* sollen dazu beitragen, einen Ausweg aus der sich verschlechternden Umweltsituation zu finden.

An der Entstehung des Textes waren unter anderem Michael McClure sowie die *Beat*-Autoren Diane di Prima, Allen Watts und Richard Brautigan beteiligt, die Snyder mit Ratschlägen zur Seite standen. Brautigan hatte ein Jahr zuvor seinen eigenen Protest gestartet und seine Gedichte auf Pflanzensamenpackungen

53 Gary Snyder, Revolution in the Revolution in the Revolution, in Ders., Regarding Wave. New York 1970, 39.

54 Gary Snyder, Grace, in: Susan Suntree (Hrsg.), Wisdom of the East: Stories of Compassion, Inspiration, and Love. Chicago 2002, 299.

gedruckt und mit der Aufschrift »Please Plant This Book« 48.000 Exemplare in San Francisco und an der amerikanischen Westküste verteilt.[55] Auch *Four Changes* sollte ähnlich vertrieben werden. Das Musikmagazin *Rolling Stone* plante 1969 ein Open-Air-Konzert, bei dem eine große Anzahl an Besuchern erwartet wurde. Snyder und seine Kollegen wollten ausprobieren, wie sich ein Verteilen des Textes bei dem Konzert auf die Besucher und auch später auf die Gesellschaft auswirken würde.[56] Das Konzert wurde kurzfristig abgesagt, aber Snyder beschloss trotzdem die erste, in Eigenvertrieb hergestellte Ausgabe zu verteilen. Die genaue Auflage ist leider unbekannt.[57] Eine zweite Edition umfasste jedoch 50.000 Exemplare, wovon rund 15.000 an ausgewählte Personen und an die neuen *Ecology Centers* in den USA geschickt wurden. Diese Zentren existieren auch heute noch und beteiligen sich aktiv an umweltorientierten Programmen. Die ersten dieser Institutionen wurden Ende der 1960er-Jahre in Amerika gegründet und kooperierten eng mit Künstlern und Aktivisten.[58] Ein Beispiel ist das *Earth Read-Out*, welches in Berkeley stattfand und bei dem auch der Text *Four Changes* verteilt wurde. Katherine McNeil geht in ihrer detaillierten Bibliografie zu Gary Snyder davon aus, dass zwischen 1969 und 1971 insgesamt 200.000 Exemplare von *Four Changes* zirkulierten.[59] In einem Brief an Snyder erwähnt dessen ehemaliger Professor am Reed College, Lloyd Reynold, den Text:

> Wherever I go in my lecturing at high schools & colleges the Earth Household concept comes up – & the audiences are eager. Your Four Changes has been going the rounds at Portland Community College. Many are having Xerox copies made. I'd like to leave a copy at each school library.[60]

Die Struktur des Werks ist starr. Jeder der vier Bereiche *Population*, *Pollution*, *Consumption* und *Transformation* wird hinsichtlich *Position*, *Situation* und *Goal* beschrieben. Jeder Teilbereich erfährt dadurch eine genaue Strukturanalyse. Danach fordert der Autor *Action*. Die Form des Textes soll dem Leser als eine Art Anleitung zeigen, wie er mit seinem Handeln zu einer Verbesserung der gegenwärtigen Situation beitragen kann. Zur Erfassung möglicher Verbesserungen werden die Perspektiven *social/political, the community* und *our own heads* benutzt.

55 Diese Form der Verteilung wird auf einer Richard Brautigan gewidmeten Website näher erläutert: http://www.brautigan.net/plant.html (22.03.2012).

56 McNeil, Gary Snyder: A Bibliography, 47. Katherine McNeil schreibt zur Distribution des Textes: »They also wanted to use the occasion to make a major ecologist statement in a mass handout.«

57 Ebd., 47–50.

58 Informationen zu den Ecology Centers sind der folgenden Website entnommen: http://ecologycenter.org/about/ (26.09.2016).

59 McNeil, Gary Snyder: A Bibliography, 48.

60 D-050: Box II, 154:66 Reynolds, Lloyd J. [January 22, 1970].

Population ist ein Faktor, der in vielen Texten Snyders anklingt. Er sieht Überbevölkerung und ungleichmäßige Bevölkerungsverteilungen als eines der Hauptprobleme der Umweltsituation. Bereits 1968 sorgte die Veröffentlichung des umstrittenen Buches *The Population Bomb* von Paul R. Ehrlich für Aufsehen und wurde gleichzeitig zu einem Bestseller.[61] Europa, Indien und Japan sind nach Snyders Auffassung am stärksten von der Überbevölkerung betroffen. In Amerika sieht er das Potenzial, etwas an der Raumverteilung zu ändern, was dem Problem der Überbevölkerung begegnen würde. Die Aufgabe des Menschen sei es, als »gentle stewart of the earth's community« aufzutreten und zwar nicht als Ausbeuter der Erde, sondern als ihr Bewohner.[62] Snyder sieht das Problem in den 1960er-Jahren auch in der genannten Überbevölkerung, die sich nicht nur negativ auf den Menschen auswirkt, sondern auch auf andere Lebewesen und die Umwelt. Zudem geht die Ausbeutung der natürlichen Ressourcen Hand in Hand mit der Überbevölkerung. Durch eine wachsende Erdbevölkerung wird auch die Nachfrage nach Nahrungsmitteln immer größer. Die Ernährungssicherung wird immer schwerer zu gewährleisten. Folgen für die Menschen können, wie von Ehrlich beschrieben, Unterernährung und Tod durch Verhungern sein. Auch die von Monokulturen geprägte Landwirtschaft sowie die stetig wachsende Massentierhaltung schädigen nachhaltig die Ökosysteme auf der Erde.

Gleich im ersten Abschnitt enthält Snyders Zivilisationskritik einen kontroversen Aspekt. Zur Beantwortung der Bevölkerungsfrage bedarf es laut Snyder langfristiger sozialer und politischer Aktionen. Konkrete Lösungsvorschläge sollen erarbeitet werden. Überbevölkerung lässt sich aus Sicht Snyders nur über einen größeren Zeitraum hinweg eindämmen. Er fordert zu diesem Zweck das Anstreben einer langfristig geringeren Geburtenrate durch die Legalisierung von Abtreibung sowie Veränderungen der Steuersätze für Familien, die negativ abhängig von der Kinderzahl bestimmt werden sollen. Er sieht jedoch auch die Probleme seiner Ideen, sollte zum Beispiel ein Staat oder eine Regierung für eine solche Regulierung zuständig sein.[63] Snyder geht zwar nicht näher auf diesen Widerspruch ein, jedoch sind die möglichen Konsequenzen seiner Idee durchaus problematisch. Für Snyder ist jedoch ein zentraler Punk, die Gemeinschaft auf die Auswirkungen und Grenzen einer hohen Bevölkerungszahl aufmerksam zu machen: »Let reverence for life and reverence for the feminine mean also a reverence for other species, and future human lives, most of which are threatened.«[64]

61 Paul R. Ehrlich warnte 1968 in *The Population Bomb* vor den Auswirkungen einer Überbevölkerung und dem daraus resultierenden Massensterben durch Verhungern. Er forderte sofortige Maßnahmen, um dieses Problem einzudämmen. Snyder bezieht sich in *Four Changes* nicht direkt auf Ehrlich, jedoch sind die Übereinstimmungen in vielen Punkten offensichtlich.

62 Gary Snyder, Four Changes, in: Ders., Turtle Island. New York 1974, 91.

63 Ebd., 92.

64 Ebd., 93.

Pollution ist der nächste Faktor, den Snyder analysiert. Er unterteilt die Umweltverschmutzung in zwei Kategorien. Die erste beinhaltet Verschmutzungen durch Stoffe, die von der Umwelt längerfristig abzubauen sind, die jedoch den natürlichen Kreislauf aufgrund des exzessiven Verhaltens des Menschen verlangsamen oder zum Erliegen bringen. Die zweite Kategorie bezieht sich auf Verschmutzungen durch neue Substanzen, auf die die Biosphäre nicht vorbereitet ist. Snyder betont besonders die negativen Auswirkungen des Insektizids DDT. Weitere Arten dieser Verschmutzung sind Nukleartests und Atommüll. In beiden Kategorien ist der Mensch die Ursache der Verschmutzung.

> Pollution is directly harming life on the planet: which is to say, ruining the environment for humanity itself. We are fouling our air and water, and living in noise and filth that no »animal« would tolerate, while advertising and politicians try and tell us we've never had it so good.[65]

Aus dieser Propaganda der Politik und der Massenmedien entsteht laut Snyder eine weitere Art von Verschmutzung, nämlich die *Mind-Pollution*.

Wie kann man also das Ziel erreichen, in einer Welt ohne Verschmutzung zu leben? Snyder argumentiert, dass die Politik aktiver gegen DDT und ähnliche Substanzen vorgehen müsse. Dabei sollten seiner Ansicht nach die Strafen für Luft- und Wasserverschmutzung deutlich höher ausfallen. Ein verstärkter Einsatz erneuerbarer Energien wie Wind- und Wasserenergien würde mit zur Lösung des Problems beitragen. Auch durch Recycling könnte man die Umweltverschmutzung einschränken. Aus Snyders früheren Gedichten und Texten geht hervor, wie das Konzept des Recyclings, des bewussten Konsums von Lebensmitteln und der Wiederverwertung von Material bereits seit Hunderten von Jahren von den Indigenen Nordamerikas praktiziert wird. Auch sollte die Gesellschaft auf Pestizide verzichten und weniger Benzin verbrauchen. Snyder fordert im Geiste der bei Kerouac in *The Dharma Bums* angesprochenen Rucksackrevolution Fahrgemeinschaften zu bilden, das Trampen zu legalisieren und dieses mit Tramp-Haltestellen an den Autobahnen zu erleichtern.[66] Im Allgemeinen wird der Leser aufgefordert, sein Alltagsleben bewusster zu gestalten und sich selbst zu fragen, wie er umweltbewusster leben kann. Auch der Einfluss des 1962 erschienenen Buches *Silent Spring* der Zoologin und Autorin Rachel Carson macht sich in diesem zweiten Punkt bemerkbar.

> Part of the trouble with talking about something like DDT is that the use of it is not just a practical device, it's almost an establishment religion. There is something in Western culture that wants to totally wipe out creepy-crawlies, and feels repugnance for toadstools snakes. This is fear of one's own deepest natural inner-self wilderness areas, and the answer is, relax.[67]

65 Ebd., 94.
66 Ebd., 95.
67 Ebd.

Der dritte Faktor, den Snyder in *Four Changes* analysiert, ist *Consumption.* Die Konsumfrage ist mit den Aspekten »Verschmutzung« und »Bevölkerung« verknüpft. Snyder sieht den Menschen an der Spitze der Pyramide der Energieumwandlung.[68] Probleme des Konsums sind die Überproduktion und der unbedachte Umgang mit den natürlichen Ressourcen. Das Ziel im Konsumbereich ist für Snyder die Schaffung einer gewissen Balance. Dadurch würde dem System und dem Lebenskreislauf kaum noch Schaden zugefügt.[69]

Politiker und Gesellschaft sollten laut Snyder akzeptieren, dass eine stetig wachsende Wirtschaft auch langfristig immer mehr Probleme mit sich bringt. Snyder fordert, dass Grenzen gesetzt werden, auch bei internationalen Konflikten und im Wettbewerb: »Especially that ultimate in wasteful competition, hot wars and cold wars with »Communism« (or »Capitalism«) – must be halted totally with ferocious energy and decision.«[70] Die Lösungsvorschläge, die Snyder macht, sind an kommunistische Ideen angelehnt. Es soll ein gemeinsames Eigentum an Werkzeugen und Materialien geben, damit diese effizienter und nur bei Bedarf eingesetzt werden können. Auch soll der Konsum reduziert werden. Die Erklärungen Snyders hierbei erinnern an seine Notizen zu seiner Zeit im japanischen Kloster, wo er durch Verzicht neue Perspektiven fand. Während die ersten beiden Faktoren *Population* und *Pollution* sehr ausführlich behandelt werden, wird der dritte Punkt nicht so ausführlich behandelt und weist Argumentationslücken auf. Snyder geht weniger auf die aktuelle Situation ein, stattdessen versucht er gleich Lösungsansätze für das Problem zu finden. Als Grundproblem des Konsums sieht er das stetige Wachstum, das in vielen Bereichen stattfindet. Ähnlich wie ein paar Jahre später in dem von Dennis und Donella Meadows, Jørgen Randers und William W. Behrens III veröffentlichten Bericht *The Limits to Growth*, so versucht auch Snyder die Grenzen des Wachstums zu verdeutlichen. *Consumption* kann daher als eine der revolutionärsten Schilderungen der *Four Changes* angesehen werden. Snyder ruft dazu auf, bestimmte Wirtschaftszweige zu boykottieren, um weiteres Wachstum der Unternehmen zu verhindern.

Transformation bildet den vierten und letzten Punkt. Die Zivilisationskritik Snyders lässt sich am Abschluss seiner *Four Changes* am besten verstehen. Er fordert eine langfristige, radikale Veränderung der Kultur.

If man is to remain on earth he must transform the five-millenia-long urbanizing civilization tradition into a new ecologically-sensitive harmony-orientated wild-minded scientific-spiritual culture. »Wildness is the state of complete awareness. That's why we need it.«[71]

68 Ebd.
69 Ebd., 95f.
70 Ebd., 97.
71 Ebd., 99.

Das Ziel ist eine neue Kultur, die durch Pluralismus und ein Zusammenwirken der Lösungsvorschläge aus den Teilen *Population*, *Consumption* und *Pollution* erreicht werden kann.

Wie viele andere Revolutionen auch beginnt die *Transformation* in den Köpfen der Menschen. Jedoch sieht Snyder in der jetzigen Situation der Menschen durchaus einen Vorteil:

Knowing that we are the first human beings in history to have so much of man's culture and previous experience available to our study, and being free enough of the weight of traditional cultures to seek out a larger identity; the first members of a civilized society since the Neolithic to wish to look clearly into the eyes of the wild and see our self-hood, our family, there.[72]

Um diesen Zustand der Rückkehr zur Wildnis zu erreichen, ist es hilfreich, eine neue Definition des »Selbst« einzuführen, mit der ein stärkerer Fokus auf die soziale und natürliche Umwelt gelegt wird.

Die Methode der Transformation und des Umdenkens lässt sich aus einem der bekanntesten von Snyders Gedichten ableiten, »For the Children« aus *Turtle Island*:

The rising hills, the slopes,
of statistics
lie before us.
the steep climb
of everything, going up,
up, as we all
go down.

In the next century
or the one beyond that,
they say,
are valleys, pastures,
we can meet there in peace
if we make it.

To climb these coming crests
one word to you, to
you and your children:

stay together
learn the flowers
go light[73]

72 Ebd., 102.
73 Gary Snyder, For the Children, in: Ders., Turtle Island. New York 1974, 86.

Das Gedicht enthält den Ratschlag, Wissen an die nächste Generation weiterzugeben. Während eine Lösung der Probleme in der Zukunft liegt, im nächsten oder gar im übernächsten Jahrhundert, müssen aber in der Gegenwart schon erste Schritte getan werden –, und dazu müssen die Probleme der Vergangenheit bekannt sein. Die letzten drei Zeilen des Gedichts sind eine Anleitung, wie ein positiver Wandel gelingen kann. »Stay together« ruft zur Gemeinschaft auf, mit der diese Ziele verwirklicht werden können. Man soll seine Menschlichkeit bewahren und lernen, gegenseitig für einander zu sorgen.[74] »Learn the flowers« meint, dass sich die jüngere Generation mit ihrer Umwelt vertraut machen soll. Indem man Welt und Umgebung, in der man sich befindet, kennenlernt, lernt man auch, wie man sie pflegt und auf sie Acht gibt. Dabei ist es besonders wichtig, die Verbindungen und Abhängigkeiten in der Biosphäre zu verstehen.[75] So lässt sich auch die letzte Zeile, »go light«, erfüllen. Sie lässt Raum für Interpretationen, aber aufgrund von Snyders Erlebnissen in Japan und seiner engen Verbindung zum Buddhismus kann man darauf schließen, dass *light* primär für Erleuchtung und Einsicht steht. Eine modernere Interpretation könnte auch »go light« als ökologischen Fußabdruck[76] verstehen, also als Reduzierung des die Erde belastenden Gewichts.

In *Four Changes* wird zum ersten Mal in Snyders Werk ein Aktivismus spürbar, der das Potenzial hat, von den Mitgliedern der Gegenbewegung der späten 1960er-Jahre aufgenommen zu werden. Viele Punkte in *Four Changes* sind den Ideen der Hippies nicht unähnlich, beispielsweise der Kampf gegen den Kapitalismus, gegen Kriege und gegen Ungleichberechtigung. Gleichzeitig ist Snyders Konzept nicht radikal neu, da er sich auf alte Kulturen und Ansichten beruft, die er in *Transformation* nur in neuer Zusammenstellung präsentiert. In *Four Changes* klingen außerdem Konzepte an, die in der neueren Geschichte des Umweltaktivismus eine bedeutende Rolle spielen. Für Snyder wird ein Satz in den nächsten Jahren besonders wichtig sein: »Some communities can establish themselves in backwater rural areas and flourish.«[77] Diese *Back-to-the-Land*-Mentalität ist es, die Gary Snyder in der Region San Juan Ridge im Norden von San Francisco sucht.

74 D-050: Box I, 41:11 Proceedings of the Right to Remain Wild, A Public Choice, Nov. 17–19, 1975, 93.

75 Ebd.

76 Das Konzept des ökologischen Fußabdrucks wurde Mitte der 1990er-Jahre von Mathis Wackernagel und William Rees entwickelt.

77 Snyder, Four Changes, 101.

2.4 *Kitkitdizze* und die *Back-to-the-Land*-Bewegung

Die Pläne, sich ein Haus in der Wildnis zu bauen, hatten sich bei Snyders letztem längeren Aufenthalt in Japan konkretisiert. Nach dem *Human Be-In* verbrachte er einige Wochen auf der Vulkaninsel Suwanose-jima, die zur Gruppe der Nansei-Inseln ganz im Süden Japans gehört. Auf der 27 km² großen Insel hatte Nanao Sakaki kurz zuvor den Banyan Ashram gegründet, eine Kommune, welche zum Symbol der japanischen Gegenbewegung wurde und mit der *Back-to-the-Land*-Bewegung in den USA vergleichbar ist. In einem Brief an Allen Ginsberg hatte Snyder ein Jahr zuvor geschrieben:

> Been too happily dug into my poetry writing and reading – with nobody to drag me back – to miss sex much. Now that the spring is here, it's all different though. Maybe I'll get a Japanese woman, they look better and better.[78]

Auf Suwanose-jima heiratete er am 6. August 1967 Masa Uehara, die er ein paar Monate zuvor kennengelernt hatte. Mit Masa hatte Snyder zwei Söhne, Kai und Gen. Kai wurde im April 1968 in Japan geboren, sein Name bedeutet im japanischen so viel wie »offen«, was für eine Öffnung des Westens gegenüber dem fernen Osten stehen könnte. 1969 folgte dann Gen in Kalifornien, sein Name bedeutet übersetzt so viel wie »Anfang«, womit möglicherweise der Neuanfang der Familie Snyder in Kalifornien gemeint ist. Mit Familie wurde auch bei Snyder das Verlangen, sich an einem Ort niederzulassen, stärker. Bereits während eines Aufenthalts an der Westküste 1966 wurde Snyder von Richard Baker angesprochen, ob er Interesse hätte, zusammen ein Stück Land in den Ausläufern der Sierra Nevada zu kaufen. Das Grundstück, das Baker ausgewählt hatte, lag etwa 150 Meilen von San Francisco entfernt im Landesinneren von Kalifornien. Zusammen mit Baker, Ginsberg und Swami Kryananda kaufte Gary Snyder 100 Morgen Land mit Ponderosa-Kiefern in einer ehemaligen Goldsucher-Gegend.[79] Baker und Ginsberg sollten ihren Anteil des Landes nicht stark nutzen und im Laufe der Jahre an Snyder abgeben, da sich Ginsberg bereits 1968 ebenfalls ein großes Grundstück im Norden New Yorks gekauft hatte, welches als *East Hill Farm* bekannt werden sollte. Swami Kryananda, der mit bürgerlichen Namen James Donald Walters hieß, gründete auf seinem Anteil des Bodens bereits 1968 *Ananda Village* als Gemeinde und Rückzugsort, wo östliche Bräuche wie Yoga und Meditation praktiziert werden. Bis heute ist *Ananda* für viele Kalifornier ein beliebtes Erholungsziel.

78 Gary Snyder, Letter to Allen Ginsberg [April 29, 1966], in: Morgan, Selected Letters of Ginsberg and Snyder, 81.

79 Suiter, Poets on the Peaks, 251.

Gegen Ende der 1960er-Jahre erinnerte sich Snyder während seiner Zeit in Japan an das Grundstück und, da er den Großteil seiner Kindheit auf einer Farm verbracht und nun in Japan an der *Back-to-the-Land*-Bewegung Anteil hatte, nahm der Plan Gestalt an, sich in den Ausläufern der Sierra niederzulassen. An Ginsberg schrieb er bereits 1967:

> I'll think I'll be closing things out in Japan and heading for Grass Valley in a year or so […] It would be nice for us to get up on the land and camp and feel it out, and do a little building work together.
> I have an enormous good feeling about that place; seeing it only one day, but it remains vivid and warm in the mind's eye. A good location.[80]

Als Snyder mit Masa und Sohn Kai im Dezember 1968 in die USA zurückkehrte, zogen sie sehr rasch nach Grass Valley und planten die nächsten Schritte zum Bau ihres Hauses. Für Snyder war es besonders wichtig, Natur und Geschichte um das Grundstück herum zu studieren. Er bezeichnete das als »natural and social ›fieldwork‹«.[81] In einem Interview mit dem Journalisten Bruce Cook erwähnt Snyder seine Pläne mit dem Grundstück:

> It's just some acres of wilderness I bought with a cabin on it. But I want to get us out there, so that we can begin to learn to break the habits of dependence. It's important for me. I think it will mean more consciousness, more awareness. And nothing has more value for the individual than his consciousness, intensifying and refining it.[82]

Diese Aussage Snyders zeigt, was ihn zum Bau des Hauses bewegte. Thoreau schreibt ähnlich, als er seinerzeit begründet, weshalb er an den *Walden Pond* zog:

> I went to the woods because I wished to live deliberately, to front only the essential facts of life, and see if I could not learn what it had to teach, and not, when I came to die, discover that I had not lived. I did not wish to live what was not life, living is so dear; nor did I wish to practice resignation, unless it was quite necessary. I wanted to live deep and suck out all the marrow of life, to live so sturdily Spartan-like as to put to rout all that was not life, to cut a broad swath and shave close, to drive life into a corner, and reduce it to its lowest terms […].[83]

Dieses spartanische und einfache Dasein in den Wäldern wollte auch Gary Snyder leben. Er verbrachte 1969 viel Zeit auf dem Land und plante den Bau des Hauses. In einem Brief an Ginsberg erwähnte Snyder auch den Namen, den er

80 Gary Snyder, Letter to Allen Ginsberg [June 25, 1967], in: Morgan, Selected Letters of Ginsberg and Snyder, 92.

81 Gary Snyder, Letter to Allen Ginsberg [July 20, 1968], in: Morgan, Selected Letters of Ginsberg and Snyder, 104.

82 Cook, The Beat Generation, 35.

83 Ebd.

dem Grundstück geben wollte: »the Sierra land which I've called KIT-KIT-DIZZE after the most common little plant up there.«[84] Mit dem Studium des Ortes, insbesondere der Flora und Fauna, begann Snyder, eine Beziehung zur dortigen Natur aufzubauen. Als 1970 die Bauarbeiten ernsthafte Züge annahmen, wurde der Name des Grundstücks auf das Haus übertragen.

Das Haus *Kitkitdizze* selbst ist geprägt von einer Fusion japanischer Baustile mit Einrichtungen, die die Indigene der Sierras bereits seit Hunderten von Jahren nutzten. Ähnlich wie Snyder seine Gedichte aufbaut, entstand auch die Planskizze seines Hauses.

Der Literaturwissenschaftler Katsunori Yamazato beschäftigte sich ausführlich mit den Konzepten, aus denen die Idee zu *Kitkitdizze* hervorging. Er betont die optische Ähnlichkeit mit einem japanischen Farmhaus.[85] Eine japanische Farm ist in drei Teile aufgeteilt und auch Snyders Haus hat drei Räume, die aber jeweils noch einmal unterteilt sind. Das Haus weist zudem Merkmale der Architektur der *Native Americans* auf, zum Beispiel eine offene Feuerstelle und eine Öffnung im Dach. Vorbild hierfür ist die Architektur eines indianischen Tipis. Ferner ergänzte Snyder diese beiden Baukonzepte durch Anbauten, die es in der westlichen Kultur gibt. So verfügt das Haus über einen Arbeitsraum, einen Holzschuppen, eine Wärmekabine, und eine Freiluftküche.[86]

Die Bauarbeiten begannen 1970 mit der Hilfe von Freunden und Nachbarn. Snyder befand: »I feel that getting our roots down, knowledges developed, in country regions, is really beautiful and essential right now.«[87] Da seine Vorfahren im Norden der Westküste als Holzfäller gearbeitet hatten, besaß Snyder noch einige traditionelle Sägen und Holzverarbeitungsgeräte, die nützlich waren. Er befasste sich ausführlich mit den Gerätschaften, ähnlich wie zuvor mit den Eigenschaften der Landschaft. Außerdem war ihm das Verhältnis zu seinen Nachbarn sehr wichtig. Don Dachtler, ein Schullehrer aus der Nachbarschaft half ebenfalls beim Bau mit. In der Einleitung zu einem Gedichtband Dachtlers drückt Snyder die Verbindung zwischen Arbeit und Poesie wie folgt aus:

> A drawknife is mostly used, where we come from, to skin Ponderosa pine poles to build a house. Or a temple. Poem as tool, to shave the bark, present a clean gleam, and to leave us something to built with.[88]

84 Gary Snyder, Letter to Allen Ginsberg [September 18, 1969], in: Morgan, Selected Letters of Ginsberg and Snyder, 116.

85 Katsunori Yamazato, Kitkitdizze, Zendo, and Place: Gary Snyder as a Reinhabitory Poet, in: ISLE: Interdisciplinary Studies in Literature and Environment Vol. 1, No. 1, Spring 1993, 52.

86 Ebd., 53.

87 Gary Snyder, Letter to Allen Ginsberg [March 14, 1970], in: Morgan, Selected Letters of Ginsberg and Snyder, 118.

88 Gary Snyder, Note to *Drawknife*, in: Doc Dachtler, Drawknife. Winters, CA 1985, VII.

Der Dichter Wayne Dodd erinnert sich an eine Aussage, die Snyders Ansicht über den Zusammenhang von Handwerk und Dichtung noch deutlicher macht:

> […] Snyder said that if a person wanted to learn how to be a poet he ought to go find a person who could ›do‹ something well, and learn how to do it with him. Find, for example, a good carpenter. Or find a good mechanic, and then just stick with him for a while! Live with him, hang around him. Watch him and help him work. Learn to do it, maybe for two or three years. The interviewer said to him, »Are we still talking about poetry?« And Snyder said, »Fuckin' A we're still talking about poetry. You learn how to write poetry by learning how to do anything really well and proper.[89]

Während Thoreau seine Hütte am *Walden Pond* alleine gebaut hatte, war für Snyder die Gemeinschaft wichtig und wurde in den folgenden Jahren zu einem festen Bestandteil der Rhetorik in seinen Gedichten und Essays sowie in seinem Aktivismus. Erst nach der Fertigstellung des Hauses besucht Snyder während einer seiner Vortragsreisen den *Walden Pond*, an dem Thoreau seine Hütte gebaut hatte.[90] Snyder selbst wird festes Mitglied der Gemeinde in der San Juan Ridge, welche zwischen dem nördlichen und südlichen Yuba River liegt. Im Gedicht »Building« aus den frühen 1990er-Jahren beschreibt Gary Snyder den Bauprozess seines Hauses, bei dem unter anderem auch indigene Praktiken angewendet werden:

> We started our house midway through the Cultural Revolution,
> The Vietnam war, Cambodia, in our ears,
>   tear gas in Berkeley,
> Boys in overalls with frightened eyes, long matted hair, ran
>   from the police.
> We peeled trees, drilled boulders, dug sumps, took sweat baths
>   together.
> That house finished we went on
> Built a schoolhouse, with a hundred wheelbarrows,
>   held seminars on California paleo-indians during lunch.
> We brazed the Chou dynasty form of the character »Mu«
>   on the blacksmithed brackets of the ceiling of the lodge,
> Buried a five-prong vajra between the schoolbuildings
>   while praying and offering tobacco.
> Those buildings were destroyed by a fire, a pale copy rebuilt
>   by insurance.[91]

89 Robert Bly, American Poetry: Wildness and Domesticity. New York 1991, 322.

90 D-050: Box I, 87:1 [Journal], Book 6, 1971 September 3–1972 June 4 [Eintrag vom 15.11.1971].

91 Gary Snyder, Building in: Ders., No Nature: New and Selected Poems. New York 1992, 366.

Allerdings hatte auch Thoreau, obwohl er oft als Einsiedler bezeichnet wird, aktiv an der Gemeinschaft um den *Walden Pond* teilgenommen. So findet sich in seinem Buch *Walden* ein eigenes Kapitel mit dem Titel *Besucher*, und es ist bekannt, dass Thoreau Petitionen für hilfsbedürftige Nachbarn aufsetzte.[92] Die praktische Nähe von Thoreaus Hütte zu Freunden und Nachbarn erinnert daran, wie ein kleines Kind sein Zelt im Garten seiner Eltern aufbaut, bemerkt der Essayist Danny Heitman.[93]

Teil einer solchen Gemeinschaft zu sein mag sich auch Ginsberg erhofft haben, dem das Grundstück neben Kitkitdizze gehörte. Wegen vieler Verpflichtungen war er während der frühen 1970er-Jahre überwiegend an der Ostküste. Jedoch schrieb er in seinen Tagebüchern häufig über die Landschaft um *Kitkitdizze* und plante, den Ort als Alterssitz zu nutzen. Um diesen Wunsch zu verwirklichen begab er sich mit seinem Lebensgefährten Peter Orlovsky nach Grass Valley, um dort eine Hütte mit dem Namen *Bedrock Mortar* zu bauen.[94] Orlovsky, der bereits auf der New Yorker *East Hill Farm* viel handwerkliches und landwirtschaftliches Können bewiesen hatte, stellte 1974 zusammen mit Snyder und seinen Nachbarn die Hütte fertig, die sich fast in Sichtweite zu Snyders Haus befand. In seinen Briefen an Ginsberg zeigt sich Orlovsky beeindruckt von Snyders Kenntnis der Natur und der Region, die der sich innerhalb weniger Jahre angeeignet hatte.[95] Ginsberg selbst konnte seinen vielen Verpflichtungen in der Abgeschiedenheit der Sierras nicht nachkommen. Er arbeitete von New York aus und besuchte Snyder im Vergleich zu den 1950er- und 1960er-Jahren nur selten. In Briefen und Tagebucheinträgen erinnert er sich oft sehr schwermütig an das Grundstück und seine Hütte, die Orlovsky auch als *Poet's Hermitage* bezeichnete.[96] Obwohl sich Ginsberg und Snyder selten sahen, stammt aus dieser Zeit das möglicherweise einzige gemeinsame Gedicht der beiden, welches den Titel *Eyes Full of Pitchpine Smoke* trägt:

> Eyes full of pitchpine smoke
> Ears full of frogs
> How can I keep my books?

> Pitchpine smoke
> drives mosquitoes crazy
> they all go over to the Greensfelders

92 Danny Heitman, Not Exactly a Hermit: Henry David Thoreau, in: Humanities: The Magazine for the National Endowment for the Humanities, September/October 2012, 15.

93 Ebd., 16.

94 Peter Orlovsky, A Life in Words: Intimate Chronicles of a Beat Writer. Boulder, CO 2014, 251.

95 Ebd., 255.

96 Ebd., 254.

Bookkeeping in the moonlight
- frogs count
        my checks.

– Kitkitdizzie, CA, June 16, 1974[97]

In dem Gedicht wird eine Abendstimmung beschrieben, die sich aus der Arbeit des Buchhaltens, der Natur und der Gemeinschaft in Form der Nachbarn, den Greensfelders, zusammenfügt. Während die Gedichte von Ginsberg und Snyder aus dieser Zeit oft gesellschaftskritisch sind, wird hier vielmehr spaßhaft die neue Situation in der Natur beschrieben.

Fast alle Arbeiten in *Kitkitdizze* fanden mit großer Rücksicht auf die Natur statt. So wurden die Bäume, die für den Bau nötig waren, durch selektiven Holzschlag gefällt und nicht durch Kahlschlag, wie es zuvor Holzunternehmen in der Umgebung getan hatten.[98] Diese Rücksichtnahme hat ebenfalls Ursprünge in Snyders Kindheit, da um die Farm der Familie in Portland weitläufig fast nur Baumstümpfe standen, die 50 Jahre zuvor durch Kahlschlag gefällt worden waren, um den Bau der Städte San Francisco und Los Angeles voranzutreiben.[99] Snyder gab auch auf die Tiere und Pflanzen der Umgebung acht und versuchte, den Bau mit möglichst wenigen Eingriffen in das Ökosystem der Region vorzunehmen.

Kitkitdizze befand sich nach der Fertigstellung, ähnlich wie ein Ökosystem, in stetigem Wandel, da Snyder sehr an aktuellen und neuen Entwicklungen interessiert war, die Nachhaltigkeit und Unabhängigkeit mit sich brachten. So ließ er bereits 1981 Photovoltaik-Anlagen auf dem Dach seines Hauses installieren. Dies war zu Beginn mit einigen Problemen verbunden, da die Technologie noch nicht für den Privatgebrauch ausgereift und rentabel war. Am Weihnachtsabend 1981 reparierte Snyder die Solarzellen des Warmwasserspeichers mit einer Kunstharz-Paste, da eine Kupferleitung kaputtgegangen war.[100] Während die Familie zu Beginn noch Kerosin-Lampen im Haus benutzte, so ist heute die Elektrizität, die auch den Computer und den Kühlschrank speist, nicht mehr aus *Kitkitdizze* wegzudenken (Abb. 18 und 19).[101] Diese Entwicklungen weichen wohl von den Anfängen von *Kitkitdizze* ab, als Snyder das Haus im Einklang mit der Natur belassen wollte.

Mit dem Rückzug nach Kalifornien und dem Bezug von *Kitkitdizze* im Jahr 1970 veränderte sich Snyders Aktivismus. Er lebte in einem Wassereinzugsge-

97 Allen Ginsberg, Gary Snyder, Eyes Full Of Pitchpine Smoke, in: Allen Ginsberg, Wait Till I'm Dead: Uncollected Poems. New York 2016, 116.

98 Interview mit Gary Snyder. Audio 17.11.2012, 1:27:18.

99 Snyder, Hass, Lost in Translation, 54:04.

100 D-050: Box I, 89:3 [Journal], Book 19, 1981 October 31–1982 May 6 [Eintrag vom 24.12.1981].

101 Yamazato, Kitkitdizze, Zendo, and Place, 53.

Abb. 18 u. 19: Generator mit Solaranlage in *Kitkitdizze* (oben), *Kitkitdizze*, 2012 (unten; Fotos: Martin Spenger)

biet und bemühte sich dort um den Aufbau einer Gemeinschaft. Nachdem er in den Jahren zuvor seinen Aktivismus in seinen schriftstellerischen Arbeiten ausgedrückt hatte und bei Veranstaltungen wie dem *Human Be-In* und auf Konferenzen unterwegs gewesen war, lebte er jetzt das in seinen Werken und Weltanschauungen ständig umkreiste Leben. Die Philosophie Snyders, die auf vielen alten und unterschiedlichen kulturellen und religiösen Ideen beruht, war nun Realität, oder anders ausgedrückt, sie wurde zu seiner eigenen »idealen« Kultur.

Dabei gingen ihm auch regelmäßig die Grenzen dieses Lebensstils auf. Wie viele seiner Nachbarn wollte er sich zu Beginn in Kitkitdizze selbst versorgen. Jedoch war beim Anbau von Obst und Gemüse klimabedingt schnell das Limit erreicht. Daraufhin spezialisierte sich Snyder auf ausgewählte Pflanzen, die in der Region gut gediehen und kaufte die restlichen Nahrungsmittel in Supermärkten. Er ließ sich dann beim Pflegen und Bebauen seines Gartens vor allem von den Aspekten Frische und Herkunft der Nahrungsmittel leiten, als von der Idee, sich vollständig selbst zu versorgen.[102]

Freiheit und Unabhängigkeit bedeuteten ihm jedoch viel, was man auch seinem Werk ansieht.

Snyder fungiert als Vorbild und Vorreiter einer neuen Bewegung. Seine Essaysammlung *Earth House Hold* wurde schon früh vom Literaturkritiker Paul Sherman mit dem großen Begriff der Ökologie in Verbindung gebracht.[103] Wie der Titel des Bandes suggeriert, befindet Snyder, die Bewohner des Planeten sollten ihre Heimat wie einen Haushalt betrachten. Der Begriff Ökologie setzt sich aus den griechischen Wörtern *ṓīkos* (Haus) und *lógos* (Lehre) zusammen. Ein guter Haushalt muss gepflegt werden. Sollte man also mit der Erde umgehen, wie mit seinem eigenen Haus? Snyder zeigt dies sehr deutlich anhand seines Lebensstils. Bei seinen täglichen Aktivitäten achtet er sehr darauf, Natur und Umwelt sorgfältig zu behandeln. *Kitkitdizze* besitzt zum Beispiel keine künstliche Abgrenzung zur Natur, die das Haus umgibt. Snyder lebt also das Konzept der Naturverbundenheit in seinem Heim auf *Turtle Island*, wie er den nordamerikanischen Kontinent in Interviews immer wieder nennt. Er versucht damit, die Grenzen, die durch die Regierung oder die Geschichte vorgegeben sind, zumindest in seinem Lebensstil und seiner Literatur möglichst weit auszudehnen. Damit wendet er sich gleichzeitig von der modernen Zivilisation des 20. Jahrhunderts ab und zieht sich wie Thoreau in die Wildnis, in die Natur, zurück.

Sein Leben in *Kitkitdizze* ermöglicht es Snyder, Veränderungen in der Umwelt der Sierras genau zu studieren. Heute lebt er schon seit über 40 Jahren in *Kitkitdizze* und zeigt sich optimistisch gegenüber den Veränderungen, die die Region durchlaufen hat. Ausgehend von dem Mitte der 1970er-Jahre entstandenen Um-

102 Geeta Dardick, Gary Snyder: Rural Philosopher, in: Sacramento, August 1985, 52.
103 Sherman, From Lookout to Ashram, 76.

weltbewusstsein hat sich die Bedeutung der Waldregion in den Sierras gewandelt. Bevor sich dieses Bewusstsein manifestiert hatte, wurden die Kiefernwälder in den Sierras vom *U. S. Forest Service* und der Holzwirtschaft radikal abgeholzt. Seit den 1970er-Jahren ist die Holzindustrie dazu gezwungen worden, die Abholzung einzuschränken.[104] In diesem Kontext machten die Umweltschützer auch darauf aufmerksam, dass die immer wiederkehrenden Waldbrände keinesfalls schädlich für das Ökosystem des Waldes sind. Auch Snyder beschreibt die aus seinen Erfahrungen positive ökologische Rolle der Brände in den trockenen Wäldern der Sierras. Für ihn kann der Wald durchaus mit den Bränden umgehen und kleinere Brände sind sogar förderlich für ein Fortbestehen der Wälder. Von der Verbundenheit mit der Landschaft kam auch der Name seines Hauses. *Kitkitdizze* ist der indigene Name für *Chamaebatia Foliolosa*. Diese Pflanze gehört zu den Rosengewächsen und ist auf regelmäßige Waldbrände angewiesen, um fortzubestehen. Ihre sich weit verzweigenden Wurzeln verhindern, dass der Boden an Berghängen erodiert. Die *Chamaebatia Foliolosa* kommt ausschließlich in den Ausläufern der Sierras vor und ihr Fortbestand wird durch die Waldbrände garantiert. Gary Snyder spricht in diesem Zusammenhang von einer feuerbegünstigten Ökologie, die mittlerweile auch vom *U. S. Forest Service* anerkannt wird.[105] Nachdem in den frühen 1970er-Jahren die positiven Auswirkungen von Waldbränden auf das Ökosystem nachgewiesen wurden, kam es 1985 zu einer Evaluierung von *wildland-urban interface fire problems*. Dabei ging es um die Grenze zwischen Gemeinden und Wildnis. Viele Häuser waren durch natürliche Waldbrände stark bedroht. Um dieser Gefahr vorzubeugen, ist es wichtig, einen Abstand zwischen Wald und Haus einzuhalten, was Snyder schon während dem Bau von *Kitkitdizze* beachtete. Auch die im Ökosystem um *Kitkitdizze* vorkommenden *Ponderosa Pines* profitieren besonders von Waldbränden. Jack Cohen, Wissenschaftler für den U.S. Forest Service sagt: »the reduction of fire occurrence has resulted in significant changes to the species composition and increases the amount of live and dead vegetation.«[106] Snyder studierte diese Veränderungen sorgfältig. Er stellte fest, dass besonders in den letzten 40 Jahren wildlebende Tiere in der Region wieder häufiger geworden sind. So beobachtete er von *Kitkitdizze* aus ein vermehrtes Vorkommen von Weißkopfseeadlern, Bären, Berglöwen und wilden Truthähnen in den Sierras.

Snyder nutzte die Erkenntnisse, die er in der Natur der Sierras erlangte, um seine Anliegen in den 1970er- und 1980er-Jahren auch auf politischer Ebene voranzubringen. Dabei spielt er in der Umweltbewegung, die zum Teil aus seiner Nähe und aktiven Beteiligung in Kalifornien hervorgeht, eine zentrale Rolle.

104 Snyder, March, Poetry and Action, 2.

105 Ebd.

106 Jack Cohen, The Wildland-Urban Interface Fire Problem, in: Forest History Today, Fall 2008, 21.

2.5 Neue Impulse und politisches Wirken

›Environmentalism‹ is not – nor has it ever been – a universal or unified movement, but should, rather, be understood as an umbrella term covering a spectrum of perceptions, values, and interests.[107]

So definiert Christof Mauch den Begriff *Environmentalism* in der Einleitung des Sammelbandes *Shades of Green*. Auch Gary Snyder hat sich schon sehr früh eine aktivistische Richtung ausgewählt und galt als Umweltschützer. Für Snyder sind das geschriebene Wort im Allgemeinen und die Lyrik im Besonderen primäre Ausdrucksmittel. Dazu bedient er sich vieler Konzepte und Ideen, die auf seiner breiten und facettenreichen Weltanschauung beruhen. Seine Sprache ist jedoch immer leicht verständlich, wodurch sein Werk allgemein zugänglich bleibt.

Wie in den Inhalten seiner Bücher, so spiegelt sich seine Nähe zur Natur auch in der Gestaltung der Cover seiner Erstausgaben wider (Abb. 20). Es wird mit einfachen Bildern gearbeitet. *The Real Work*, eine Interviewsammlung, die 1980 erschien, arbeitet mit Werkzeugen, die in Form von Holz und Steinen einen direkten Bezug zur Natur aufbauen und Arbeit suggerieren, über die er in den Interviews spricht. Der 1960 erschienene Gedichtband *Myths & Texts* versammelt Gedichte aus seiner Zeit beim *U.S Forest Service* und als Holzfäller. Passenderweise wird das Titelbild durch einen gefällten Baum illustriert. *Earth House Hold*, das 1969 erschien, zeigt auf dem Titelblatt ein Fossil. Dieses symbolisiert den Einfluss von etwas sehr Altem, gleichzeitig steht der Ammonit mit seinen Kammern für den Erd-Haushalt, den Gary Snyder beschreibt.

Snyder sagte häufiger voraus: »The next political movement is gonna be around the environment«.[108] Dies zeigte sich bereits bei seiner Rückkehr nach Nordamerika. Der Historiker David Stradling charakterisiert diese Zeit sogar als »The Environmental Moment« und verortet sie zwischen 1968 und 1972.[109] Es war also bereits allgemein eine Stimmung vorhanden, die sich mit Umweltthemen auseinandersetzen wollte. Der Umwelthistoriker William Cronon erlebte diese Aufbruchsstimmung 1969 als Student in Madison, Wisconsin.[110] Er berichtete damals von der Existenz von Netzwerken, die in diesem Jahr damit begannen, Flugblätter und Kopien mit umweltrelevanten Materialien zu verbreiten und auch die Bevölkerung mit Teach-Ins über Umweltthemen zu informieren.[111] Snyder nutzte seinen Bekanntenkreis, aus dem viele dieser Netzwerke in den

107 Mauch et al. (Hrsg.), Shades of Green, 1.

108 Gordon Ball, East Hill Farm: Seasons with Allen Ginsberg. Berkeley 2011, 204.

109 David Stradling, Introduction, in: David Stradling (Hrsg.), The Environmental Moment. Seattle 2012, 7.

110 William Cronon, Foreword: The Myriad Tributaries of a Watershed Movement, in: David Stradling (Hrsg.), The Environmental Moment. Seattle 2012, XI.

111 Ebd.

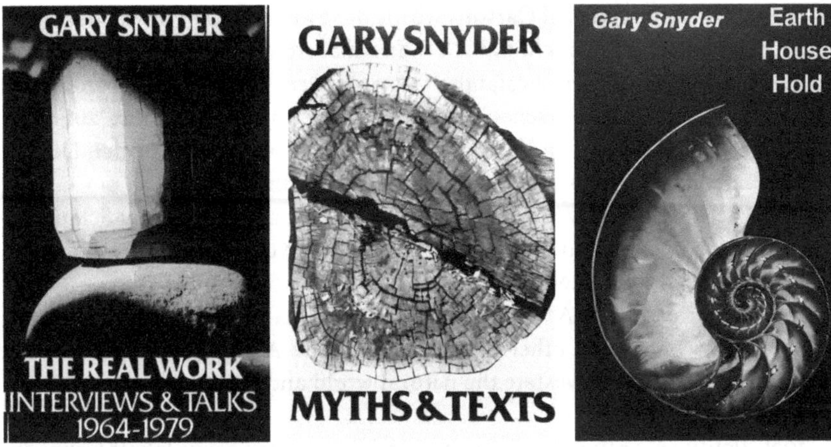

Abb. 20: Titelcover der Erstausgaben von *The Real Work* (© New Directions/The Cherokee Labor Brigade), *Myths & Texts* (© New Directions/Natalie Machlis) und *Earth House Hold* (© New Directions/William Suttle)

Vereinigten Staaten hervorgegangen sind, um seine Ideen zu verbreiten, sei es in Form eines Gedichtes, in einem neuerdachten Sutra – einem indischen Lehrtext – oder in Flugblättern, die dem Text *Four Changes* beilagen. Dies zeigt sich auch in der großen Zahl von Interviews, die er ab den späten 1960er-Jahren zunehmend gab und worin er viel über die Wurzeln der Umweltbewegung sprach.

Rachel Carson kann als Wegbereiterin für den politischen Aktivismus der Umweltbewegung angesehen werden. Sie nutzte ihre wissenschaftliche Ausbildung dafür, zusammen mit einer emotionalen Herangehensweise auf Umweltprobleme aufmerksam zu machen.[112] Nachdem ihr *Silent Spring* 1962 das Zeitalter der Ökologie einleitete, schlossen sich Formen des Protests und Aktivismus an.

Was Rachel Carson 1962 in *Silent Spring* deutlich machte, sprach Gary Snyder in ähnlicher Form, wenn auch kaum wissenschaftlich fundiert, bereits gut zehn Jahre zuvor in seinen Gedichten an. Auch er machte darauf aufmerksam, dass nicht nur die Natur durch den Menschen geschädigt wird, sondern dass auch längerfristig mit Veränderungen in Gesellschaft und Kultur zu rechnen sein würde. Mit seinen Ausführungen blieb Snyder jedoch noch sehr an der Oberfläche und lieferte wenig konkrete Beispiele. Auch die Auswirkungen von DDT nahm Snyder erst nach der Veröffentlichung von *Silent Spring* in sein Werk

112 George Sessions, The Deep Ecology Movement: A Review, in: Environmental Review Vol. 11, No. 2, Summer 1987, 117. Sessions schreibt: »Carson combined scientific training in biology with emotional sensitivity to the ecological world, and she led the way in political activism.«

auf. Ohne die Arbeit Rachel Carsons würde der zweite Punkt von Snyders *Four Changes* wahrscheinlich nicht mit »DDT and such: don't use them« beginnen.[113] Snyder macht Carson zum Bestandteil seiner *Green Rhetoric*[114]. Neben Rachel Carson hatte der Naturforscher und -schützer John Muir Einfluss auf Gary Snyder. Es sind die Berge in Kalifornien, die Sierras, welche die beiden Denker verbinden. Was John Muir bereits 1892 mit der Gründung des *Sierra Club* begonnen hatte, setzte Gary Snyder nun gut 50 Jahre später fort.[115] Der Schutz der Sierras gegen die Ausbeutung und den Ausbau durch den Menschen sind in den Werken beider Autoren zentral.

Der Gelehrte Arthur A. Ekirch Jr. sagte über das amerikanische Volk und den Umweltschutz: »No other nation equaled the American people in their paradoxical ability to devastate the natural world and at the same time mourn its passing.«[116]

Viele Politiker, Aktivisten, Studenten und Professoren sowie lokale Gruppen, mit denen Snyder korrespondierte, stammten aus der kalifornischen Bevölkerung. Ab 1968 setzte er sich verstärkt mit Umweltschutz und dem nordamerikanischen Kontinent auseinander und baute sich ein Netzwerk auf, welches für seine Aufgaben und Ziele zum Thema Umwelt hilfreich war. Die Bandbreite seines Einflussbereiches reicht vom kalifornischen Gouverneur bis hin zu *Grassroot*-Aktivisten.

Eine der größten Organisationen war der von John Muir gegründete *Sierra Club*. Vor allem an der Westküste hatte die Organisation zahlreiche Mitglieder und konnte unter der Leitung von David Brower zwischen 1952 und 1969 viele Erfolge verbuchen. So wurde bereits 1956 unter der Führung Browers durch das Einschreiten von Umweltschützern ein Dammprojekt der Regierung im *Dinosaur National Monument* gestoppt, welches die Landschaft sonst stark verändert hätte. Dies gilt als einer der ersten großen Siege der Umweltbewegung in Amerika.[117] Brower hatte Anfang der 1960er-Jahre begonnen, aufwendige Fotobücher zu veröffentlichen. Das Buch *In Wildness Is the Preservation of the World* ist ein Beispiel dafür, welches Interesse in der amerikanischen Bevölkerung an der Natur bestand, und es machte gleichzeitig auf die Notwendigkeit aufmerksam, die Natur zu schützen. Das Buch brachte Fotografien von Eliot Porter mit Texten von Henry David Thoreau zusammen. In der Einleitung bezeichnet Porter die Fotografie als Propagandamittel und als Waffe zum Schutz der Umwelt.[118]

113 Snyder, Four Changes, 95.

114 Der Begriff der »green rhetoric«, der grünen Rhetorik, wird eingeführt in: Mauch (Hrsg.), Shades of Green, 5.

115 Frank Zelko, Challenging Modernity, 17.

116 Arthur Ekirch, Man and Nature in America. New York 1963, 189.

117 Monumental: David Brower's Fight for Wild America. Film, 2004, 29:39.

118 Henry David Thoreau, Eliot Porter: In Wildness Is the Preservation of the World. Los Angeles 2012.

Snyder, der in seinen Texten ebenfalls Umweltschutz forderte, war bereits Ende der 1960er in Kontakt mit David Brower. Er war für Snyder ein großes Vorbild, besonders während seiner Jugend und der Bergsteigerzeit bei den *Mazamas* in Oregon. Nun bot sich die Gelegenheit, sich gemeinsam für die Umwelt einzusetzen.

Während die Korrespondenz zwischen Brower und Snyder zunahm, und gemeinsame Ziele definiert wurden, kam es zu einem Bruch im *Sierra Club*. Auslöser der Spaltung war die Anti-Nuklear-Politik Browers, der die Organisation schließlich 1969 verließ, nachdem er bei internen Wahlen verloren hatte. Dies hielt ihn jedoch nicht davon ab, seine Arbeit fortzuführen. Bereits 12 Jahre zuvor hatte er im *Sierra Club* vorgeschlagen, eine *League of Conservation Voters* einzuführen, eine Interessenvertretung, die den Politikern bei der Umsetzung von umweltrelevanten Fragestellungen helfen sollte. Nach dem Bruch mit dem *Sierra Club* gründete er diese Interessengruppe und gleichzeitig *Friends of the Earth*, die Umweltschutzorganisation, in der Brower viele Ziele des *Sierra Clubs* wieder aufgriff und um zusätzliche Themen wie Anti-Nuklear-Politik ergänzte. Er bekam dabei Ratschläge von Howard Zahniser, der wenige Jahre zuvor den *Wilderness Act* geschrieben und damit einen der größten Schritte zum Schutz der Umwelt in den 1960er-Jahren geleistet hatte.[119] Unterstützung erhielt Brower ebenfalls von zahlreichen *Sierra Club*-Mitgliedern, die ihm gefolgt waren. Unter ihnen war auch Stewart Ogilvy, der Brower half, für die neugegründeten *Friends of the Earth* einen Beirat zu gründen. Ogilvy gewann dafür einige der prominentesten Umweltschützer der 1960er-Jahre. Neben Jacques Cousteau, Barry Commoner und Paul Ehrlich waren auch viele Künstler vertreten, wie John Denver, Pete Seeger und auch Gary Snyder.[120]

Im Herbst 1969 verschickte Snyder an Freunde und Bekannte ein Plakat mit dem Text *The Unanimous Declaration of Interdependence*.[121] Die Erklärung ist ein weit verbreitetes Dokument in den Kreisen der Umweltbewegung. Unterzeichnet wurde sie von über 50 prominenten Vertretern der Umweltbewegung, unter ihnen auch Gary Snyder. Die Autoren, die auf dem Plakat genannt werden, sind Thomas Jefferson und Cliff Humphrey.

Grundlage für den Text bildete die 1776 von Thomas Jefferson, einem der Gründerväter der Vereinigten Staaten, geschriebene *United States Declaration of Independence*. Cliff Humphrey, der zusammen mit Chuck Herrick ein Jahr zuvor in Berkeley die Non-Profit-Organisation *Ecology Action* gegründet hatte, nahm Jeffersons fast 200 Jahre alten Text als Ausgangspunkt, um ihm im Kon-

119 David Brower, For Earth's Sake: The Life and Times of David Brower. Salt Lake City 1990, 242.

120 Ebd. 244.

121 Ball, East Hill Farm, 213.

text der Umweltbewegung eine neue Bedeutung zu geben. So steht in der Präambel von 1776:

When in the Course of human events, it becomes necessary for one people to dissolve the political bands which have connected them with another, and to assume among the powers of the earth, the separate and equal station to which the Laws of Nature and of Nature's God entitle them, a decent respect to the opinions of mankind requires that they should declare the causes which impel them to the separation.[122]

Und in der Version von 1969:

When in the course of evolution it becomes necessary for one species to denounce the notion of independence from all the rest, and to assume among the powers of the earth, the interdependent station to which the natural laws of the cosmos have placed them, a decent respect for the opinions of all mankind requires that they should declare the conditions which impel them to assert their interdependence.[123]

Diese Betonung der Interdependenz von Natur und Mensch zeigt, welche Ansichten in den Anfängen der nordamerikanischen Umweltbewegung bedeutend waren. Ebenso wie in Snyders Werk wird hier die Abhängigkeit des Menschen von der Natur angesprochen. Mit den zunehmenden Umweltproblemen wurde klar, welche Auswirkung diese auf den Menschen haben. Umgekehrt war aber auch der Mensch an der schlechten Situation der Umwelt zu einem großen Teil beteiligt.

Während 1776 die Betonung auf dem Menschen lag – »all men are created equal« – zeigt sich 1969 ein Ansatz, der alle Lebewesen mit einbezieht:

We hold these truths to be self-evident that all species have evolved with equal and unalienable rights, that among these are life, liberty and the pursuit of happiness. That to insure these rights, nature has instituted certain principles for the sustenance of all species, deriving these principles from the capabilities of the planet's life-support system[124]

In den darauffolgenden Passagen wird anhand von neun Punkten auf die Ausmaße des menschlichen Wirkens auf die Umwelt aufmerksam gemacht. Dabei geht es um Wasserverschmutzung, Ausrottung von Tierarten und die Ausbeutung des Planeten Erde. Diese Themen und Auffassungen führten in den folgenden Jahren zu einer Spezialisierung der Umweltbewegungen und heizten auch

122 United States Declaration of Independence (4. Juli 1776), abgerufen von: http://www.archives.gov/exhibits/charters/declaration_transcript.html (26.10.2016).

123 The Unanimous Declaration of Interdependence, in: Whole Earth Catalog, September 1969, 12.

124 Ebd.

die philosophische Diskussion an.[125] In Snyders Werken ist der Tier- und Pflanzenwelt ein zentraler Platz eingeräumt, der vor allem aus seiner Kenntnis der buddhistischen und indianischen Kulturen herrührt.

Die *Unanimous Declaration of Interdependence* erschien 1969 ebenfalls im *Whole Earth Catalog*, einer Zeitschrift, die vom Schriftsteller und Aktivisten Stewart Brand an der Westküste herausgegeben wurde. Diese Zeitschrift hatte auf der Titelseite jeder ihrer Ausgaben das erste Foto des Blauen Planeten, welches vom Weltraum aus aufgenommen wurde. Der Kulturwissenschaftler Diedrich Diederichsen sieht darin ein neues Bild, welches die zuvor in der Gesellschaft präsenten Bilder von Atompilzen als Weltverständnis ablöste und neue Hoffnung vermittelte.[126] Gary Snyder gehörte zu den Freunden Brands, die gleich zu Beginn aktiv an der Herausgabe der Zeitschrift beteiligt waren und auch Texte und Empfehlungen beisteuerten.[127] Kurz nach der Veröffentlichung der *Unanimous Declaration* waren viele der Beteiligten des *Whole Earth Catalog*, unter ihnen auch Gary Snyder, bei der 13. Konferenz der *U. S. National Commission for the United Nations Educational, Scientific and Cultural Organization (UNESCO)* beteiligt.[128] Das Thema war »Man and His Environment: A View toward Survival«. Nach Historiker Andrew G. Kirk gilt die Konferenz als Brücke zwischen der Mainstream-Umweltbewegung und den alternativen Bewegungen, zu denen auch der *Whole Earth Catalogue* zählt.[129]

Um in dieser Zeit den Überblick zu behalten, publizierten Brower und Snyder im Januar 1970 in Windeseile das von Garrett De Bell herausgegebene *Environmental Handbook*. Die Planungszeit bestand aus nur einen Monat und bereits kurz danach wurde unter Mithilfe von Snyder das Buch an Universitäten, Umweltschützer und Interessierte verteilt. Das Handbuch sollte, wie es auf dem Buchdeckel verkündet, den Leser auf das erste von Senator Gaylord Nelson geforderte *National Environmental Teach-In* vorbereiten. Snyders großes Interesse liegt an dem »radical feeling about conservation on college campuses«.[130] Für Snyder ist Radikalität nicht mit einer politischen Richtung verbunden, sondern steht für das Streben nach fundamentalen und strukturellen Veränderungen.[131] Man muss, so seine Ansicht, die Probleme bei der Wurzel anpacken. Ein einfaches Beispiel, dass er nennt, ist nur das zu konsumieren, was man wirklich

125 1974 erschien Christopher Stones *Should trees have a standing* in welchem der Jurist in Essays die Rechte von natürlichen Objekten untersuchte.

126 Diedrich Diederichsen, Anselm Franke (Hrsg.), The Whole Earth: Kalifornien und das Verschwinden des Außen. Berlin 2013, 8.

127 Andrew G. Kirk, Counterculture Green: The Whole Earth Catalog and American Environmentalism. Lawrence 2007, 132.

128 Ebd.

129 Ebd.

130 Vision: Nation of Red Men: Eastern Scholar Works For Conservation, in: The Oregonian, 18.4.1969, 12.

131 Snyder, Meltzer, Gary Snyder (1999) [Interview], 284.

braucht. Dabei werden die Wurzeln der Wirtschaft angegriffen und viele Probleme der modernen Gesellschaft könnten so beseitigt werden.[132] Deshalb wollte er gerade das Publikum an den Universitäten auf aktuelle Umweltprobleme aufmerksam machen, aber auch dazu auffordern, sich selbst zu organisieren. Ebenfalls verlangte er, dass Universitäten »green studies« in ihre Lehrpläne integrierten.[133]

Der Umwelthistoriker Adam Rome bemerkt in seinem Buch *The Genius of Earth Day*, dass in dieser Zeit ein umfassendes Werk gefragt war, das über die Fokussierungen von *The Population Bomb* und *Silent Spring* hinausging.[134] Waren wie bei Paul Ehrlich und Rachel Carson die bisherigen Umweltbücher spezialisiert auf einzelne Themen, so wurde mit dem *Environmental Handbook* die Aufmerksamkeit auf diverse Bereiche und aktuelle Situationen gelenkt, und es wurden Anleitungen zur aktiven Beteiligung an der Umweltbewegung gegeben. Carson und Ehrlich verschwinden dadurch in die Bibliografie des Buches, jedoch bleibt ihr Pioniergeist in vielen Aufsätzen deutlich spürbar. Snyder war mit zwei Texten vertreten: *Smokey the Bear Sutra* und *Four Changes*.[135] Diese erschienen als einzige Texte ohne Autorenangabe in dem Buch. Ihre Anonymität ist zugleich Teil einer Strategie zur Meinungsbildung der Umweltbewegung: Indem die Texte ohne Autoren veröffentlicht werden, wirken sie eher wie allgemein gültige Berichte als wie Meinungsäußerungen. Snyders Texte werden zu einer Art Werkzeugkasten, aus dem sich andere bedienen können, um ihre eigenen Argumente zu untermauern. In *Four Changes* werden bereits einige Lösungsvorschläge mitgeliefert. Außerdem ist *Smokey the Bear Sutra* der einleitende Aufsatz des Bandes und die Worte »a Discourse concerning Enlightenment on the planet Earth« klingen wie eine Aufforderung für die Umweltbewegung, am Diskurs teilzunehmen. Kurz nach der Veröffentlichung las die Literaturprofessorin Ann Charters bereits die beiden Texte zum Abschluss ihres Kurses über amerikanische Literatur vor und schrieb kurz darauf von New York aus an Snyder. In ihrem Brief steht, dass sie zum ersten Mal in diesem Semester das Gefühl hatte, dass alle Studenten die Mitteilung eines Gedichts verstanden und darüber ausgiebig diskutiert hatten.[136] Auch der Autor Jim Harrison begann, wie viele andere zu dieser Zeit, von Michigan aus die Texte Snyders zu kopieren und zu verteilen,

132 Gary Snyder, The Return of Japhy Ryder [Interview], in: Berkeley Barb, Vol. 6, No. 1 Issue 173 (January 3–9, 1969), 14.

133 Ebd., 12.

134 Adam Rome, The Genius of Earth Day: How a 1970 Tech-In Unexpectedly Made the First Green Generation. New York 2013, 243.

135 Garrett De Bell (Hrsg.), The Environmental Handbook: Prepared for the First National Environmental Teach-In. New York 1970. Snyders Texte finden sich auf den Seiten 1–3 und 323–333.

136 D-050: Box II, 29:78 Charters, Ann January 5, 1970.

allen voran *Four Changes.*[137] Hier zeigt sich schon das Netzwerk, welches sich von der Westküste Amerikas ausbreitete und bereits 1970 für eine weitgreifende und kostenfreie Verfügbarkeit von Snyders Materialien sorgte. Nicht zuletzt dadurch wurden Umweltthemen national diskutiert.

Der auf dem Buchdeckel des *Environmental Handbook* genannte Termin, der 22. April 1970, war dann Grundstein für den von Senator Gaylord Nelson ins Leben gerufenen *Earth Day.* Bei einem der unzähligen *Teach-Ins,* die an diesem Tag stattfanden, hielt Snyder am *Colorado State College* seine Rede »The Poet Speaks Out«, die später in den Kreisen der Umweltaktivisten auch als *Earth Day Speech* bekannt wurde.

In dieser Rede begann Snyder damit, seine Biografie aufzuzeichnen. Er erzählte, wie er an der Westküste aufgewachsen war, sich für die Bräuche der Indianer interessiert und in Berkeley chinesische und japanische Sprachen studiert hatte. Er beschrieb seine Reisen nach Japan, und wie er bei seiner Rückkehr sofort in der Umweltschutzbewegung aktiv geworden war. In seiner Rolle als Dichter verstand er sich als Organ, das die Themen der Umweltbewegung nicht voreingenommen ansprechen wollte. »Earth Day. Ecology Day. Environmental Teach In-Day.«[138] Snyder erkannte darin den neuen Auftakt der Umweltbewegung, die sich sehr schnell formierte:

> I'm not going to spend very much time trying to convince you of the reality of the population explosion, or the actual dangers that we may have already committed ourselves irreferably to from the excessive use of DDT, from the storage of radioactive wastes in the environment, in the service of the »peaceful uses of the atom« which is an illusion, from the possibilities of the greenhouse effect heating up the planet to the point where the ice caps melt and all of the eco systems become unalterably changed, maybe getting too hot, even for human life because of the concentrations of carbon dioxide in the air.[139]

Als eines der Hauptprobleme an der aktuellen Umweltsituation sprach Snyder die entwickelten Länder an, im Besonderen die USA. »Nobody in any corner of America has an intention, apparently, to live there long enough to spend enough money to keep the environment in shape for his children and grandchildren.«[140] Aber nicht nur in der Bevölkerung, sondern auch im Wirken der Industrie und Politik ließen sich Auslöser für Umweltschäden finden. Für diese, wie Snyder formulierte, zum großen Teil durch den Kapitalismus hervorgerufenen Probleme suchte er eine alternative Philosophie:

137 D-050: Box II, 74:4 Harrison, Jim May 1974.

138 D-050: Box I, 7:2 Earth Day Speech (The Poet Speaks Out), Colorado State College, Greeley, Col., April 22, 1970; and letter from »Lavonne«, May 21, 1970, 3.

139 Ebd., 4.

140 Ebd., 6.

> [...] the alternative philosophy to that is the world's oldest philosophy [...]. The view that our ancestors practiced a hundred thousand years up until we slipped off the track and got involved in this particular technological civilization morass. [...] That the earth is our mother. That this planet is our home.[141]

Snyder sah vor allem Ökologen und Biologen als die führenden Sprecher dieser alternativen Philosophie. Sie hätten den wissenschaftlichen Hintergrund, um die Umweltprobleme zu verstehen. Paul Ehrlich, der Autor von *The Population Bomb*, und Rachel Carson, Autorin von *Silent Spring*, waren beide angesehene Biologen, die in ihren Werken auf Problemstände aufmerksam machten. Neben dem aktuellen akademischen Wissen bezeichnete er das Wissen und die Mythen der indigenen Völker Nordamerikas als Handreichung, mit der sich die Umweltbewegung orientieren könne. Dieses Wissen, welches über Jahrhunderte existierte, sei immer noch vorhanden. Als Einwohner der USA war es für Snyder eine Selbstverständlichkeit, sich mit den Bräuchen und dem Naturverständnis der Indigenen auseinanderzusetzen.

Das ökologische Problem existiere für die westliche Kultur bereits seit über 5.000 Jahren, sagte er. Um dem stetigen Wachstum der Städte und des Konsums entgegenzuwirken, müsse man nicht alle Errungenschaften der modernen Welt aufgegeben und auf Technologien verzichten. Man solle vielmehr die Natur zu verstehen lernen und sich mit ihr arrangieren. Snyder ging im Folgenden auf das Leben auf dem Planeten ein. Dafür benutzte er eine Definition des Biologen Eugene Odum, der Leben als gespeicherte Information in Zellen und DNA bezeichnet hatte. Für Snyder war es die von Generation zu Generation weitergegebene Information, »based on millennia upon millennia of experience and interaction with the universe, that is life itself.«[142]

Er zitierte Odum auch direkt: »A few square yards of forest, there is more stored information of infinitely higher complexity than in all the libraries of man.«[143] Für Snyder leiteten sich daraus wichtige Punkte seiner Umweltschutzagenda ab. Was nun folgte war ein Apell, die Wälder und Landschaften zu schützen, aber auch die Lebewesen, die in ihnen lebten. Snyder zählt in seiner Rede bedrohte Tierarten auf dem nordamerikanischen Kontinent auf, unter anderem den Weißkopfseeadler, eines der ältesten und prägnantesten Symbole der U. S. A. Er ging bis an die Landesgrenzen Amerikas und verwies auf die Probleme der indigenen Bevölkerung und der Umwelt in Alaska und der arktischen Region. Noch bis ins 20. Jahrhundert wurden viele Eskimostämme umgesiedelt, teilweise unter Anwendung von Gewalt. Die Dringlichkeit der Umweltproblematik wurde durch die Erwähnung der Ölverschmutzungen unterstrichen, – erst zwei Monate

141 Ebd., 8.
142 Ebd., 13.
143 Ebd., 14.

zuvor war an der Ostküste Kanadas der Tanker *SS Arrow* havariert und hatte zu der bis heute größten Ölverschmutzung an der kanadischen Ostküste geführt.

Für Snyder waren diese an Häufigkeit zunehmenden Katastrophen, das Aussterben von Tierarten sowie die rapide anwachsende Bevölkerung eine Art Krebsgeschwür.[144] Um die Auswirkungen einzudämmen, formulierte er, was viele Zuhörer dachten: »And the questions that always come up are, what can we do?«[145] Snyder verwies auf das zwei Monate zuvor erschienene *Environmental Handbook* sowie seinen darin enthaltenen Text *Four Changes*. Er wiederholte in der Rede die vier Punkte und ergänzte sie durch aktuelle Beispiele, was seine Rhetorik unterstützte, jedes Problem in der Ausgangssituation zu analysieren und anschließend zum Handeln aufzurufen. Als wichtigstes Beispiel für das Wachstum des Krebsgeschwürs nannte Snyder den stetig zunehmenden Elektrizitätsverbrauch, der überwiegend durch fossile Brennstoffe wie Kohle und Erdöl gedeckt wurde. Im Rahmen der Kritik an der amerikanischen Politik und Konsumkultur betonte Snyder aber, dass er sein Land liebe.[146] Dabei meinte er das Land an sich, also die Erde auf der die Menschen leben. Zum Abschluss zitierte er aus der Rede des Indianerhäuptlings Chief Seattle, die dieser 1854 vor seinem Einzug in ein Indianerreservat vor weißen Männern gehalten haben soll. Bis heute sind die Hintergründe und Umstände der Rede nicht eindeutig geklärt, aber nichtsdestotrotz hatte sie einen großen Einfluss auf die amerikanische Umweltbewegung. Snyder gab folgenden Ausschnitt in seiner eigenen Rede wieder:

> Your dead forget you and the country of their birth as soon as they go beyond the grave and walk among the stars. They are quickly forgotten and they never return. Our dead never forget this beautiful earth. It is their mother. They always love and remember her rivers, her great mountains, her valleys. […][147]

Gary Snyder, sichtlich bewegt von Chief Seattles Zeilen, fügte hinzu:

> It's for that reason that I most deeply feel that the hope of North America is that its young people will meet the spirits of the dead Indians and will themselves, in their hearts, become Indians, not white men and will become natives of the land, not invaders. So that our children and grandchildren will still be here to see those things that the Indians knew.[148]

Nachdem sein Vortrag am Colorado State College sehr positiv aufgenommen worden war, widmete sich Snyder in den folgenden Jahren ganz der Aufklärung von Umweltmissständen, versuchte Lösungsansätze zu finden und half ganz konkret bei der Bekämpfung der Probleme, indem er verschiedene Gruppen bei

144 Ebd.
145 Ebd., 15.
146 Ebd., 19.
147 Ebd., 22.
148 Ebd., 24.

ihrer Arbeit unterstützte und auch selbst eine eigene Umweltschutzorganisation in der Umgebung von *Kitkitdizze* gründete.

Bei seinen Vorträgen im Jahr 1970 knüpfte er auch immer wieder neue Kontakte und vergrößerte sein Netzwerk. So fand noch im gleichen Jahr eine *Earth Day Conference* im *State Resources Building* in Sacramento statt, bei der sich unter anderem George Sessions im Publikum befand, der spätere Mitbegründer der nordamerikanischen Bewegung um die Philosophie *Deep Ecology.*[149]

Gegen Ende des Jahres schrieb Snyder an David Brower einen inspirierenden Brief, der die Umweltbewegung des beginnenden Jahrzehnts vorhersagt:

Dear Dave,
I get the feeling, from all over, that the »ecology« movement is in for tough sledding. You must know a lot more about what's going on than I do – but here are my observations, for what they're worth:
(1) environmental crisis will definitely occur – causing major social and economic & biological disruptions – within 20 to 50 years.
(2) the established governments will try to talk an ecological line, but will be unable to make any real steps in a sane direction because they are, in fact, totally dependent on and committed to the industrial-technological growth process, and literally don't know how to live if the electricity <fossil-fuel power> is shut off.
(3) the revolutionaries will try – now and then – to talk ecology, but are unable – so far – to extend their sense of »the people« to include the realm of all other lifeforms.
(4) in passing ecology back & forth – the left and the right will make it into a political football and forget what the issues really are.
(5) most people – the public – the people – in watching this, will get disgusted and come to think ecology is a phony – or at best dull and irrelevant – issue.
To some degree this has already happened. I feel very discouraged about it. My sense of it is that we who are concerned with the planet must try and keep the grip on these questions – not let them become fodder for new advertising copy. I don't know the answer but I have a few intuitions –
we mustn't lose sight of nature, of that key vision of love and participation and acceptance in what Jeffers called »the terrible inhumane beauty« [...][150]

Snyder plante in den 1970er-Jahren weitere Buchprojekte, so unter anderem auch ein Buch über die Landschaft Japans, welches gleichzeitig als Protest gegen die Olympischen Winterspiele 1972 in Sapporo in der Provinz Hokkaido gedacht war. In seiner Korrespondenz finden sich viele Hinweise auf das »Hokkaido-Buch«, wobei nur kleinere Aufsätze tatsächlich publiziert wurden.

1971 reiste Snyder durch die USA, um an Universitäten und Umweltzentren Workshops und Vorträge zu halten. Er entfernte sich oft von der Westküste

149 George Sessions, Gary Snyder: Post-Modern Man, in: Jon Halper (Hrsg.), Gary Snyder: Dimensions of a Life. San Francisco 1991, 366.

150 D-050: Box II, 58:63 Friends of the Earth June 9, 1971.

und leistete einen großen Beitrag zur Bildung eines gemeinsamen Umweltbewusstseins in den USA. Seine Vorträge waren sehr beliebt und stießen auf große Nachfrage, vor allem bei den Studenten. So hielt er zum Beispiel einen 6-tägigen Workshop an der *University of Michigan* in Ann Arbor. Ein Student beschreibt Snyders Auftritt am ersten Tag:

> 8.12 p.m. Enter Snyder [...]. A small man, perhaps 5'8"; corduroy pants; blue chambray (western style) shirt; red handkerchief; a gold earring in his left ear, hair drawn back into a knot; a ring on his middle finger, right hand; a slight paunch above his belt; lace boots with corrugated, climbing soles. A weathered face, with well-defined, firm, but not handsome features. He has a well-knit, resilient body quality: energy.
> Concentrated other-awareness. Reflective self. Profile → sharp, straight line (2") along cheekbone, below eye toward mouth, giving an impression of ›wild‹ – seen when talking intently to real brothers; a natural whisperer.[151]

Snyders Erscheinung muss auf viele Studierende sehr ansprechend gewirkt haben. Mit seinem Äußeren, das an einen Hippie erinnerte, und seinem gesamten Auftreten zog er die Zuhörer sofort in seinen Bann. Die ersten Fragen, die ihm gestellt wurden, bezogen sich auf Snyders Mitwirken in der *Beat Generation*. Doch schon bald lenkte er die Gespräche in aktuellere Gefilde, und auch die Teilnehmer stellten provokantere Fragen. So wurde auch über radikalere Ansätze in der Umweltbewegung, Ölkatastrophen (der Zusammenstoß zweier Tanker bei San Francisco am 18. Januar 1971 führte zu einer der bis dato schlimmsten Verschmutzungen an der Westküste) und Energieverbrauch diskutiert.[152] In einem Vortrag über seine Zeit in Japan und den Zen-Buddhismus gegen Ende der Veranstaltung zitierte er aus *The Marriage of Heaven and Hell* von William Blake: »Energy is Eternal Delight«.[153] Snyder leitete aus dem Buddhismus ab, dass eine Balance aus »self, nature, & eternal things« entsteht, die Energie liefert.[154] Seiner Meinung nach war es diese Energie, die dabei helfen konnte, über die Umweltdebatte zu entscheiden. Er verfolgte den Gedanken weiter und schrieb noch im gleichen Jahr einen Text, der für die Veröffentlichung in der *New York Times* bestimmt war. Blakes Zitat verwendete er als Überschrift für seinen Artikel. Diesmal schrieb er deutlicher, dass der Kampf gegen das »exploitation-heavy-industry-perpetual« Wachstum nur mit der Einstellung »grow with less« zu führen sei.[155]

151 D-050: Box I, 22:9 [University of Michigan, Gary Snyder's Writer-in-Residence Appearances], talks transcribed by Russell Gregory, 1971, [29.3], 1.
152 Ebd.
153 Ebd., 3.
154 Ebd., 10.
155 Gary Snyder, Energy is Eternal Delight, in: Ders., Turtle Island. New York 1974, 105.

Im Februar 1971 zeigte sich Snyder sichtlich erschöpft von seinen Vortragsreisen und schrieb unter der Überschrift »The Clearly accumulating crap at the end of this culture« Folgendes in sein Tagebuch:

Ah, how tired I am of crying woe and ecological death and the fates of whales, the 15.000 pound bombs dropped in Viet Nam to flatten trees, the size of the bombs in the graphs showing bigger that World War II – and the size of the supertanker larger than buildings put together – or whatever – the hot rooms are badly-made buildings of all these schools and cities – no way to see it but as ugliness and waste. Ash. The »Body, Speech and Mind« are complete and true enough to be free of that? But there's no way to respect the manmade world around me any longer.
Yet I fear speaking too harsh, too violent, too much into death and the end of things.[156]

Während er sich auf nationaler Ebene für den Naturschutz einsetzte und dabei täglich mit der Zerstörung der Natur konfrontiert wurde, war seine Präsenz auch auf lokaler Ebene gefragt. Rund um sein Haus *Kitkitdizze* hatte sich mittlerweile eine Gemeinschaft formiert, die Veränderungen an der Landschaft nicht ohne Protest hinnahm. Jack Clark und Donald Dachtler, die auch beim Bau von *Kitkitdizze* mitgeholfen hatten, gründeten 1971 ein Komitee gegen die ungleiche Verteilung der Wasserrechte durch den *San Juan Ridge County Water District.* Snyder engagierte sich aktiv bei den Planungen.[157]

Von *Kitkitdizze* aus machte er sich 1972 auf, um auf internationaler Ebene aktiv zu werden. Im Juni 1972 fand in Stockholm die Konferenz der Vereinten Nationen über die Umwelt des Menschen statt, die Weltumweltkonferenz. Stewart Brand hatte mit der Herausgabe des *Last Whole Earth Catalog*[158] große Gewinne erzielt und diese in einer neugegründeten Stiftung, der *Point Foundation*, angelegt.[159] Dies ermöglichte ihm, eine Delegation nach Stockholm zu senden, der auch Snyder angehörte. In der Gruppe waren außerdem Indigene, die überwiegend den kalifornischen *Hopi* angehörten, sowie Dichter und Aktivisten vertreten, darunter Joan McIntyre, die als Pionierin der Walschutzbewegung gilt.[160] Gary Snyder nahm an zahlreichen Veranstaltungen teil und trug seine Gedichte vor. Er schrieb dort außerdem das Gedicht »Whale Night«, in dem er die Stimmung der Konferenz einfing:

156 D-050: Box I, 86:7 [Journal], Book 5, 1970 August 17–1971 September 2 [Eintrag vom 26.4.1971].

157 D-050: Box I, 3:8 Against the San Juan Ridge County Water District, prose, 1972.

158 Der *The Last Whole Earth Catalog* erschien zwischen 1971 und 1975 und beinhaltete aktualisierte Versionen des *Whole Earth Catalog.* Bis in die 1990er-Jahre gab es weitere Reihen wie *Whole Earth Software* oder *The Next Whole Earth Catalog.*

159 Steward Brand, Whole Earth Discipline: Why Dense Cities, Nuclear Power, Transgenic Crops, Restored Wildlands, Radical Science, and Geoengineering Are Necessary. London 2010, 57.

160 Ebd.

How do we act? What is the edge of this power and where is
the edge of that?
Do you know about the edges, where the effective act will freeze the
economy,
where the symbol destroys legality and boundaries of ownership disappear?
Have we learned nothing from the song and sounding of the whale?[161]

Die Veranstaltung war ein großer Erfolg und zeigte mit ihren über 1.200 Teilnehmern, wie dringend es war, eine internationale, aber gleichzeitig auch eine regionale Umweltpolitik zu entwerfen und zu stärken.

Jack Loeffler, ein Oral-History-Experte, teilte sich mit Snyder während der Konferenz ein Zelt. Er erinnert sich an das Ende der Konferenz, als ein Großteil der Aktivisten und Teilnehmer schon abgereist war und seinen Müll zurückgelassen hatte:

Gary, Kath [Loeffler's wife] and I remained and compromised a clean-up squad to ensure that we left our collective camp, a gallery on Pilgaten, as we had found it. An enormous amount of paper had been generated - pamphlets, magazines, fliers - all transported from the U.S. to Stockholm. There it sat in the aftermath, unread, unnecessary, unwanted, and we three knew we had to deal with it. We hired a trailer, loaded it to capacity and then hauled it to the city dump where we deposited this collective environmental message to the world.[162]

Diese zynische Bemerkung Loefflers zeigt, wie ernst Snyder seine Rolle als Umweltaktivist nahm. Während Politiker und Aktivisten vor allem über große Themen sprachen, blieb er seinen Prinzipien bis zuletzt treu - selbst wenn das bedeutete, dass er nach der bislang größten Konferenz zur Situation der Umwelt freiwillig den Müll aufräumte, den die anderen »Umweltschützer« hinterlassen hatten.

Die Konferenz hatte zur Folge, dass nun auch in der Politik umweltrelevante Themen auf die Tagesordnung kamen. 1977 gab der amtierende US-Präsident Jimmy Carter eine Studie zur aktuellen Lage der Umwelt in Auftrag. Drei Jahre später wurde ihm der Bericht *Global 2000* vorgelegt, in dem die derzeitigen Entwicklungen dargestellt und Prognosen für das Jahr 2000 formuliert wurden. Der Report war in den USA sehr erfolgreich und auch maßgeblich daran beteiligt, das Umweltbewusstsein der Bevölkerung zu stärken. Ebenfalls erwähnenswert sind die Auswirkungen des Berichts in anderen Ländern. In Deutschland wurden seine 1.400 Seiten in Rekordzeit übersetzt und vom Nischenverlag *Zweitausendeins* herausgebracht. Bis heute ist *Global 2000* die erfolgreichste Veröffentlichung

161 D-050: Box I, 22:56 Whale Night, June 1972.
162 Gary Snyder, Jack Loeffler, Gary Snyder [Interview], in: Jack Loeffler (Hrsg.), Headed Upstream: Interviews with Iconoclasts. Santa Fe 2010, 177.

des Verlags und kann als Grundlage für in den 1980er-Jahren entstehende politische und aktivistische Strömungen in Deutschland gelten.[163]

Auch Snyder wurde ab Mitte der 1970er-Jahre international bekannter. In Deutschland erschien 1972 im Hanser-Verlag der erste ausführliche Gedichtband Snyders, *Maya*, in einer Übersetzung von Alexander Schmitz. Es handelt sich dabei um eine Auswahl seiner Gedichte, die zuvor in verschiedenen amerikanischen Ausgaben erschienen waren. Weitere internationale Ausgaben von Snyders Werken erschienen ab den späten 1970er-Jahren in diversen Übersetzungen. Dieser Erfolg seiner Literatur zeigt, wie zugänglich die Poesie des Kaliforniers für eine internationale Leserschaft war.

1974 wird die *University of North Dakota Writers Conference*, die eigentlich Dichter der *Beat Generation* zusammenbringen sollte, zu einer Plattform für Umweltschützer. Gary Snyder benannte in seinem Vortrag die lokalen Gegebenheiten der Universität. Es wurde darüber diskutiert, weshalb das Plastikbesteck und -geschirr in der Cafeteria verboten werden sollte, auch wenn es eine billigere Alternative zum Küchenpersonal war.[164] Ginsberg bemerkte, dass Snyder Mitte der 1950er-Jahre der Erste war, von dem er das Wort »Ökologie« gehört hatte. Daraufhin erläuterte Snyder, dass der Begriff bereits seit langem bekannt war, allerdings überwiegend in der Biologie. Das Wort hatte sich in den folgenden Jahren weiter ausgebreitet und teilweise auch verschiedene Bedeutungen angenommen. Ironisch nannte Snyder als Beispiel: »Well now ecology means recycling tin cans.«[165] Um zu zeigen, wie Umweltthemen auch wissenschaftlich behandelt werden konnten, stellte Snyder seinen Bekannten Michael Corr vor. Dieser hatte zuvor für den Ökologen Barry Commoner an einer Studie gearbeitet, die den Energieverbrauch in amerikanischen Haushalten untersuchte. Dabei hatte Corr auch einige Wochen in *Kitkitdizze* verbracht. Er befasste sich mit alltäglichen Tätigkeiten wie Heizen, Kochen und Waschen. Er kam zu dem Ergebnis, dass *Kitkitdizze* mit Abstand den niedrigsten Energieverbrauch von allen untersuchten Haushalten hatte.[166] Das Resultat der Studie wurde mit einem Foto von Snyders Haus in der Fachzeitschrift *Environment* abgedruckt. Snyder argumentierte, dass man durch Verzicht und mit geplanten Einschränkungen den Energieverbrauch auch in einem Durchschnittshaushalt problemlos um über 75 % reduzieren könne.[167] Das Beispiel beweist, dass Snyder also sowohl im akademischen als auch im kulturellen Bereich ernst genommen wurde. Seine Bedeutung für die Umweltbewegung kann nicht groß genug eingeschätzt werden.

163 Mathias Bröckers, Zweitausendeins. Der Versand. 40 Jahre danach. Frankfurt a.M. 2009, 44.

164 D-050: Box I, 75:13 City Lights in North Dakota: The Poet Looks at Industry and Ecology, extracts from open-mike sessions, 1974, 8.

165 Ebd., 19.

166 Ebd., 15.

167 Ebd.

Den Höhepunkt seiner Popularität erlangte Snyder 1975, als ihm der Pulitzer-Preis für *Turtle Island* zugesprochen wurde. Als der Preis am 11. April verkündet wurde, befand sich Snyder in *Kitkitdizze* und hatte keinen Telefonanschluss. In dem kleinen Büro der lokalen Zeitung *Grass Valley Union* klingelte das Telefon: »New York is on the phone. We understand Gary Snyder is in your part of the country, but we can't locate him.«[168] Daraufhin rief das Komitee in der Schule an, die Snyders Kinder besuchten. Als Erster traf der Töpfer der Gemeinde, Joel Goodkind, bei Snyder ein und brachte ihm eine Flasche Rum mit um zu gratulieren. Snyder, der gerade Arbeiten auf dem Grundstück verrichtete, zeigte sich überrascht.[169]

Bereits in einem Tagebucheintrag im Februar 1971 erwähnte Snyder seine Arbeit an *Turtle Island*, das 1974 erstmalig erschien. Dort war er der Meinung, dass ein derartiges Buch eigentlich von einem Indigenen Nordamerikas geschrieben werden sollte, damit es authentisch wirkte.[170] Dieser Gedanke, den er in seinem Tagebuch festhielt, sollte wenige Jahre später von Werkkritikern Snyders öffentlich aufgegriffen werden. Nicht alle Leser waren mit dem Stil und den Themen, die Snyder in seinem Werk umsetzte, einverstanden. Geary Hobson, Professor für *Native American Studies*, warf Snyder Kulturimperialismus vor. Hobson – selbst ein *Cherokee-Chickasaw* – kritisiert in seiner Anthologie *The Remembered Earth* das Aufkommen der weißen Schamanen in der Literatur.[171] Damit meinte er jedoch nicht die Unterdrückung der indigenen Kultur durch die europäische, sondern eine durch die westliche Perspektive verfälschte Sicht auf die Indigenen. Das Phänomen beschrieb Hobson als *White Shamanism*, welcher seiner Meinung nach vor allem in der Gegenkultur von 1968 entstanden war. Viele Anhänger der Hippie-Bewegung hatten Bräuche der indigenen Kultur übernommen, ohne deren genaue Herkunft zu hinterfragen. So hatten sich beispielsweise neue Formen von Kunsthandwerken und von Dichtung entwickelt, die nur noch wenig mit der ursprünglichen Kultur gemein hatten. Es war so zur Vermischung von unterschiedlichen Bräuchen gekommen, die von vielen fälschlicherweise als authentische indigene Bräuche verstanden wurden. Einen Auslöser für diese Entwicklung sah Hobson in der Passage »Shaman Songs« aus Snyders *Myths & Texts*.[172] Darin wird aus der Perspektive eines Schamanen, einer Art Medizinmann, erzählt. Hobson, der Snyder zwar zugute hielt, dass er sich nie selbst als Schamane bezeichnete, äußerte sich negativ über die Aus-

168 Sullivan, Ex-copyboy takes Pulitzer Prize in stride, E1.

169 Ebd.

170 D-050: Box I, 86:7 [Journal], Book 5, 1970 August 17–1971 September 2 [Eintrag vom 26.2.1971]; Zitat: »working on *Turtle Island* (which maybe ought to be written by an Indian)«.

171 Geary Hobson, The Rise of the White Shaman as a New Version of Cultural Imperialism, in: Ders. (Hrsg.), The Remembered Earth: An Anthology of Contemporary Native American Literature. Albuquerque 1979, 100.

172 Ebd., 105.

wirkungen von Snyders Gedichten auf die Hippie-Bewegung. Er verurteilte das neu entstandene Schamanentum, welches überwiegend von jungen Amerikanern angenommen wurde.

Neben Hobson kritisierte auch die Schriftstellerin Leslie Marmon Silko, die dem Stamm der Pueblo-Indianer angehört, Snyders Perspektiven in *Turtle Island.* Sie thematisierte vor allem die Landrechte und widersprach Snyders Aussage, dass das Land sich selbst gehöre.[173] Silko zufolge waren in *Turtle Island* zu wenig Anhaltspunkte zu finden, dass das Land ursprünglich ihren Vorfahren gehört hatte. Sie forderte die Rechte ein, die den Indigenen immer noch an diesem Land zustünden. Allerdings ist im Werk ersichtlich, dass Snyder, ausgehend von *Kitkitdizze*, die Region selbst thematisiert, aber auch auf die Bewohner eingeht, die zuvor dieses Gebiet besiedelten, sowie auf die negativen Folgen ihrer Vertreibung.

Für Snyder war eher das Bild des »Ecological Indian«, also des umweltbewussten Indianers wichtig. Den Begriff hatte der Anthropologe Shepard Krech III durch sein so betiteltes Buch eingeführt. In dessen Einleitung macht Krech auf eine Kampagne der Organisation *Keep America Beautiful, Inc.* aus den Jahre 1971 aufmerksam, die das einprägsame Bild eines weinenden Indianers mit dem Schriftzug »Pollution: it's a crying shame. People start Pollution. People can stop it.« ergänzt.[174] Wie der weinende Indianer zu einer Figur der Umweltschützer wurde, so ist auch die Mythologie wirksam, die Snyder in seinen Essays benutzt, um auf eine vergangene Zeit aufmerksam zu machen, in der der Natur noch ein größerer Respekt gezollt wurde. Der Literaturprofessor und -kritiker Charles Molesworth sieht *Turtle Island* als Snyders vollständigsten Ausdruck seiner politischen und dichterischen Vision.[175]

Dem Erfolg von *Turtle Island* folgten zahlreiche Übersetzungen. Als eine der ersten im Jahr 1976 eine japanische Ausgabe, die Snyders Freund Nanao Sakaki übersetzte. Die Zeitungen druckten Thesen Snyders zu *Turtle Island*, die vor allem folgende Aussage beinhalteten: »cut loose from the cancer of exploitation – heavy industrial-perpetual growth to grow with less«[176] Für viele wurde dieser Teil aus »Energy is eternal delight« zum Grundsatz ihres Umweltaktivismus.

In den 1970er-Jahren war Snyder auch an der Etablierung radikalerer Umweltbewegungen beteiligt. In dem von John G. Mitchell herausgegebenen Buch *Ecotactics: The Sierra Club Handbook for Environmental Activists* von 1970 wurde die Umweltbewegung analysiert, und Ratschläge vieler Autoren und Poli-

173 Leslie Marmon Silko, An Old-Time Indian Attack Conducted in Two Parts, in: Geary Hobson (Hrsg.), The Remembered Earth An Anthology of Contemporary Native American Literature. Albuquerque 1979, 214.

174 Shepard Krech III, The Ecological Indian: Myth and History. New York 2000, 14.

175 Charles Molesworth, The Political and Poetic Vision of *Turtle Island*, in: Patrick D. Murphy (Hrsg.), Critical Essays on Gary Snyder. Boston, MA 1991, 144.

176 Siehe u. a.: Pulitzer winner was Lincoln High student, in: The Oregonian 6.5.1975, A8.

tiker wurden veröffentlicht, wie man Umweltthemen in bestimmten Bereichen adressieren könne. Das Buch ist unterteilt in die Wirkungsbereiche der Medien, der Legislative, der Bildung und weiterer Sektoren. Es werden zusätzlich drei Umweltaktivisten und ihr Handeln als Beispiele gebracht, einer ist Gary Snyder: »Snyder stands at the cutting edge of the eco-activist movement.«[177] Ihm wurde attestiert, er schaffe es durch seine Vorträge, bereits aktive Umweltschützer in ihrem Tun zu bestärken und immer wieder neue zu gewinnen. »No one is more qualified to benefit ecology« heißt es weiter über Snyder, der, das wird deutlich, sehr von seiner Biografie profitierte. Die direkten Erfahrungen mit den verschiedenen Kulturen im pazifischen Raum verliehen ihm Glaubwürdigkeit, wenn er über sie sprach. Auch appellierte Snyder oft an seine Zuhörer, Kultur als Ausgangspunkt für Veränderungen zu nehmen, nicht neue technologische Lösungen. Für ihn bedeutete Ökologie zu dieser Zeit: »Ecology demonstrates on the empirical level the myriad interrelationships in nature. Buddhism, on another level, asserts the same interdependence of each of the elements.«[178] Während Ökologie von oben auf die Wechselbeziehungen in der Natur aufmerksam mache, so werde im Buddhismus eine ähnliche Warte erreicht, indem er zeige, wie die einzelnen Bestandteile der Natur in Abhängigkeit zueinanderstehen. Damit sei mit der fernöstlichen Philosophie eine neue Sichtweise auf die Umwelt und ihren Schutz möglich.

Nur ein Jahr nach der Veröffentlichung von *Ecotactics* bildeten sich viele neue Umweltgruppen. Die bekannteste unter ihnen ist *Greenpeace*, welche 1971 in Kanada gegründet wurde. Wie Frank Zelko in seiner Biografie der NGO schreibt, hatte das Umweltproblem ein Einigungspotenzial, wie keine andere Befreiungsbewegung zuvor, weil es den Planeten als Ganzes betraf.[179] *Greenpeace* ist bis heute eine der größten Non-Profit-Organisationen weltweit. Einer der Mitbegründer von *Greenpeace*, Robert Hunter, machte bereits 1971 in seinem Buch *The Storming Of The Mind* darauf aufmerksam, dass der Ton des Aktivismus sich bald ändern könnte. Er schrieb:

> If within a very short time, the rate of environmental deterioration is not at least slowed, the non-violent stage will pass, as it passed in the civil rights struggle, and into the forefront will move the Green Panthers or their equivalent.[180]

Diese Anspielung auf die radikale Black-Panther-Partei, die aus der Bürgerrechtsbewegung entstanden war, ist durchaus berechtigt, da sich in der Umweltbewegung bald eine ähnliche Entwicklung zeigte.

177 Pat Smith, Mariana Gosnell, That Snyder Sutra, in: John G. Mitchell (Hrsg.), Ecotactics: The Sierra Club Handbook for Environment Activists. New York 1970, 85.

178 Ebd., 87.

179 Frank Zelko, Greenpeace: Von der Hippiebewegung zum Ökokonzern. Göttingen 2014, 36.

180 Robert Hunter, The Storming of the Mind. New York 1972, 181.

Dave Foreman, seit 1972 bei der *Wilderness Society* beschäftigt, war, wie viele andere Umweltschützer auch, der Ansicht, dass die bisherigen Bemühungen der Umweltbewegung sich professionalisierten und damit in mancher Hinsicht gegen ihre eigentlichen Ziele richteten. Foreman verließ seine Position bei der *Wilderness Society* und sah sich nach Alternativen um. Er freundete sich mit Edward Abbey an, der 1975 mit seinem Roman *The Monkey Wrench Gang* für Aufsehen sorgte. Im Buch wird von Sabotage-Akten gegen Maschinen erzählt, die mit einem Universalschraubschlüssel, einem »Monkey Wrench«, ausgeführt werden. Diese Sabotage diente letzten Endes dem Umweltschutz, weil sie Maschinen lahmlegte oder zerstörte, die selbst Zerstörung anrichteten.

In Abbeys Buch fand Foreman den Aktivismus, der nach seinem Bruch mit der *Wilderness Society* wegweisend sein sollte. Er gründete die radikale Umweltbewegung *Earth First!*. Neben Edward Abbey und David Brower war auch Gary Snyder zu Beginn der Bewegung in Kontakt mit Foreman. Snyder hatte jedoch, wie sich in vielen Gesprächen mit Foreman zeigte, deutlich andere Ansichten. Aus den Debatten der beiden geht hervor, dass Snyder gegen das Zerstören von Maschinen und Eigentum war, selbst wenn es zum Wohl der Natur diente.[181] Snyder schrieb sogar einen öffentlichen Brief an Dave Foreman, in dem er dessen Methoden moralisch kritisierte. Der Brief wurde im August 1982 in der Zeitschrift *Earth First!* abgedruckt. Snyder lobte darin die Arbeit der Organisation, die Zeitschrift und auch die Ziele, jedoch warnte er davor, zu radikale Wege zu verfolgen. »In spirit of brotherhood and friendship, I wish you well, urge you to reconsider your statement on violence, and I'll be behind you all the way but for that one point.«[182] Diese Haltung lässt sich auf Snyders geistige Heimat im Buddhismus und dem Prinzip von *ahimsa*, dem gewaltlosen Protest zurückführen. Ihre Gegensätzlichkeit macht jedoch gleichzeitig die Verbindung der beiden aus. Foreman, der sich, genau wie Snyder, als Umweltschützer sah, akzeptierte Snyders Ansichten. So erschienen Snyders Texte und Gedichte regelmäßig in *Earth First!*. Foremans Meinung zu Snyder war:

> A practical man, interested in tools, in day-to-day living, but who is also a poet, a visionary, and a warrior. [...] Gary Snyder isn't merely fighting the current destruction. He is exploring the new-old ways that will enable the future children of Turtle Island to create a sustainable, respectful culture that can live in harmony with the land community for a thousand years – Future Primitives.[183]

Während Foremans Aktivismus auf das schnelle und kompromisslose Erreichen von Veränderungen zielt, sieht er in Snyders Ansatz den Fokus auf das größere

181 Dave Foreman, Gary Snyder: Tribal Founder, in: Jon Halper (Hrsg.), Gary Snyder: Dimensions of a Life. San Francisco 1991, 363.

182 Gary Snyder, »Dear Dave,...«, in: Earth First! August 1, 1982, 3.

183 Foreman, Gary Snyder: Tribal Founder, 363.

Bild und eine langfristige Sichtweise. Die radikalen Ansichten Foremans werden auch in mehreren Zitaten deutlich. Russell Train, der Direktor der *Environmental Protection Agency* unter Nixon, sagte einmal: »Thank God for David Brower, he makes it so easy for us to look reasonable.« Nur kurz darauf nahm Brower selbst das Wort auf und sagte bei gemeinsamen Vorträgen mit Foreman: »And thank God for Dave Foreman, he makes it so easy for David Brower to look reasonable.«[184] Diese Vorträge fanden oft im Rahmen von *Earth First!*-Veranstaltungen statt, bei denen Brower, Foreman und Snyder gemeinsam ihre Standpunkte innerhalb der Umweltbewegung präsentierten. Eine der ersten dieser gemeinsamen Veranstaltungen der drei Umweltschützer fand 1984 in der *Unitarian Church* in der *Franklin Street* in San Francisco zum Schutz des Regenwaldes statt. Das Ereignis war ausverkauft und ein großer Erfolg, der auch *Earth First!* bekannt machte. Foreman begann in den folgenden Jahren, Veranstaltungen als *Road Shows* fortzusetzen, um in verschiedenen Regionen Amerikas auf die Arbeit von Umweltschützern aufmerksam zu machen.

Der Aktivismus von *Earth First!* wurde mit einer Aktion am *Glen Canyon Dam* eingeleitet. Am 21. März 1981 trafen sich dort 75 Mitglieder, um auf die negativen Folgen des Damms für die Umwelt aufmerksam zu machen. Während Edward Abbey die Eröffnungsrede hielt, waren Dave Foreman und ein paar weitere Mitglieder auf dem Damm und ließen eine über 90-Meter-große Plastikplane an der Dammmauer hinab. Die Plane wirkte aus der Entfernung wie ein großer Riss im Beton. Die örtliche Polizei löste daraufhin die Veranstaltung auf und das FBI nahm Ermittlungen auf.[185] Dies war der Auftakt vieler ungenehmigter Kampagnen in den darauffolgenden Jahren.

Die Mitglieder von *Earth First!* lebten über die ganzen Vereinigten Staaten verstreut und wuchsen bis zur Mitte der 1980er-Jahre bereits auf 10.000 Unterstützer an. Viele von ihnen kamen von der Westküste.[186] Eine Kampagne führte *Earth First!* 1984 in den Nordwesten Amerikas, in Snyders frühere Heimat Oregon. Der Mitbegründer der Organisation, Mike Roselle, und mehr als 50 weitere Mitglieder hielten im *Cathedral Forest* in der Santiam-Region einen Gedenktag für die durch Kahlschlag abgeholzten Bäume ab. Indem sie versuchten, höhere Kosten für eine industrielle Operation entstehen zu lassen, wollten sie die Unternehmen vertreiben.[187] Die Mitglieder ketteten sich an die Bulldozer und schlugen heimlich Nägel in die zu fällenden Bäume, was als *Tree Spiking* bezeichnet

184 Dave Foreman, Dave Foreman [Interview], in: Kenneth Brower, The Wildness Within: Remembering David Brower. Berkeley 2012, 222.

185 Katherine Dunn, No Compromise! For the members of Earth First! some things just aren't negotiable, in: The Oregonian Sunday, 25.11.1984, 7.

186 Ebd., 10.

187 Ebd., 8.

wird. Beim Fällen der Bäume führt das zu gerissenen Sägeblättern. Allerdings können durch das *Tree Spiking* auch Arbeiter schwer verletzt werden.[188]

Die Absichten von *Earth First!* werden in ihrem Motto »Earth First! does not compromise« deutlich.[189] Ihre radikalen Methoden wurden von anderen Umweltschützern nicht gern gesehen: Sie befürchteten, dass auch ihr Ruf leiden könnte. Auch Snyder distanzierte sich von den radikalen Aktivisten. Ebenso Dave Foreman, der sich selbst als Pazifist sah und Gandhi und Thoreau als seine Vorbilder nannte. Um seine Stellung in der Organisation zu halten, trat er als Kampagnen-Manager zurück, kümmerte sich aber weiterhin um die Publikationen. Er schrieb 1984: »We are not terrorists… but we are militant. We are radical. Our symbol is a clenched fist, not a peace sign. Earth First! will engage in peaceful disobedience.«[190]

Snyder schlug Dave Foreman 1985 vor, zusammen an einem Prozess gegen den *U.S. Forest Service* zu arbeiten, der für viele Abholzungen und falsches Waldmanagement verantwortlich war.[191] Bereits 1979 hatte der *U.S. Forest Service* viele Umweltschützer mit seiner Entscheidung beim zweiten *Roadless Area Review and Evaluations (RARE II)* enttäuscht, da in dem Bericht vor allem Bergbau und die Holzindustrie profitierten. Daher waren auch *Friends of the Earth* an Snyders Vorhaben interessiert, und man sprach unter der Hand bereits von dem gerichtlichen Fall »The People of the United States vs. the U.S. Forest Service«.[192] Aufgrund von internen Streitigkeiten in den Organisationen kam es jedoch nicht dazu und sollte erst später von verschiedenen anderen Gruppen wieder aufgegriffen und verfolgt werden.

Die 1980er-Jahre sollten in den Augen Snyders ein »second environmental decade« werden.[193] Er forderte, dass man sich in allen Bereichen für den Umweltschutz einsetzen müsse (Abb. 21). Es sei wichtig, dass sich lokale Gemeinschaften bildeten und gemeinsame Interessen verfolgten. Die 1980er-Jahre würden, laut Snyder, auch ein Ende der bisher eher »unschuldigen« Umweltbewegung werden. Er forderte zu der Einstellung »win some now« und »think long range« auf.[194] Konfrontation solle dabei ein Mittel der Wahl sein, allerdings ausschließlich in gewaltfreien politischen Aktionen.

Obwohl Snyder generell nicht mit den radikalen aktivistischen Strömungen einverstanden war, erkannte er ihre Vorteile:

188 Rik Scarce, Eco-Warriors: Understanding the Radical Environmental Movement, Updated Edition. New York 2007, 75.

189 Dunn, No Compromise!, 10.

190 Ebd., 11.

191 D-050: Box II, 56:48 Foreman, Dave April 7, 1985.

192 D-050: Box II, 59:7 Friends of the Earth March 14, 1985.

193 Gary Snyder, Gary Snyder's Predictions for next environmental decade, in: ECONEWS Vol. 10, No. 6 (June 1980), 1.

194 Ebd.

Abb. 21: Gary Snyder mit einem *Earth First!*-T-Shirt vor *Kitkitdizze*, 1985 (Foto: © Claudia Kunin)

Because of what Earth First! has been so far is a marvellously mobile strike force, based in the West and travelling to places throughout the West that are under imminent attack by mining or logging interests, whether on public land or private land. Generally their activities have been concerned with issues on public land – the commons – right now. As Earth First! wins more adherents throughout the West, people will take care of their own areas more, and the mobile strike force will not have to be quite so mobile. I would imagine it will continue to evolve from the way it is now, a fairly anarchistic organization with no real governance from the center, but simply a set of exciting working ideas on how to take care of things in your own place.[195]

Bei *Earth First!* klang bereits ein Konzept an, dem sich auch Snyder zuwandte, nämlich *Deep Ecology*. Ein Manifest der Organisation besagt: »The ideas of Western civilization are anti-Earth, anti-woman and anti-liberty. We are working to develop a new bio-centric paradigm: Deep Ecology.«[196] Das zweite Konzept, das in dem zuvor genannten Zitat vorkommt, orientiert sich am lokalen, ortsbasierten Denken. Zwei der wichtigsten, wiederkehrenden Konzepte in Snyders späterem Werk rühren daher. Es handelt sich um *Deep Ecology* und *Bioregionalism*,

195 Gary Snyder, Jack Loeffler, Gary Snyder [Interview], in: Jack Loeffler (Hrsg.), Headed Upstream: Interviews with Iconoclasts. Santa Fe 2010, 186.
196 Dunn, No Compromise!, 10.

wobei Gary Snyder bei Letzterem die Bedeutung von Wassereinzugsgebieten in den Vordergrund stellte.[197]

2.6 *Deep Ecology*: Radikales Konzept des Umweltaktivismus

Michael McClure verlieh Gary Snyder für die Thematisierung der Umweltproblematik in seinen Gedichten den Titel »*poet laureate of Deep Ecology*«.[198] Das Buch *Deep Ecology* von Bill Devall und George Sessions, das der Historiker Jeffrey C. Ellis als zentralen Text der Bewegung bezeichnet, ist Gary Snyder und Arne Næss gewidmet.[199] Von dem Buch waren innerhalb weniger Wochen bereits fast 2.500 Exemplare verkauft, und es verbreitete sich schnell im akademischen Kontext der Vereinigten Staaten.[200]

Bevor die *Deep Ecology*-Bewegung durch Devalls und Sessions Buch bekannt wurde, und zwar bereits ein Jahr vor der Veröffentlichung, war Devall zusammen mit Dave Foreman und Gary Snyder bei einem friedlichen Protest im *Cathedral Forest Rendevouz* gewesen, – kurz bevor *Earth First!*-Aktivisten mit dem *Tree Spiking* begannen. Der Vortrag mit dem Titel »Deep Ecology«, den Devall dort hielt, wirft bereits Licht auf die vertretene Philosophie.[201] In der von den Teilnehmern entworfenen *Cathedral Forest Wilderness Declaration* stand geschrieben:

> We believe that all things are connected, that whatever we do to the earth, we do to ourselves. If we destroy our remaining wild places, we will ultimately destroy our identity with the earth: wilderness has value for humankind which no scientist can synthesize, no economist can price, and no technological distraction can replace.[202]

Diese Auffassung, dass alle Dinge und Handlungen verbunden sind, hatte man zuvor schon häufiger von Snyder gehört. Auch die Ansicht, dass man nicht auf

197 Gary Snyder legt bei seinen Konzepten großen Wert auf die Nutzung von »Watersheds«, also Wassereinzugsgebieten. John Wesley Powell, den Snyder als einen seiner Einflüsse nennt, definiert Wassereinzugsgebiete wie folgt: »that area of land, a bounded hydrologic system, within which all living things are inextricably linked by their common water course and where, as humans settled, simple logic demanded that they become part of a community.« Zu finden unter: United States Environmental Protection Agency: http://water.epa.gov/type/watersheds/whatis.cfm (26.10.2012).

198 The Practice of the Wild (DVD, 2010), DVD Bonus Interview: Michael McClure (5:18).

199 Jeffrey C. Ellis, On the Search for a Root Cause: Essentialist Tendencies in Environmental Discourse, in: William Cronon (Hrsg.), Uncommon Ground: Rethinking the Human Place in Nature. New York 1996, 265.

200 D-050: Box II, 167:70 Sessions, George September 16, 1985.

201 Cathedral Forest Rendezvous, in: The Oregonian 21.9.1984, B5.

202 Bill Devall, George Sessions, Deep Ecology: Living as if nature mattered. Salt Lake City 1985, 196.

die Technologie hoffen darf, um einen Ausweg zu finden, war bei Snyder schon öfter angeklungen. Vielmehr sollte man getreu den buddhistischen Prinzipien versuchen, die Verbindung zwischen Natur und Mensch zu verstehen und mit dem Bewusstsein dieser Verbindung zu handeln. *Deep Ecology* war zunächst Teil der Naturschutz-bewegung, wurde aber sehr bald zu einer radikalen Kritik an den Anschauungen der westlichen Gesellschaft.[203] George Sessions beschrieb die geplante Umformung der Gesellschaft wie folgt:

> Out of this questioning arose a deep ecological movement seeking to reawaken a sense of spiritual reciprocity between humans and the rest of Nature and to restructure contemporary societies in ecologically harmonious ways.[204]

Wie sich bei Snyders Zivilisationskritik und Lyrik verschiedene Einflüsse aufzeigen lassen, so finden sich auch unter den *Deep Ecology*-Anhängern folgende Inspirationen: »Radical ecologists since the 1960s have gained inspiration from Thoreau and Muir, from the Zen Buddhism of Huxley, Watts and Snyder, and from the antiutopian social critiques of Huxley and Orwell.«[205]

Doch was genau ist *Deep Ecology*? Arne Næss' Buch *The Shallow and the Deep, Long-Range Ecology Movements* von 1972 führte den Begriff zum ersten Mal ausführlich ein. Næss nimmt darin eine Differenzierung zwischen einer oberflächlichen, seichten Ökologie und einer tiefen Ökologie vor.[206] Die oberflächliche Bewegung ist ein kurzfristiger Prozess, der durch eine pragmatische Herangehensweise schnelle Veränderungen zu erzwingen sucht. Dabei geht es vor allem um sichtbare Symptome wie Umweltverschmutzung und Ressourcenausbeutung.[207] Der Form des seichten Aktivismus steht der tiefe Aktivismus gegenüber. Diese langfristiger angelegte Bewegung beschäftigt sich mit der Rolle des Menschen und einem Leben im Einklang mit der Umwelt aus einer ökologischen Perspektive.[208] Des Weiteren besagt Næss' These, dass der Mensch die internen Zusammenhänge des Ökosystems verstehen muss. Dazu gehört auch, allen Lebewesen und Pflanzen die selben Rechte einzuräumen. Das Prinzip der Artenvielfalt und Symbiose spielt dabei eine zentrale Rolle. Durch das Begreifen der Komplexität der Umwelt kann der Mensch zu einer Erkenntnis seiner eigenen Ignoranz gegenüber den biosphärischen Beziehungen gelangen.[209] Die sieben

203 Sessions, The Deep Ecology Movement: A Review, 107.

204 George Sessions, Deep Ecology and The New Age, in: Earth First! Vol. 7, No. 8, 23. September 1987, 27.

205 Ebd., 109.

206 Im englischen Original wird von »deep ecology« und »shallow ecology« gesprochen.

207 Sessions, The Deep Ecology Movement: A Review, 112.

208 Ebd.

209 Ebd.

Hauptargumente, die sich in den zentralen Texten der *Deep Ecology*-Bewegung finden, sind deshalb[210]:

1. Rejection of the man-in-environment image in favor of the relational total-field image.
2. Biospherical (or ecological) egalitarianism.
3. Principles of diversity and symbiosis.
4. Anti-class posture.
5. Fight against pollution and resource depletion.
6. Complexity, not complication.
7. Local autonomy and decentralization.[211]

Snyder lebte bereits nach vielen Punkten dieser Liste lebte. Schon früh begann er die Rolle aller Lebewesen zu hinterfragen und versuchte, deren größeren Zusammenhang zu verstehen. In dem 2010 erschienen Dokumentarfilm *The Practice of the Wild* betont Snyder die Bedeutung der Natur, wie sie auch in der *Deep Ecology*-Bewegung definiert wird. Sein Interesse und seine Beweggründe entstanden aus einem moralischen Engagement für das Nichtmenschliche.[212] Diese Ansicht wurde durch seinen Aufenthalt in Japan geprägt, als er den Buddhismus studierte.

Die moralische Verbindung mit dem Nichtmenschlichen in der Natur wird durch die Beschäftigung mit den Mythen und Göttervorstellungen der Indigenen Nordamerikas verstärkt, die diese Art der Naturbetrachtung praktizieren. Auch in Asien wurde Snyder mit ähnlichen Naturauffassungen konfrontiert, beispielsweise in Form der buddhistischen Anschauung, die jedem Lebewesen eine zentrale Rolle in der Welt zugesteht und diese Überzeugung im Bild der Wiedergeburt, des *Samsara,* manifestiert. Snyder benutzte all diese Vorstellungen in seiner Lyrik und seinen Essays und wurde zum Sprachrohr der *Deep Ecology*-Bewegung.

Ähnlich wie Snyder in seinen *Four Changes,* versuchte Arne Næss 1984 eine Analyse der aktuellen Umweltdebatte. Während es bei Snyder um Bevölkerung, Umweltverschmutzung, Konsum und Transformation ging, wählte Næss die Themen »Umweltverschmutzung«, »Ressourcen«, »Bevölkerung«, »kulturelle Vielfalt und angemessene Technologie«, »Land- und See-Ethik« sowie »Erziehung und wissenschaftlicher Betrieb«.[213] Da es viele Überschneidungen zu

210 Diese Anführung findet sich in Texten von Arne Næss oder in *Deep Ecology* von Bill Devall und George Sessions wieder.

211 Sessions, Deep Ecology and The New Age, 27.

212 Gary Snyder, Robert Avila, SF360 Dialogues: Gary Snyder on Art, Anarchy and the Environment. SF360 2010.

213 Arne Næss, Die tiefenökologische Bewegung, in: Angelika Krebs (Hrsg.), Naturethik: Grundtexte der gegenwärtigen tier- und ökoethischen Diskussion. Frankfurt a.M. 1997, 194–199.

Snyders Themen gibt, ist es hilfreich, die Aufteilungen zu betrachten, die Næss zu jedem Bereich vornimmt: Er bietet jeweils einen oberflächlichen und einen tiefen Ansatz. Im tiefen Ansatz wird immer die Auswirkung auf das Leben als Ganzes untersucht. Der menschliche Einfluss steht dabei nicht im Vordergrund. Dies deckt sich mit Snyders Auffassung Ende der 1960er-Jahre, wobei Næss im Gegensatz zu Snyder keine konkreten Lösungsvorschläge liefert.

Da der Natur als Ganzes eine bedeutende Rolle zugesprochen wird, wurde der Buddhismus, vor allem der Zen-Buddhismus, von vielen *Deep Ecology*-Anhängern sehr früh studiert und praktiziert. Auch hier war es wieder D.T. Suzuki, der die buddhistische Philosophie in Amerika populär machte, und nun auch für die Umweltaktivisten neue Perspektiven eröffnete.

> Not only human beings, but this salvation was to be extended to the so-called, inanimate beings, non-sentiment beings. So universal salvation did not mean just human beings, but animals, they are all to be saved. Not only that, but mountains, trees we see outside, and rocks, earth, rivers, all those things were to be saved.[214]

Diese Form der Umweltauffassung, die nicht den Menschen oder das Lebewesen ins Zentrum stellt, wurde auch von den *Deep Ecology*-Anhängern aufgenommen und weitergetragen.

Deep Ecology kann durch ihre interdisziplinären Ansätze als Brücke zwischen den Geistes-, Sozial- und Naturwissenschaften gesehen werden. Dabei erinnert sie in vielen Dingen eher an eine ästhetische und religiöse, als an eine exakte Wissenschaft.[215] John Muir zeigte bereits auf, was für die *Deep Ecology*-Bewegung ein gewichtiger Punkt werden sollte: »The universe would be incomplete without man; but it would also be incomplete without the smallest transmicroscopic creature that dwells beyond our conceitful eyes and knowledge.«[216]

Bron Taylor, der sich mit den Zusammenhängen zwischen Religion und Natur beschäftigt, sieht für seine Theorie der *Dark Green Religion* Snyder als einflussreiches Beispiel. Darunter versteht Taylor eine Religion, die die Natur als etwas Heiliges betrachtet, das mit inneren Werten ausgefüllt ist, und ehrfürchtig gepflegt werden muss.[217] Das Dunkle soll, ähnlich wie bei *Deep Ecology*, diese besondere Tiefe der Beziehung zur Natur darstellen. Taylor bezeichnet Snyder als einen *American Buddhist-Animist*[218], nachdem sich dieser 1993 ihm gegenüber als »natural animist« bezeichnet hatte: »I was born a natural animist. It wasn't a moral or intellectual thing, from early childhood, I felt the presence of other beings, and I enjoyed being out in the woods right back of our farm [...].

214 A Zen Life, 48:27 min.

215 Linda Centell, Deep Ecology, in: The Union, 31. März 1983.

216 John Muir, A thousand-mile walk to the Gulf. Boston 1916, 139.

217 Bron Taylor, Dark Green Religion: Nature Spirituality and the Planetary Future. Berkley 2010, IX.

218 Ebd., 17.

I think most kids are natural animists.«[219] Snyders Hinwendung zur *Deep Ecology* basiert auf seinen eigenen Erfahrungen und den Werten, die vor allem im buddhistischen und indigenen Verhältnis zur Natur zum Tragen kommen. Das beste Beispiel in Snyders Poesie für den stilistischen Anthropomorphismus, die Vermenschlichung, findet sich in »Towards Climax« in *Turtle Island*:

> »two logging songs«
>
> Clear-cut
>
> Forestry. »How
> Many people
> were harvested
> In Viet-Nam?«
>
> Clear-cut. »Some
> Were children,
> Some were over-ripe.«[220]

Er vergleicht hier die Forstwirtschaft mit dem Vietnamkrieg. Wie auch die amerikanischen Soldaten bei ihrer Kriegsführung in Vietnam oft wenig Rücksicht auf die Zivilbevölkerung nahmen, so sah Snyder im Kahlschlag der alten amerikanischen Wälder ein ähnlich radikales Verbrechen, bei dem wenig Rücksicht auf den Waldbestand genommen wurde. Die letzte Strophe geht dann auf die unberührten Wälder ein:

> Virgin
>
> A virgin
> Forest
> Is ancient; many-
> Breasted,
> Stable; at
> Climax[221]

Diese Verweiblichung der Wälder und der Natur ist ein weiterer Schwerpunkt in der *Deep Ecology*. Die *Gaia*-Hypothese, die Snyder zur Zeit der *Deep Ecology*-Bewegung erneut aufgreift, wird in diesem Gedicht deutlich.

Snyder schrieb 1980 über Gaia: »The actual facts of a planet-wide interconnected web of living beings. The totality of this biosphere is called by some Gaia after the ancient Greek Earth Goddess.«[222] Unter dem Begriff *Gaia* versteht man die Erde als lebenden Organismus. Die These tauchte zuerst bei dem Umwelt-

219 Bron Taylor, Interview mit Gary Snyder, Davis, CA. 7. Juni 1993 [Transkript].
220 Gary Snyder, Toward Climax, in: Ders., Turtle Island. New York 1974, 85.
221 Ebd.
222 Snyder, Foreword [The Divine Woman], XII.

aktivisten James Lovelock in den späten 1970er-Jahren auf[223] und wurde ein paar Jahre später von Sessions aufgegriffen: »Earth is a living organism now exhibiting symptoms of extreme illness at the hands of an ecologically ignorant species.«[224] Bereits vor Lovelock und Sessions hatte Gary Snyder die Idee in seinem Gedichtband *Turtle Island* umschrieben. Darin bekommt der nordamerikanische Kontinent den Namen, den ihm die Indigenen ursprünglich gegeben haben. Nordamerika wird zu einem Lebewesen, einem Biotop. *Turtle Island*, also die Schildkröteninsel, ist ein lebender Organismus und muss vom Menschen gepflegt und sorgsam behandelt werden. Ähnlich verhält es sich bei Snyder mit *Mother Earth*. Mutter Erde sorgt für die Menschen; diese müssen sich revanchieren, indem sie sorgsam mit dem Planeten umgehen. Hier zeigt sich ebenfalls Snyders Bezug zur indischen und buddhistischen Kultur: »A network of dependent transformations and the Muse can be Maya, mistress of the eco-system of delusion.«[225]

In seinem *Smokey the Bear Sutra* greift Snyder sowohl Ideen aus der indigenen Kultur Nordamerikas auf als auch aus dem Buddhismus Japans. Es beinhaltet die von Snyder aufgeschriebenen Worte des *Great Sun Buddha*, einer fiktiven Gottheit, wie diese sie vor 150 Millionen Jahren gesprochen haben könnte:

> In some near future time, there will be a continent called America. It will have great centers of power such as Pyramid Lake, Walden Pond, Mount Rainier, Big Sur, the Everglades, and so forth, and powerful nerves and channels such as the Columbia River, Mississippi River, and Grand Canyon. The human race in that era will get into troubles all over its head and practically wreck everything in spite of its own strong intelligent Buddha-nature.[226]

Snyder benutzt in diesem Sutra den Bären *Smokey*, das Maskottchen des *United States Forest Service*, als Reinkarnation des *Great Sun Buddha*. Der Bär kommt auf die Erde und wütet, jedoch schützt er auch diejenigen, die die Wälder und Flüsse achten.[227] *Smokey*, der als Bär auch eine Verbindung zu den Tiermythen der Indigene Nordamerikas aufzeigt, soll so ein Zeitalter einleiten, in dem die Menschen mit der Natur in Harmonie leben.[228]

223 Sessions, Deep Ecology and The New Age, 27.

224 Ebd., 27.

225 Gary Snyder, The Dharma Eye of D. A. Levy, in: Ders., The Old Ways: Six Essays. San Francisco 1977, 53.

226 Gary Snyder, Smokey the Bear Sutra, in: Ders., A Place in Space: Ethics, Aesthetics, and Watershed. Berkeley 1995, 25.

227 Snyder, Smokey the Bear Sutra, 27.

228 Ebd., 28. Snyder schreibt über »Smokey the Bear Sutra«: »So I came to realize that the U. S. Forest Service's Smokey the Bear« publicity campaign was the inevitable resurfacing of our ancient benefactor as guide and teacher in the twentieth century, the agency not even knowing that it was serving as a vehicle for this magical reemergence.«

Die Romantisierung der Natur durch eine literarische Auslegung gibt die Richtung des Umweltaktivismus vor, in dem Snyder eine Fusion von alten asiatischen Mythen und zeitgenössischen nordamerikanischen Bildern und Symbolen schafft. So landet er mit seinen Texten und Gedichten im Umweltbewusstsein der Menschen. Ein weiteres Ziel Snyders ist eine vollständige Rehabilitierung aller wild lebenden Tiere:

> This immediately sets up a whole program for the planet. Because if you allow wildlife its place on the planet, that means an immediate reduction of human population to accommodate that wildlife. Not something you could hope to accomplish in this century, or maybe even the next, but his would be something to shoot over the next few centuries.[229]

Dieses Beispiel zeigt die Langfristigkeit im Denken der *Deep Ecology*-Vertreter. Während in anderen Protestbewegungen schnelle Ergebnisse gefordert werden, wird bei *Deep Ecology* nach langfristigen Lösungen gesucht. Jedoch ist zu beachten, dass die Vorarbeiten bereits in der Gegenwart zu beginnen haben, auch wenn die Ziele erst in mehreren Jahrhunderten erreicht werden können. *Deep Ecology* ist ein *Human Potential Movement* oder auch eine spirituelle Bewegung, deren Motive Næss wie folgt beschreibt: »This involves an identification which goes beyond our narrow socialized sense of individual self (ego), to other human individuals, species and ecosystems. This is what he now calls an ›ecological self‹.«[230]

Die Philosophin Angelika Krebs ist der Ansicht, dass die Tiefenökologie die ökoethisch einflussreichste Schule ist und über philosophische Kreise hinaus auch in anderen Bereichen anerkannt wird.[231] So ist es nicht verwunderlich, dass zum Beispiel die *Earth First!*-Bewegung viele der Thesen aufnimmt und auch Snyder Aufsätze dazu veröffentlicht.

Snyder und George Sessions trafen sich bereits 1970 bei der Earth-Day-Konferenz in Sacramento, sowie 1974 bei der *Conference on the Rights of Nonhuman Nature* in Claremont, Kalifornien. Zu dieser Zeit begannen die beiden eine ausführliche Korrespondenz. Neben Briefen tauschten sie zahlreiche Aufsätze, Zeitungsartikel und Kommentare zu Themen aus, die für die Entwicklung von *Deep Ecology* in Nordamerika wegweisend waren. Sessions diente auch als Vermittler zwischen Snyder und Næss, die sich bei jeder Gelegenheit in Kalifornien trafen.[232] Auch Snyder und Næss tauschten viele amerikanische und europäische Texte aus und verfolgten und kommentierten neue Veröffentlichungen zu *Deep*

229 Kirkpatrick Sale, The Forest for the Trees: Can Today's Environmentalists Tell the Difference?, in: Mother Jones Magazine (November 1986), 32.

230 Sessions, Deep Ecology and The New Age, 27.

231 Angelika Krebs, Einleitung, in: Dies. (Hrsg.), Naturethik: Grundtexte der gegenwärtigen tier- und ökoethischen Diskussion. Frankfurt a. M. 1997, 10.

232 D-050: Box II, 167:45 Sessions, George December 1, 1981.

Ecology. In Snyders Bibliothek in *Kitkitdizze* fanden sich viele Manuskripte, die ihm schon früh geschickt wurden, damit er sie kommentierte oder absegnete. Unter den Einsendern fanden sich Namen, die später im Kontext der Umweltgeschichte und -philosophie bekannt werden sollten, wie zum Beispiel Warwick Fox, Ramachandra Guha, Roderick Nash und Kirkpatrick Sale.[233]

Im April 1982 organisierte der amerikanische Biologe Michael Soulé mit Hilfe von Arne Næss und Gary Snyder die erste *Deep Ecology*-Konferenz. Als Tagungsort wurde passenderweise das *Zen Center* in Los Angeles, Kalifornien, gewählt. Aufgrund reger Beteiligung und großer Aufmerksamkeit trug die Konferenz entscheidend zur Etablierung des Konzeptes in der Wissenschaft bei.

Dennoch hatte es die Bewegung in vielen Bereichen schwer. In einem Brief an George Sessions führte Paul Ehrlich diese Probleme auf die Rolle zurück, die dem Menschen in *Deep Ecology* beigemessen wird:

> I'm not sure what it is about Deep Ecology that tends to get some people off. […] At any rate, the whole problem is probably moving Homo sapiens out of the center stage – it is just not a position that can easily be adjusted to by people raised in our society. Sadly, I expect things to get worth rather than better. As the roles of such things as economic growth, runaway population growth, and a runaway petrochemical industry become clearer to everyone, it should be interesting times – I just wish we had more leeway to solve our problems.[234]

Bron Taylor sieht innerhalb der Bewegung eine soziale philosophische Richtung, nämlich die grüne Ideologie, die als Bioregionalismus bekannt ist.[235] Bei der genaueren Betrachtung von Umweltbewegungen in Nordamerika kommt Taylor zu folgenden drei Haupt-Charakteristika:

> (1) its reliance on a nonanthropocentric or biocentric value system; (2) its faith in non-Western and/or indigenous religious traditions as the source of a new environmental consciousness; and (3) its failure to present an adequate account of political power for bioregional entities that exist within and/or outside of national borders.[236]

Für Taylor ist daher der pragmatische Ansatz des Bioregionalismus eine Ergänzung für die sehr theoretisch und philosophisch geprägte *Deep Ecology*-Bewegung. *Deep Ecology* soll ausgeweitet werden und auch anthropozentrische

233 Viele Bände aus der Bibliothek Snyders sind nun im UC Davis Archiv unter Subseries 5.3.5 zu finden. Auf fast einem ganzen Regalmeter stehen Manuskripte von Forschern zu *Deep Ecology*, verfasst zwischen 1973 und 2001. Viele davon wurden später in einschlägigen Zeitschriften oder als Monografien veröffentlicht.

234 D-050: Box II, 167:78 Sessions, George December 18, 1987 [beinhaltet Brief von Paul Ehrlich].

235 Eric Katz et al., Introduction: Deep Ecology as Philosophy, in: Ders. (Hrsg.), Beneath the Surface: Critical Essays in the Philosophy of Deep Ecology. Cambridge, MA 2000, XXI.

236 Ebd.

Ansätze zulassen. Die der traditionellen westlichen Religionen und die Zuhilfenahme von nationalen und internationalen politischen Vereinbarungen, um Umweltpolitik durchzusetzen, gehören dazu.[237]

Für Snyder begann das Konzept *Deep Ecology* bereits im Oktober 1984 uninteressant zu werden, wie folgender Tagebucheintrag zeigt:

> The failure of Deep Ecology is that it has not embraced contradiction and so in its anti-anthropocentrism still sets man against nature.
>
> Deep Deep Ecology
> It's all one
> Because
> It's all empty[238]

In einem Interview sagte Snyder, das Problem mit *Deep Ecology* sei, »that it is too intellectual.«[239] Er vertrat sehr pragmatische Einstellungen gegenüber dem Umweltschutz, weshalb Bioregionalismus ein bedeutendes Thema für ihn war. Er hatte ihn bereits seit dem Bau von *Kitkitdizze* praktiziert und ist seinen Prinzipien bis heute treu geblieben.

237 Ebd., XXII.

238 D-050: Box I, 89:6 [Journal], Book 22, 1983 June 4–1984 October 15 [Eintrag vom 13. Oktober 1984].

239 Taylor, Interview mit Gary Snyder, Davis, CA.

3. *A Place in Space:* Westküstenidentität und Lebenswerke (1989–heute)

3.1 *Bioregionalism:* Ein Leben im Einklang mit der Natur

Neben *Deep Ecology* kann man einer weiteren Strömung in Gary Snyders Biografie eine prägende Rolle zusprechen, nämlich dem Bioregionalismus. Snyders Auffassungen dazu sind eindeutiger als bei *Deep Ecology*, da er den Bioregionalismus oft direkt anspricht. In der 1995 erschienen Anthologie *The Deep Ecology Movement* betonen die Herausgeber Alan Drengson und Yuichi Inoue die enge argumentatorische Verbindung zwischen Næss und Snyder.[1] Jedoch sind die beiden von Snyder enthaltenen Aufsätze in dem Band sehr stark am Bioregionalismus orientiert und sollten für die neue Bewegung äußerst wichtig werden: *Re-Inhabitation* und *Ecology, Place, and the Awakening of Compassion.*

In einem Interview aus den 1980er-Jahren sagt Snyder: »We are gradually learning how to be at home in the world.«[2] Er war also der Ansicht, dass der Mensch nach einem fast 6.000 Jahre andauernden Prozess einer sich urbanisierenden Zivilisation an einem Punkt angelangt war, an dem er das Gefühl hatte, zu Hause zu sein.[3] Die wissenschaftlichen Disziplinen der Ökologie und Biologie helfen dabei, den Ort, an dem man lebt, besser zu verstehen. Wenn man seinen eigenen Wohnort nicht kennt, also nicht über die dort vorherrschenden klimatischen Bedingungen sowie die Ökosysteme und Wassereinzugsgebiete Bescheid weiß, können leicht Fehler passieren, die weitreichende Folgen haben.[4] Daher ist es entscheidend, sich mit seiner Region auseinanderzusetzen.

Dem Freund und ehemaligen Gouverneur von Kalifornien, Jerry Brown, erklärte Snyder in den 1990er-Jahren die Idee des Bioregionalismus wie folgt:

It's just a way of talking about the jurisdictions in which we live, not as political entities, but as biological entities; to recognize that we live in a certain kind of plant zone, climate zone, in the watershed of a certain river system; that we share it not only with other people, but with fellow beings such as plants and animals. And then ask ourselves, »Can we make common cause within this jurisdiction in an intelligent way

1 Alan Drengson, Yuichi Inoue, Introduction, in Dies. (Hrsg.), The Deep Ecology Movement: An Introductory Anthology. Berkeley 1995, XX.

2 Geeta Dardick, Gary Snyder: Of Place and the Buddha-realm, in: Simply Living, Volume 2 Number 11 (1986), 39.

3 Ebd.

4 Ebd.

with our human and non-human neighbours?« By making an effort to stay put and be responsible to the place, rather than be quite so mobile as Americans generally are, we might begin to improve the quality of our civic life, our municipal life.[5]

Dabei wird deutlich, dass neben der Region selbst auch die Gemeinschaft der Bewohner wichtig ist, damit die Existenz gesichert und gegebenenfalls auch eine Politik zum Schutz der Bioregion vorhanden ist.

In einem Interview aus den 2000er-Jahren weitet Snyder seine Antwort auf die Frage aus, was Bioregionalismus für ihn bedeutet: »There's as much an ancient conservative side to the bioregional idea as an anarchist side.«[6]

Als Beispiel für diese anarchistische Seite betonte Snyder die Arbeiten von Pjotr Alexejewitsch Kropotkin. Der russische Anarchist war Ende des 19. Jahrhunderts ins Exil nach Sibirien geschickt worden. Seine Erlebnisse und Erkenntnisse bei den sibirischen Indigenen beschrieb Kropotkin in *Mutual Aid: A factor of evolution*. Der Schwerpunkt dieser Studie liegt auf der gegenseitigen Hilfe in Tier- und Menschenwelt. Snyder zeigte anhand dessen auf, dass die Menschen schon seit dem Neolithikum und dem Jungpaläolithikum, also bevor überhaupt eine moderne Zivilisation existierte, ein vielseitig ausgeprägtes Wissen über Zusammenhänge in der Natur hatten. Ein solches detailliertes Verständnis der Umwelt ist auch für viele indigene Kulturen bedeutend. Snyder betonte außerdem die genaue Kenntnis der Indigenen von ihrer Region. Der Respekt, mit dem sie der Natur gegenübertraten, war groß, und ihr Wissen erlaubte ihnen eine gemäßigte und zielgerichtete Bewirtschaftung des Landes. Snyder sah diese alte Denkweise als weit zivilisierter an als die der modernen Gesellschaft des 20. Jahrhunderts.[7]

Gleichzeitig machte Snyder aber auch auf moderne Errungenschaften aufmerksam, die maßgeblich zur Entstehung des Bioregionalismus beigetragen hatten. Vor allem die Biogeografen bildeten laut Snyder einen der wichtigsten Faktoren für das Konzept des Bioregionalismus. Dabei ging es nicht nach politischen Verwendungszwecken, sondern auch die landwirtschaftliche Kapazität und der Lebensraum wurden berücksichtigt. Snyder sah in den Biogeografen die frühen nordamerikanischen Bioregionalisten.[8]

Als Beispiel für einen der ersten Bioregionalisten nannte Snyder den amerikanischen Forscher John Wesley Powell. Powell, der zeitweise Leiter des *Bureau of American Ethnology* an der *Smithsonian Institution* gewesen war, wurde vor allem durch seine Expedition auf dem Colorado River bekannt. Im Jahr 1878 war sein *Report on the Lands of the Arid Region of the United States* veröffentlicht

5 Jerry Brown, Mountains and Rivers Without End: Gary Snyder [Interview], in: Ders., Dialogues. Berkeley 1998, 75.

6 Snyder, Avila, SF360 Dialogues, 2.

7 Ebd.

8 Ebd., 3.

worden, der eine Einteilung der amerikanischen Bundesstaaten in verschiedene Wassereinzugsgebiete vorschlug. Powell hatte im Jahresbericht der *Chamber of Commerce of the State of New York* im Jahr 1890 geschrieben:

In a group of mountains a river has its source. A dozen or a score of creeks unite to form the trunk. The creeks higher up divide into brooks. All these streams combined form the drainage system of a hydrological basin... Such a district of country is a commonwealth by itself... Every man is interested in the conservation and management of the water supply, for all the waters are needed within the district. The men who control the farming below must also control the upper regions where the waters are gathered from the heavens and stored in the reservoirs... Not a spring of a creek can be touched without affecting the interests of every man who cultivates the soil in the region. All the waters are common property until they reach the main canal, where they are to be distributed among the people. How these waters are to be caught and the common source of the wealth utilized by the individual settlers interested therein is a problem for the men of the district to solve, and for them alone.[9]

Snyder unterstützte die von Powell vorgeschlagene Einteilung der Bundesstaaten und kritisierte die Einstellung westlicher Politiker, die Powells Denkweise damals nicht teilten. Der Vorteil einer solchen Aufgliederung wäre laut Snyder eine größere Verbundenheit zum Land, die durch ein besseres Verständnis der Zusammenhänge zwischen Wasser und Boden erreicht würde.

Obwohl die Grundzüge der Bioregionen schon im 19. Jahrhundert entstanden, war es erst Peter Berg, der den Begriff in die Umweltdebatte integrierte. Berg war Teil der kalifornischen Gegenbewegung *The Diggers*, die seit 1968 versucht hatten, eine kleine Gesellschaft aufzubauen, frei von Kapitalismus und Geld.[10] Zu ihren Angeboten gehörten kostenlose Mahlzeiten, ärztliche Betreuung sowie die Bereitstellung von Unterkünften. Bereits 1971 trafen sich Berg und Gary Snyder in *Kitkitdizze*, wo der Gastgeber den *Diggers* neue Ansichten zur Situation der Umwelt präsentierte. Berg, der den Einfluss der Menschen auf die Umwelt schon länger studierte und beobachtete, achtete in der folgenden Zeit verschärft auf die angesprochenen Veränderungen und beschloss nur ein Jahr später in Nova Scotia zusammen mit dem Dichter Allen Van Newkirk, einen Lösungsansatz zu finden, um die die Ausbeutung des Planeten einzuschränken. Die beiden arbeiteten an einer These, die auf die Umstrukturierung und Anpassung der materiellen Bedürfnisse des Menschen an seine natürliche Umgebung abzielt.

9 Annual Report of the Corporation of the Chamber of Commerce of the State of New York. New York 1890, 74.

10 *The Diggers* entliehen den Namen ihrer Gruppe den *Diggers*, die im 17. Jahrhundert in England aktiv waren. Diese radikale protestantische Gruppe forderte eine neue Gesellschaftsordnung, in der es keine Besitzunterschiede mehr geben sollte. Bei dieser Egalisierung versuchten die *Diggers* zum Beispiel auf Gemeindeeigentum Landwirtschaft zu betreiben.

Der daraus veröffentlichte Essay wird allgemein als Startschuss des modernen Bioregionalismus angesehen.[11]

Snyder ließ bereits bei der *Reinhabitation Conference* in der *North San Juan School* mit der Beteiligung am *California Council on the Humanities* 1976 diese neue Ordnung anklingen, und zwar in seinem Text *Re-Inhabitation.* Darin spricht er davon, wie über die Jahrhunderte immer neue Nischen in lokalen Ökosystem besetzt wurden, was zu Spezialisierungen und schließlich zur Ausbeutung in Fischerei, Bergbau und anderen Bereichen führte. Mit dem Konzept der Rückkehr zu alten Wegen, *The Old Ways*, versuchte Snyder eine nachhaltigere Nutzung der Ressourcen in seiner Region anzuregen.[12]

Im Folgejahr 1977 erschien Peter Bergs zentraler Aufsatz *Reinhabiting California*, den er zusammen mit Raymond Dasmann geschrieben hatte. Dasmann, der bereits 1965 mit seinem Buch *The Destruction of California* auf die Umweltprobleme an der Westküste aufmerksam gemacht hatte, arbeitete für die UNESCO am *Man and the Biosphere Program* sowie für die *Internationale Union zur Bewahrung der Natur und natürlicher Ressourcen.* Er hatte schon Karten für amerikanischen Bioregionen erstellt, die zum Umweltschutz und Wildtiermanagement beitragen sollten.[13] In dem gemeinsam von Berg und Dasmann veröffentlichten Text wurden die Bioregionen Kaliforniens und die damit verbundene Politik vorgestellt: »A bioregion cannot be treated with regard for its own life continuities while it is part of and administrated by a larger state government.«[14]

Snyder, der sich selbst in der Shasta-Bioregion ansässig sah, lobte die Karten von Berg und Dasmann, kritisierte jedoch die vom Staat angestellten Biogeografen, sie würden oft nur die Wissenschaften auf ihre Ideen anwenden und den kulturellen und gesellschaftlichen Bezug außer Acht lassen. Dabei würden politische über die natürlichen Grenzen gesetzt. Snyder gab als Quelle für seine Forschung das Buch *Cultural and Natural Areas of Native North America* an, welches bereits 1947 von Alfred Louis Kroeber in Berkeley veröffentlicht worden war.[15] Das Buch diente Snyder auch im digitalen Zeitalter der Geografischen Informationssysteme (GIS) noch als wichtige Quelle. Es beinhaltet eine Vielzahl an Karten, die Stammesgrenzen, Vegetationsflächen, Kulturräume und physiografische Besonderheiten aufzeigen. Dies half ihm, sich sehr früh ein eigenes

11 Cheryll Glotfelty, Peter Berg: Living a Making, in: Cheryll Glotfelty, Eve Quesnel (Hrsg.), The Biosphere and the Bioregion: Essential Writings of Peter Berg. London 2015, 16.

12 Gary Snyder, Re-Inhabitation, in: Ders., The Old Ways: Six Essays. San Francisco 1977, 66.

13 Peter Berg, Raymond Dasmann, Reinhabiting California, in: Cheryll Glotfelty, Eve Quesnel (Hrsg.), The Biosphere and the Bioregion: Essential Writings of Peter Berg. London 2015, 35.

14 Ebd., 40.

15 Gary Snyder, Peter Berg, Counterculture, and the Bioregional Impulse, in: Cheryll Glotfelty, Eve Quesnel (Hrsg.), The Biosphere and the Bioregion: Essential Writings of Peter Berg. London 2015, 249.

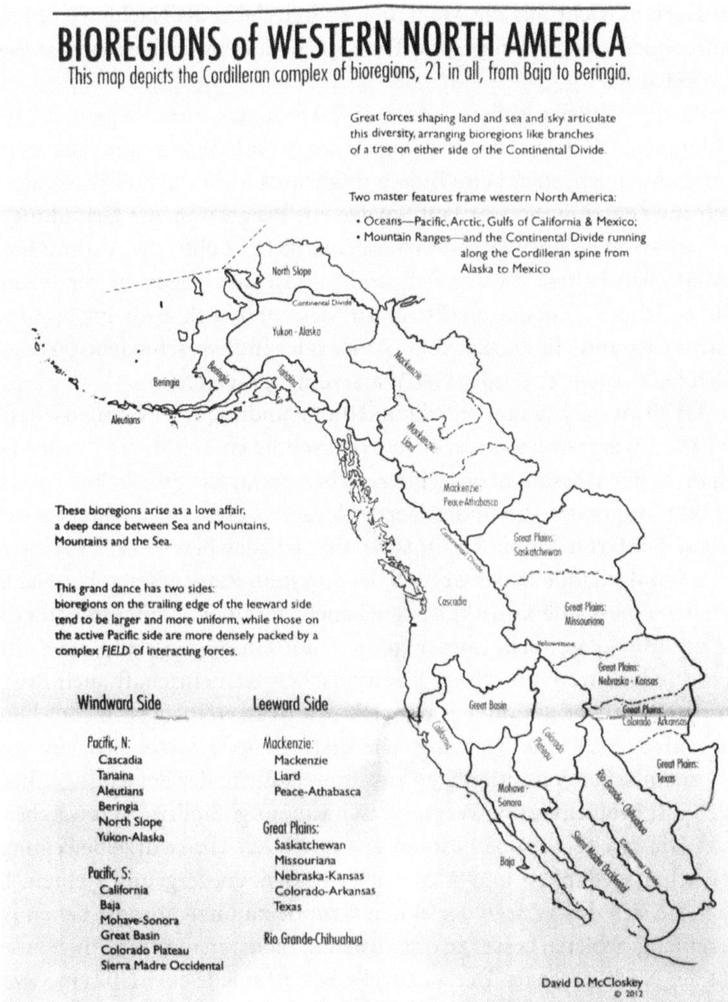

Abb. 22: Bioregionen an der Westküste Nordamerikas (Karte: David D. McCloskey)

Bild von Bioregionen zu machen. Snyder lobte die Bioregionalisten, die neben wissenschaftlichen Aspekten auch kulturelle Auswirkungen eines Wassereinzugsgebietes erforschten (Abb. 22).

Sich selbst sah Snyder in der Rolle des kulturellen Vermittlers. Wenn die Menschen ihre Zuständigkeitsbereiche als ihnen eigene natürliche Landschaften ansähen, wäre es seines Erachtens einfacher, sich um die Natur zu kümmern und mit ihr im Einklang zu leben. Dabei hob er die Rolle einer Gemeinschaft hervor, die verstärkt würde, wenn sich die Nachbarn mit einem umweltbewussten Leben identifizierten. Nicht nur die Menschen sollten dabei als Nachbarn angesehen werden, sondern auch Pflanzen und Tiere, die im jeweiligen Wassereinzugsgebiet beheimatet sind.[16]

Die Bioregionalisten sollten jedoch aufpassen, dass ihre Ideen nicht zu utopisch klangen.[17] Während bei den *Deep Ecology*-Anhängern durchaus utopische Züge mitschwingen, steht beim Bioregionalismus nicht die Politik, sondern der Mensch im Zentrum. So war laut Snyder ein Programm zur Gründung einer Gemeinschaft in einem Wassereinzugsgebiet keine politische Aktion: Es sollte dem Menschen helfen, die Umwelt und Landschaft besser zu verstehen und mit ihr zu leben.[18] Zudem merkte er an, dass man sich zwar im Bundesstaat Kalifornien befand, dieser sich aber in vier oder fünf verschiedene Ökosysteme einteilen ließe, sowie drei oder vier Wassereinzugsgebiete.

Die Arbeit an solch einem Projekt und die Gründung einer Gemeinschaft dauert im Falle Snyders nun schon mehrere Jahrzehnte an. Das in den 1990er-Jahren innerhalb seiner Wassereinzugsgebietsstudien gestartete Projekt hat inzwischen über 2.000 Mitglieder, die in der Sierra Nevada – dem *Yuba Watershed Council* – leben. Die Grundsteine der Organisation wurden bereits 1979 in einem verlassenen Schulgebäude in der Gegend der *San Juan Ridge* gesetzt. Die Nachbarn wollten hier eine lokale Kunstkultur aufbauen, damit die Gemeinschaft gestärkt würde und die Leute nicht immer in die Stadt fahren müssten, um Kultur zu erleben.[19] Jedoch traten in dieser idealtypischen Gemeinschaft auch Probleme auf. Innerhalb der Kommunen, die sich mit Wassereinzugsgebieten beschäftigten, vollzog sich eine Spaltung. Die erste Gruppe setzte sich aus vorwiegend akademischen Vereinigungen zusammen, die in der Forschung arbeiteten und sich mit Problemen wie Wasserverschmutzung, Biodiversität u. a. beschäftigten.[20] Die zweite Gruppe bestand aus einer Art Graswurzelbewegung, die Gemeinschaftsgedanken und Aktivismus in den Vordergrund stellten. Dabei machten sie sich das Wissen der ersten Gruppe zunutze, um ihr Leben in den Wassereinzugsgebieten besser zu organisieren. Biodiversität wurde hier zu einem Aspekt der Nachbarschaft. Der kulturelle Faktor spielte ebenfalls eine wichtige Rolle und fand in Form von *Watershed*-Theatern, -Tänzen, und -Liedern seinen Ausdruck. Snyder betonte das Engagement junger Leute an diesen Aktivitäten.

16 Snyder, Avila, SF360 Dialogues, 3.

17 Die Idee utopischer Siedlungen ist keine des 20. Jahrhunderts. New Harmony im US-Bundesstaat Indiana ist eine von deutschen Auswanderern im 19. Jahrhundert gegründete Siedlung. Die Gründung geht zurück auf Johann Rapp, der Anhänger des Radikalen Pietismus war. In der Siedlung war das Konzept der Gütergemeinschaft verbreitet und die Wirtschaft wuchs rapide.

18 Snyder, Avila, SF360 Dialogues, 3.

19 Giuseppe Moretti, Re-inhabiting Europe [Interview mit Gary Snyder], 7. Dezember 2002 [Transkript].

20 Gary Snyders Sohn Kai (aus Snyders Ehe mit Masa) arbeitet in diesem Sektor und kommuniziert mit seinem Vater regelmäßig über Probleme in den Wassereinzugsgebieten.

Der italienische Bioregionalist Giuseppe Moretti, ein Freund Snyders, beschreibt die Bedeutung eines Wassereinzugsgebietes wie folgt:

A watershed is a wide ecosystem that unifies and connects the mountain peaks to the delta, the glaciers to the alluvial valleys, the fertile plain to the underground water, the hydrologic cycle to the biologic cycle, the human beings to the activities to the wider community of living beings.[21]

In der Gegend um *Kitkitdizze* sind Wassereinzugsgebiete die bevorzugte Form zur Organisation der Einwohner. Snyder selbst ist heute Mitglied bei verschiedenen Organisationen, die sich für den Schutz von Flüssen einsetzen, angefangen bei der lokalen *South Yuba River Group* bis hin zur globalen Gruppe *International Rivers*. Jeder Fluss hat seine Gemeinden, so Snyder, und diese sind gleichzeitig die Orte, die eine Entwicklung des Wissens über die Ökosysteme von Wassereinzugsgebieten sammeln und anwenden.

In diesen Zusammenhängen ist auch der Begriff der *Reinhabitation* von großer Bedeutung. Er ging aus einem Konferenzvortrag Snyders hervor und wurde 1977 in der Essaysammlung *The Old Ways* abgedruckt. In dem Essay geht es vor allem um einen vertrauten Umgang mit der eigenen Umgebung und darum, zu hinterfragen, wie diese Umgebung entstanden ist. Snyder führt die Geschichte der Gartenpflanzen und der Bäume an sowie die Rolle der Nutztiere. Sie wurden bereits im Neolithikum domestiziert, also schon bevor die heutige Zivilisation entstand.[22] Dadurch sind zahlreiche neue Lebensweisen in lokalen Ökosystemen entstanden, die dem modernen Bioregionalismus ähneln.[23] In diesen Ökosystemen und den schon früh entstandenen Siedlungen lässt sich laut Snyder auch eine besondere Naturverbundenheit der Bewohner erkennen:

Inhibitory peoples sometimes say, »This piece of land is sacred« – or »all the land is sacred.« This is an attitude that draws on awareness of the mystery of life and death, of taking life to live, of giving life back – not only to your own children but to the life of the whole land.[24]

Bioregionalismus hat demnach Gemeinsamkeiten mit der Denkweise der *Deep Ecology:* Er übernahm das Hauptanliegen der Philosophie, sich mit der Natur zu identifizieren und dadurch die Weltanschauungen der Menschen zu hinterfragen.[25] Der Geograf Martin W. Lewis beschrieb in den 1990er-Jahren die Sichtweise des Bioregionalismus:

21 Giuseppe Moretti, Watersheds of the Mind. Brunswick, ME 2005, 1.

22 Gary Snyder, Reinhabitation, in: Ders., A Place in Space: Ethics, Aesthetics, and Watershed. Berkeley 1995, 184.

23 Ebd., 185.

24 Ebd.

25 Steward Davidson, The troubled marriage of Deep Ecology and Bioregionalism, in: Environmental Values 16, no. 3 (2007), 314.

The bioregional view is predicted on the notion that the earth may be divided into discrete ecological regions unified by the correspondence of physical features and life forms. If human societies were to organize themselves in accordance with these regional patterns, the argument goes, they would more readily find ecological harmony. The unit accorded primacy varies in different bioregional schemes, ranging from individual watersheds to physiographic provinces (the Ozark Mountains) to entire biomes (the Eastern deciduous forests).[26]

Die Auslegungen der Umweltaktivisten zur Bedeutung von Wassereinzugsgebieten und die damit verbundenen Ziele sind vielseitig und bedingen zahlreiche unterschiedliche Formen des Aktivismus. So gibt es auch Graswurzelbewegungen, die eine eigene politische Zuständigkeit fordern, die zu einer Einteilung in Wassereinzugsgebiete passt.[27]

Berg und Snyder haben, obwohl sie die gleichen Grundsätze verfolgen, unterschiedliche Wirkungsgebiete. Während Snyder auf dem Land lebt und von dort seine Bioregion organisiert, lebte Berg in San Francisco. Die Ansätze Bergs sind daher auf die Stadt bezogen. So ist *Greening of the Cities* ein wichtiges Projekt, über das er sich mit Snyder in vielen Briefen austauschte.[28] Es hilft dabei, den Fokus auf neue Aktivitäten zu legen, um ein öffentliches Bewusstsein zu bilden, wie es Berg in einer Frage an Snyder formulierte: »Have you noticed how swiftly ecological threats are advancing into public consciousness?«[29] Die Themen, die die Bioregionalisten verfolgen, sind für Politiker und Aktivisten deutlich leichter nachzuvollziehen, als die komplexe Philosophie von Deep Ecology. Viele Zeitschriften und Tageszeitungen widmen sich in den 1980er-Jahren verstärkt Umweltthemen, wozu Bergs *Green City Program* einen großen Teil beiträgt.

Snyder war der Ansicht, dass ein Großteil der besten und erfolgreichsten bioregionalen Arbeit in den Städten geschieht, wo sowohl menschliche als auch ökologische Wiederherstellung betrieben wird.[30] Der Bioregionalismus dient dort sowohl der Verbesserung der menschlichen Gesundheit als auch einem tieferen Verständnis von Natur in der Stadt. Berg widmete sich in San Francisco dem Thema der Stadtökologie. Als ersten Schritt veröffentlichte er *Discovering your life-place*, ein Arbeitsheft zum Bioregionalismus. Darin kann der Leser, ähnlich wie in einem Schulbuch, diverse Aufgaben lösen, in denen es um seine Bioregion geht. Das Buch wurde positiv rezipiert und trug zur Umweltbildung in San Francisco und anderen Teilen der Vereinigten Staaten bei. Seine Entstehung lässt sich auf ein Ereignis in der Stadt zurückführen. In einem Bürogebäude in

26 Martin W. Lewis, Green Delusions: An Environmentalist Critique of Radical Environmentalism. Durham, MA 1992, 86.

27 Snyder, Avila, SF360 Dialogues, 3.

28 D-050: Box II, 15:38 Berg, Peter July 29, 1987.

29 D-050: Box II, 15:40 Berg, Peter December 15, 1988.

30 Gary Snyder, The Rediscovery of Turtle Island, in: Ders., A Place in Space: Ethics, Aesthetics, and Watershed. Berkeley 1995, 247.

San Francisco reagierten die Mitarbeiter erstaunt, als sie vom 15. Stock aus dem Fenster wilde Falken dabei beobachten konnten, wie diese auf der Jagd vom Dach herab auf die Straße stürzten.[31] Die mediale Berichterstattung ließ auf ein ganz neues Ökosystem aufmerksam werden, welches sich in urbanen Räumen entwickelt hat. Das Arbeitsbuch sollte das eigene Ökosystem verstehen und seine Entwicklungen verfolgen helfen, sei es in der Stadt oder auf dem Land.

Der urbane Bioregionalismus hat in San Francisco mit Aktionen wie *Green City* Erfolg (Abb. 23).[32] Einen festen Aktionstag, der einmal im Jahr stattfindet, gibt es in Kalifornien seit 2005. Die Ziele sind, die Stadtbevölkerung auf eine nachhaltige Nutzung des öffentlichen Raums hinzuweisen. Im Jahr 2008 beobachtete auch Snyder, dass bei der Planung von Parks und Naherholungsgebieten sehr auf die Anpflanzung von einheimischen, meist kalifornischen Pflanzen geachtet wurde. Auf diese Art ist weniger oder gar kein Wasser notwendig, um ein gutes Wachstum dieser Vegetation zu gewährleisten.[33]

Da die Versuche erfolgreich waren und in der Stadt eine Verbesserung der Lebenssituation beobachtet wurde, ist das Modell auch in andere Regionen und Kontinente exportiert worden. Berg reiste in den 1990er-Jahren oft nach Europa, insbesondere nach Deutschland und Italien, sowie nach Japan und Lateinamerika, um den Bioregionalismus bekannter zu machen und sich mit anderen Initiativen zu vernetzen.

Snyder konzentriert seine Arbeit vor allem auf Wassereinzugsgebiete, die er in seiner Heimat Kalifornien vorfindet. Mit dem Aufbau einer Gemeinschaft, die auf der natürlich geformten Umgebung beruht, entsteht eine besondere Art des Zusammenlebens. Snyder sieht in dieser Form der Gemeinschaft eine Hinwendung zu einem staatsbürgerlichen Leben, jedoch ohne die Gefahren eines entstehenden Nationalismus. Solange es eine Verbindung zum Ort und zur Umwelt gibt, ist es laut Snyder sehr unwahrscheinlich, dass dabei die Idee einer Nation entsteht.[34] Die seiner Meinung nach flüchtige Einteilung von politisch bestimmten Staaten steht dabei im Gegensatz zu der Einteilung, die auf bioregionalen Eigenschaften gründet. Der Bioregionalismus vermittelt eine Bürgerschaft, in die auch Pflanzen und Tiere mit aufgenommen werden. Snyder nennt als Beispiel einen fiktiven Ort, den er *Central Valley* nennt, in dem neben den Menschen auch Eichen und Wasservögel zur Bevölkerung zählen.[35]

31 Peter Berg, Discovering Your Life-Place: A First Bioregional Workbook. San Francisco [1990], 2.

32 Gary Snyder, Coming Into the Watershed, in: Ders., A Place in Space: Ethics, Aesthetics, and Watershed. Berkeley 1995, 233.

33 Jeffrey Bilbro, Helping People Love the World: An Interview with Gary Snyder, in: ISLE: Interdisciplinary Studies in Literature and Environment 18.2 (Spring 2011), 437.

34 Snyder, Coming Into the Watershed, 232.

35 Ebd.

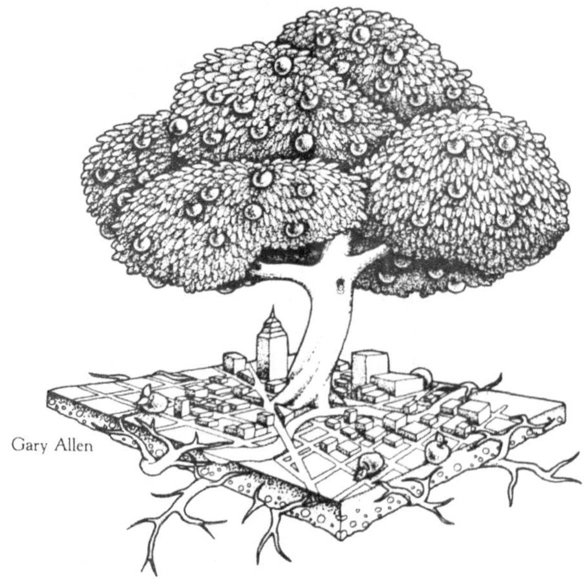

Green City Program

Planet Drum's Green City Program project brought together representatives of working groups, small businesses, government and activist organizations to put forth recommendations for changes in municipal policies regarding urban sustainability. The Green City Program is an overarching platform for issues ranging from renewable energy and recycling to neighborhood empowerment and smart transportation. It is aimed at the San Francisco Bay Area but serves as a model for better integrating any urban area into the natural bioregion that supports it.

Abb. 23: Green City-Programm in einem *Planet Drum*-Newsletter von 1988 (Illustration © 1982, used with permission from *Planet Drum Foundation*)

In diesem Kontext zitiert Snyder auch den amerikanischen Staatsanwalt Daniel Kemmis, dessen Buch *Community and the Politics of Place* sich mit ähnlichen Themen auseinandersetzt: »A place (with a climate, with bugs) [...] develops practices, creates culture.«[36] Laut Snyder sollte man auch zwischen den ökologischen und den kulturellen Bioregionalisten unterscheiden. Ein zentraler Unterschied zwischen den beiden Gruppen ist die Stellung, die sie der Zivilisation und dem urbanen Leben einräumen. Diese wird bei den kulturellen Bioregionalisten mitbetrachtet. Es geht dabei nicht nur um den Umweltschutz, sondern um deutlich weitreichendere Auswirkungen. Snyder sagte dazu:

36 Ebd., 233.

Watershed consciousness and bioregionalism is not just environmentalism, not just a means toward resolution of social and economic problems, but a move toward resolving both nature and society with the practice of a profound citizenship in both the natural and the social worlds. If the ground can be our common ground, we can begin to talk to each other (human and nonhuman) once again.[37]

Wie Gary Snyder so versuchte auch die von Steward Brand herausgegebene Zeitschrift *The CoEvolution Quarterly*, eine Nachfolgepublikation des *Whole Earth Catalog*, in einer Sonderausgabe zu Bioregionen die aktuelle Situation zusammenzufassen (Abb. 24). Die Winterausgabe 1981 beginnt mit einem Test, der Aufschluss darüber geben soll, wie gut man seine Bioregion kennt - ähnlich wie Snyders Ansatz, der bereits ein Jahrzehnt zuvor in *Turtle Island* die Leser in seinem Gedicht »For the Children« dazu aufforderte, die Namen der einheimischen Pflanzen zu lernen. Brand geht sogar so weit, die Erde als das größte Restaurationsprojekt des Menschen anzusehen.[38] Dazu bewegt ihn die Aussage Snyders, dass im Grunde alle Menschen, ob bewusst oder unbewusst, »inhabitory«, also mit einem Ort auf dem Planeten Erde verbunden sind.[39] Da es jedoch keine Alternativen gibt, muss der Mensch sich mit diesen Aspekten auseinandersetzen und die Umwelt schützen.

Jedoch ist, wie dieser Test und die Ergebnisse zeigen, die Gesellschaft noch nicht bereit für den Bioregionalismus, da viel umweltrelevantes Wissen noch fehlt oder kaum Interesse daran besteht. Der Literaturprofessor Leonard M. Scigaj interpretierte Snyders Gedichte, in denen angedeutet wird, dass die Menschheit sich erst voll und ganz einer bioregionalen Ethik zuwenden wird, wenn die fossilen Rohstoffe aufgebraucht sind, auf diese Art.[40] Snyder hat jedoch eine globale Vision, die aus dem Bioregionalismus heraus entstehen könnte. Kernaufgaben des Bioregionalismus sind:

Bioregionalism calls for commitment to this continent *place by place*, in terms of bio-geographical regions and watersheds. It calls us to see our country in terms of its landforms, plant life, weather patterns, and seasonal changes—its whole natural history before the net of political jurisdictions was cast over it. People are challenged to become »reinhabitory«—that is, to become people who are learning to live and think »as if« they were totally engaged with their place for the long future. This doesn't mean some return to a primitive lifestyle or utopian provincialism; it simply implies an engagement with community and a search for the sustainable sophisticated mix

37 Ebd., 235.

38 Brand, Whole Earth Discipline, 273.

39 Ebd.

40 Leonard M. Scigaj, Sustainable Poetry: Four American Ecopoets. Lexington 1999, 254; Beispiele die Scigaj hierfür bringt sind die Gedichte »Alaska« und »Dillingham, Alaska, the Willow Tree Bar« aus *Axe Handles*.

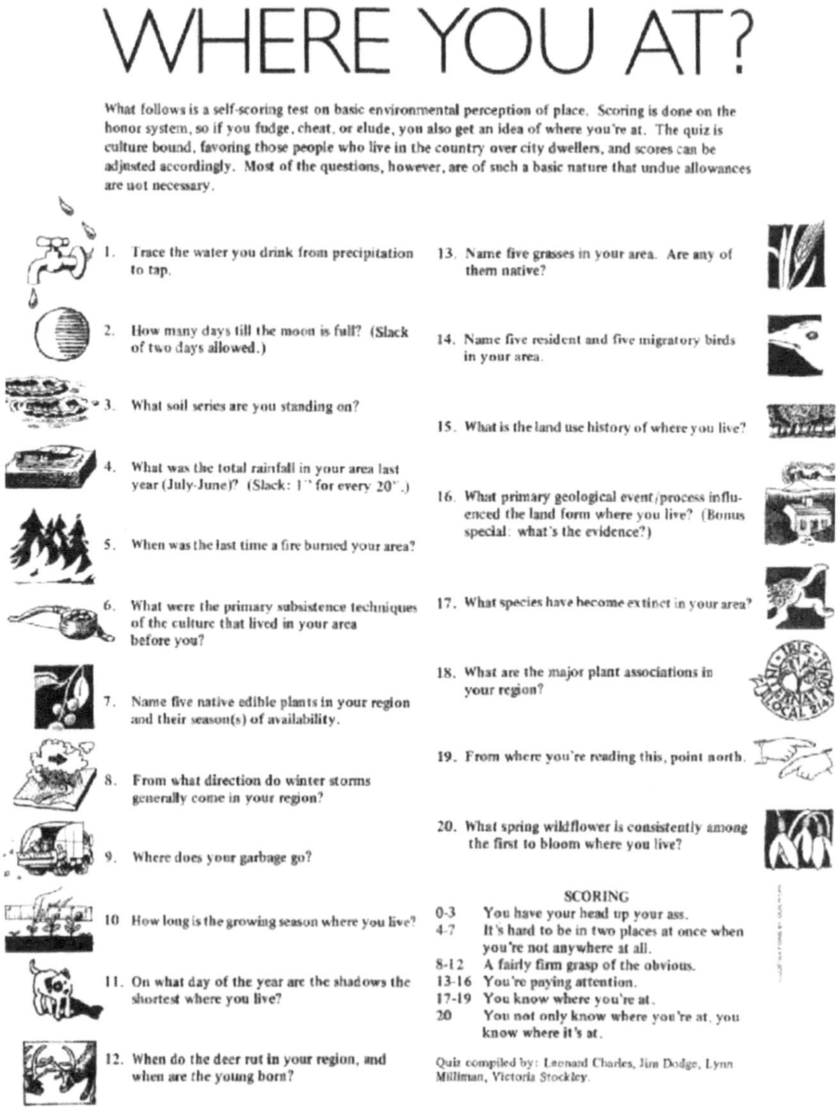

WHERE YOU AT?

What follows is a self-scoring test on basic environmental perception of place. Scoring is done on the honor system, so if you fudge, cheat, or elude, you also get an idea of where you're at. The quiz is culture bound, favoring those people who live in the country over city dwellers, and scores can be adjusted accordingly. Most of the questions, however, are of such a basic nature that undue allowances are not necessary.

1. Trace the water you drink from precipitation to tap.
2. How many days till the moon is full? (Slack of two days allowed.)
3. What soil series are you standing on?
4. What was the total rainfall in your area last year (July-June)? (Slack: 1" for every 20".)
5. When was the last time a fire burned your area?
6. What were the primary subsistence techniques of the culture that lived in your area before you?
7. Name five native edible plants in your region and their season(s) of availability.
8. From what direction do winter storms generally come in your region?
9. Where does your garbage go?
10. How long is the growing season where you live?
11. On what day of the year are the shadows the shortest where you live?
12. When do the deer rut in your region, and when are the young born?
13. Name five grasses in your area. Are any of them native?
14. Name five resident and five migratory birds in your area.
15. What is the land use history of where you live?
16. What primary geological event/process influenced the land form where you live? (Bonus special: what's the evidence?)
17. What species have become extinct in your area?
18. What are the major plant associations in your region?
19. From where you're reading this, point north.
20. What spring wildflower is consistently among the first to bloom where you live?

SCORING

0-3	You have your head up your ass.
4-7	It's hard to be in two places at once when you're not anywhere at all.
8-12	A fairly firm grasp of the obvious.
13-16	You're paying attention.
17-19	You know where you're at.
20	You not only know where you're at, you know where it's at.

Quiz compiled by: Leonard Charles, Jim Dodge, Lynn Milliman, Victoria Stockley.

Abb. 24: »Where you at?« Ein Test über die Wahrnehmung des Ortes, an dem man lebt (aus: *CoEvolution Quarterly*, 1981)

of economic practices that would enable people to live regionally, and yet learn from and contribute to a planetary society.[41]

Für eine genauere Analyse von Snyders Haltung zum Bioregionalismus lohnt es sich, drei Konzepte der Ökologie genauer zu betrachten, die er immer wieder verwendet. Diese sind: *Nature*, *Wild* und *Wilderness*. Snyders gesamtes Werk dreht sich fast ausschließlich um diese Begriffe oder steht zumindest in engem Zusammenhang mit ihnen. In seinem in den frühen 1990er-Jahren erschienenen Buch *The Practice of the Wild* gibt er eine zusammenfassende Erklärung der Begriffe und ihrer Bedeutung ab.

3.2 Veröffentlichung von *The Practice of the Wild*

1990 veröffentlichte Snyder die Essay-Sammlung *The Practice of the Wild*. Bis heute ist das Buch Snyders einflussreichstes Werk. George Sessions lobte es kurz nach der Veröffentlichung: »I've read it through carefully and think it's your best work.«[42] Das Buch wurde öfter übersetzt als Snyders Gedichtbände, unter anderem ins Japanische, Italienische und Tschechische. Mit *Lektionen der Wildnis* gibt es seit 2011 auch eine deutsche Ausgabe[43].

Wie bei allen großen Projekten Snyders zog sich auch die Arbeit an *The Practice of the Wild* über Jahre hin und wurde von vielen Faktoren beeinflusst und vorangetrieben.

This is the first extended prose undertaking I've done for some time. It grew out of the workshops I've given during the last ten or twelve years dealing with ecology, environmental problems, native peoples, as well as spiritual, cultural, and literary interrelationships.[44]

Seit 1988 lebte Snyder mit Carole Koda zusammen, nachdem er sich zuvor von Masa getrennt hatte. Koda stand Snyder während der Entstehungsphase von *The Practice of the Wild* zur Seite und erinnert sich an die Anfänge der Schreibphase. Er hatte sie davor gewarnt, dass er während dieser Zeit kaum ansprechbar

41 Snyder, The Rediscovery of Turtle Island, 246.

42 D-050: Box II, 168:2 Sessions, George November 27, 1990.

43 Die erste deutsche Ausgabe ist 2011 im Verlag Matthes & Seitz erschienen. Die Übersetzung lieferte Hanfried Blume (1949–2009), der sich auch ausführlich mit Umweltthemen und amerikanischer Literatur befasste. Er hielt das Buch ebenfalls für Snyders wichtigstes Werk (vgl. Anhang in *Lektionen der Wildnis*, S. 261–263).

44 David Robertson, Practicing the Wild – Present and Future Plans: An Interview with Gary Snyder, in: Patrick Murphy (Hrsg.), Critical Essays on Gary Snyder. Boston, MA 1991, 257.

sein würde, dazu noch schlecht gelaunt und ungeduldig.[45] Dabei bereitete er sich sorgfältig auf die Arbeit vor und organisierte sein Material für die einzelnen Argumente und Kapitel. Er hatte bereits seit 1980 Material für das Buch zusammengetragen und im Jahr der Fertigstellung ein ausführliches Arbeitstagebuch geführt. Die Namen von Umwelthistorikern wie Carolyn Merchant und Roderick Nash tauchen in dem Tagebuch ebenso auf, wie Passagen über Bioregionalismus und Earth First!.

Snyder achtete während seiner Arbeit an *The Practice of the Wild* darauf, nicht eine neue Version von Ralph Waldo Emersons *Nature* zu schreiben.[46] Während Emerson als Transzendentalist in seinem Essay versuchte, auf eine theoretische Weise den Dualismus zwischen Natur und Mensch zu erklären, so wollte Snyder darüber hinausgehen und gleichzeitig den Lesern eine praktische Anleitung mitgeben.

Seine Professur an der UC Davis, die Snyder seit 1985 innehatte, half ihm dabei, seine Arbeit an den Essays in den universitären Kontext miteinzubeziehen. Er unterrichtete Kurse in Creative Writing sowie Seminare zu *Wilderness*. Dem Aktivisten und Buddhisten Robert Aitken schrieb Snyder, wie er den Aufbau dieser Seminare gliederte.[47] Eine Auswahl von naturorientieren Essays, Tagebüchern, Gedichten und Romanen von euro-amerikanischen Autoren gehörten genauso dazu wie Lieder, Geschichten und Mythen der einheimischen Urbevölkerung. Die Texte Letzterer stammten ausschließlich aus dem pazifischen Raum und beinhalteten Literatur von Kalifornien bis Alaska, sowie von Japan und China. Snyder wollte die rational-aufgeklärte Sicht der europäischen Literatur, sowie die romantische und imperialistische Sicht der euro-amerikanischen Literatur nutzen und mündliche Überlieferungen mit den Ansichten der »wilderness culture« vergleichen.[48] Die beiden Seiten wurden besonders in Bezug auf die Umweltkrise betrachtet und vor dem Hintergrund der Konzepte *Deep Ecology* und Bioregionalismus analysiert.

Der Essayist Wendell Berry sieht Snyders Potenzial als Dozent: »You're a true teacher, because you say things that one wants to remember.«[49] Die Lehrveranstaltungen Snyders waren meistens komplett belegt, was mit an ihrer interdisziplinären Ausrichtung lag. Es wurden nicht nur Literaturstudenten angesprochen, sondern auch Historiker, Anthropologen und Studenten weiterer Fachrichtungen (Abb. 25). Snyder nutzte in den Seminaren auch seine eigenen

45 Carole Koda, First Winter, in: Jon Halper (Hrsg.), Gary Snyder: Dimensions of a Life. San Francisco 1991, 321.

46 D-050: Box I, 91:2 [Journal], Book 30, 1989 [Eintrag vom 7. März 1989].

47 D-050: Box II, 1:11 Aitken, Robert March 22, 1988.

48 Ebd.

49 Wendell Berry, Letter to Gary Snyder [September 6, 1989], in: Chad Wriglesworth (Hrsg.), Distant Neighbors: The Selected Letters of Wendell Berry and Gary Snyder. Berkeley 2014, 166.

Abb. 25: Veranstaltungsplakat für Snyders Wilderness-Seminar, 1986 (*Gary Snyder Papers*, Special Collections, UC Davis Library)

Texte, darunter oft Entwürfe zu späteren Buchprojekten, wie beispielsweise Essays, die er dann in *The Practice of the Wild* veröffentlichte.

Viele der Studenten kannten seinen Text *Four Changes*, der Snyder seit der Veröffentlichung in den späten 1960er-Jahren begleitete. Im Mai 1989 schrieb er ein *Postscript to Four Changes*, das bis heute nicht veröffentlicht wurde.[50] Darin schreibt er, er würde seine Ansichten aus den 1960er-Jahren gerne für falsch erklären, dass jedoch innerhalb der vergangenen 20 Jahre sogar eine Verschlechterung der vier Situationen eingetreten sei. Die Folgen des Klimawandels zeigten sich immer deutlicher, die Erdbevölkerung sei weiter angestiegen und auch die

50 Eine Version von *Postscript to Four Changes*, inhaltlich nicht übereinstimmend mit der Version von 1989, wurde 1995 in *A Place in Space* veröffentlicht.

Umweltverschmutzung habe noch mehr zugenommen. *Four Changes*, so Snyder, werde auch in den späten 1980er-Jahren noch von der Umweltbewegung gelesen und die darin formulierten Argumente behielten weiterhin ihre Gültigkeit. Er erläutert: »I wouldn't re-write it, instead I'm writing a set of essays enlarging on the questions of the nature of the dialectic of tame and wild, cultured and civilized. It will be called *The Practice of the Wild.*«[51] Am 31. Januar 1990 schrieb er in sein Arbeitstagebuch, dass das Manuskript abgeschlossen sei.[52]

Diese Dialektik zwischen dem Zahmen und Wilden, sowie zwischen unkultiviert und zivilisiert ist für *The Practice of the Wild* zentral. Natur hat für Snyder zwei entscheidende Bedeutungen. Die erste ist das »Sich-im-Freien-Befinden«: das Freie oder das »Draußen«. Dazu gehört die physische Welt mit allem Lebenden. In dieser Definition schwingt die nicht notwendige Anwesenheit der Zivilisationsprodukte oder des menschlichen Willens mit.[53] Die zweite Bedeutung ist Natur als die materielle Welt und alle ihre kollektiven Objekte und Phänomene, die auch die von Menschenhand erzeugten Produkte beinhaltet. Gary Snyder sieht diese zweite Definition jedoch als sehr problematisch an, da viele Fragen und Gegensätze in ihr Raum haben. Im Sinne der Naturwissenschaften ist jeder Vorgang natürlich. So wären auch die Konstruktion einer Großstadt wie New York City oder sogar die Produktion gefährlicher Stoffe wie zum Beispiel Atommüll natürlich.

Wild, das ist ein grauer Fuchs, der durch den Wald zieht, sich hinter Büschen versteckt, auftaucht und wieder verschwindet.[54] Diese spontane Definition des Begriffes »wild« von Gary Snyder erinnert eher an einen Abenteuerroman von Jack London, als an eine Definition, mit der man neue Konzepte im Bereich des Umweltaktivismus beschreiben könnte. Um den Begriff genauer zu definieren, greift Snyder auf den Eintrag aus *The Oxford English Dictionary* zurück[55]:

> Of animals – not tame, undomesticated, unruly.
> Of plants – not cultivated.
> Of land – uninhabited, uncultivated.
> Of foodcrops – produced or yielded without cultivation.
> Of societies – uncivilized, rude, resisting constituted government.
> Of individuals – unrestrained, insubordinate, licentious, dissolute, loose.
> »Wild and wanton widowes« – 1614.

51 D-050: Box I, 5:50 »Postscript to Four Changes 1989,« May 5, 1989.

52 D-050: Box I, 1:12 Chronological Work Diary, Last Year of Practice of the Wild, Jan. 10, 1989-Feb. 3, 1990.

53 Snyder, The Etiquette of Freedom, 8; Gary Snyder unterteilt den Begriff »nature« in »the outdoors« und »the material world or its collective objects and phenomena«.

54 Ebd., 9. Snyder: »The word wild is like a gray fox trotting off through the forest, ducking behind bushes, going in and out of sight«.

55 Diese Definitionen findet sich zum Beispiel in der 2001er-Auflage des *Oxford English Dictionary.*

> Of behavior – violent, destructive, cruel, inruly.
> Of behavior – artless, free, spontaneous. »Warble his native wood-notes wild« – John Milton.[56]

Auf den ersten Blick wirken die Anmerkungen aus dem *Oxford Dictionary* bezüglich Gesellschaft, Individuum und Verhalten negativ konnotiert. Snyder versucht, auf die ihm eigene positive Denkweise neue Definitionen zu finden und einzuführen.

Of animals – free agents, each with its own endowments, living within natural systems
Of plants – self-propagating, self-maintaining, flourishing in accord with innate qualities
Of land – a place where the original and potential vegetation and fauna are intact and in full interaction and the landforms are entirely the result of nonhuman forces. Pristine.
Of foodcrops – food supplies made available and sustainable by the natural excess and exuberance of wild plants in their growth and in the production of quantities of fruit and seed.
Of societies – societies whose order has grown from within and is maintained by the force of consensus and custom rather than explicit legislation. Primary cultures, which consider themselves the original and eternal inhabitants of their territory. Societies which resist economic and political domination by civilization. Societies whose economic system is in a close and sustainable relation to the local ecosystem.
Of individuals – following local custom, style, and etiquette without concern for the standards of the metropolis or nearest trading post. Unintimidated, self-reliant, independent. »Proud and free.«
Of behavior – fiercely resisting any oppression, confinement, or exploitation. Far-out, outrageous, »bad«, admirable.
Of behavior – artless, free, spontaneous, unconditioned. Expressive, physical, openly sexual, ecstatic.[57]

1995 besuchte Snyder den Zoo in San Diego und las dort auf einer Einkaufstüte *San Diego Zoo Wild Animal Park*, was für ihn ein Widerspruch in sich war – etwa vergleichbar mit »San Quentin Free Man's Prison«.[58]

Für Snyder besitzt der Begriff »wild« eine positive Konnotation. Durch seinen Sprachstil und eine sehr bedachte Wortwahl gelingt es ihm, dem Begriff eine neue Bedeutung zu geben: »Pristine«, »sustainable« oder »free« werden genutzt, um die Konnotation des Begriffs zu ändern. Ironischerweise verwendet Snyder beim letzten Punkt »of behaviour«, die gleiche Wortfolge, wie sie im *Oxford Dictionary* vorkommt, nämlich »artless«, »free«, »spontaneous«. Doch schließt sich eine positive Wertung mit »unconditioned«, »expressive«, »physical«, »openly sexual«, »ecstatic« an. Snyder wendet hier Ideen des Buddhismus auf

56 Snyder, The Etiquette of Freedom, 9–10. Anmerkung: John Milton war ein englischer Dichter und politischer Denker im 17. Jahrhundert.

57 Ebd., 10.

58 D-050: Box I, 92:1 [Journal], Book 36, 1995.

den Begriff »wild« an. Die Selbstbestimmung und die Freiheit des Individuums spielen eine große Rolle, aber auch die Achtung und das Verständnis gegenüber Anderen, wie in diesem Fall gegenüber dem Wilden. Auch seine *Earth Day*-Rede beendete Snyder 1990 mit einer Einführung des Begriffs »wild«, der auch die Arbeit von Umweltaktivisten prägen sollte:

> The Wild is Imagination, and so is Community, and so is a Good Time. Let's go on from here to be good-natured Green or Rainbow Warriors, and while we're doing it, open our imaginations, make cause with the wild, and have a good time.[59]

Der nächste Schritt in Snyders Definition ist der Sprung von »wild« zur »Wildnis«, dem deutschen Wort für die englische »wilderness«. Ein Begriff, der ähnlich wie »wild« eher negativ konnotiert ist, aber gleichzeitig seit Jahrhunderten Faszination auf den Menschen ausübt. Wieder gibt Snyders Definition Raum für neue Anschauungen und Interpretationen:

> A large area of wild land, with original vegetation and wildlife, ranging from dense jungle or rainforest to arctic or alpine »white wilderness.«
>
> A wasteland, as an area unused or useless for agriculture or pasture.
>
> A space of sea or air, as in Shakespeare, »I stand as one upon a Rock, environ'd with a Wilderness of Sea« (Titus Andronicus). The oceans.
>
> A place of danger and difficulty: where you take your own chances, depend on your own skills, and do not count on rescue.
>
> This world as contrasted with heaven. »I walked through the wildernesse of this world« (Pilgrim's Progress).
>
> A place of abundance, as in John Milton, »a wildernesse of sweets«.[60]

Die Wildnis ist für Snyder ein Ort von urbildlicher Macht, sowie von wesentlichen Lehren und Herausforderungen.[61] Die Wildnis lässt sich zudem an verschiedensten Orten finden, zum Beispiel auf dem Land oder im Wasser und in der Luft. Snyder zeigt zudem auf, wie alt der Begriff der Wildnis ist und wie er, vor allem in der Literatur, gebraucht wurde.

Wilderness ist in Nordamerika ein Konzept, das zum Beispiel durch den *Forest Service* oder das *Bureau of Land Management* definiert ist und sich u. a. auf Nationalparks oder ausgewiesene Naturschutzgebiete bezieht. Laut Snyder macht dieses Land nur zwei Prozent der kompletten Fläche der USA aus.[62] Wegweisend für den Schutz und die Erhaltung dieser Flächen ist der *Wilderness Act*.

59 Gary Snyder, Earth Day and the war against the imagination, in: Community Endeavor, Volume 4, Number 4 (May, 1990), 6.

60 Snyder, The Etiquette of Freedom, 11. Snyder definiert Wildnis als: »a place of archetypal power, teaching, and challenge«.

61 Ebd., 12.

62 Ebd., 15; (Anmerkung: mittlerweile sind es fast 5 %).

Dieser wurde 1964 eingeführt und beinhaltet einige Punkte, die in der Umweltgeschichte vielfach diskutiert wurden. Die Umwelthistorikerin Lisa M. Brady stellte anlässlich des 50-jährigen Jubiläums des *Wilderness Acts* die Frage, ob Wildnis wirklich so existiere oder ob sie nur ein kulturelles Konstrukt sei. Sie argumentiert, dass Wildnis so oder so bedeutend sei, was unter anderem daran zu erkennen ist, dass die Geschichte und das Vermächtnis von Wildnis von verschiedenen Disziplinen studiert wird.[63]

Der Historiker Donald Worster sieht im *Wilderness Act* einen Höhepunkt des amerikanischen Altruismus, merkt aber 2014 an, dass die Sprache des Gesetzes durchaus noch anthropozentrisch ist.[64] Sie wurde 1957 vor dem Kongress benutzt, als Howard Zahniser, der Autor des *Wilderness Act*, in der ersten Anhörung den Gesetzesentwurf vorstellte.[65] Wildnis wird darin als Ressource angesehen und gleichzeitig als Ort, der von Menschen genossen und genutzt werden kann. Nichtsdestotrotz ist der *Wilderness Act* einer der wichtigsten Beschlüsse der amerikanischen Regierung in Hinblick auf den Umweltschutz. Der Historiker Craig W. Allin sagte dazu: »The United States has led the world in wilderness preservation.«[66] Er machte dabei ebenfalls auf den Konsens unter Umweltwissenschaftlern aufmerksam, dass die größte Bedeutung der Wildnis in der Erhaltung von Ökosystemen und der biologischen Vielfalt liege.[67] Snyder fügt hinzu: »Wilderness is simply a place that has been left wild for a while, and has been self-organizing.«[68]

Da Snyder mit vielen dieser konzeptionierten Ideen zu *Wilderness* nicht einverstanden war, suchte er nach einem passenderen Wort. Für die Fortführung seines Diskurses bringt Snyder daher ein viertes Konzept, das der *Wildness*, in die Diskussion ein. Dieser Begriff wurde bereits von Thoreau verwendet.

Wildness geht laut Snyder über die fünf Prozent der von der Regierung festgelegten Naturschutzgebiete hinaus und ist fast überall in den USA zu finden. Sie beginnt zum Teil schon in der urbanen Welt. »Civilization is permeable, and could be as inhabited as the wild is.«[69] Die *Wilderness* ist jedoch stark bedroht und schrumpft, weshalb die Zukunft in der *Wildness* liegt. Lebewesen passen sich an die neuen Situationen an und erschließen neue Lebensräume, die durch den Menschen vorgegeben werden.

63 Lisa M. Brady, Reflections on the Wilderness Act at Fifty: Editor's Introduction, in: Environmental History, Volume 19, No. 4 (October 2014), 714.

64 Donald Worster, The Higher Altruism, in: Environmental History, Volume 19, No. 4 (October 2014), 716.

65 Howard Zahniser, The Wilderness Writings of Howard Zahniser. Seattle 2014, 89.

66 Craig W. Allin, The Politics of Wilderness Preservation. Fairbanks 2008, XII.

67 Ebd., XV.

68 Brown, Mountains and Rivers Without End, 66.

69 Snyder, The Etiquette of Freedom, 16.

A person with a clear heart and open mind can experience the wildness anywhere on earth. It is a quality of one's own consciousness. The planet is a wild place and always will be.[70]

Gary Snyder gab ein Manuskript von *The Practice of the Wild* an den Umweltphilosophen Max Oelschlaeger, der zu dieser Zeit an seinem Buch *The Idea of Wilderness* arbeitete, welches 1993 erschien und schnell in die Curricula der Universitäten aufgenommen wurde. Snyder unterstützte Oelschlaeger bei der Anfertigung des ersten Manuskripts für sein Buch und der Austausch erweiterte den Umfang von Oelschlaegers Arbeit zur »Wilderness«.[71]

Die von Snyder und Oelschlaeger aufgegriffenen Auseinandersetzungen mit Wildnis finden sich in den späten 1990er-Jahren in dem Sammelband *The New Wilderness Debate* von J. Baird Callicott und Michael P. Nelsons wieder. Die beiden Umweltphilosophen wollten einen Beitrag zur Umweltdebatte leisten und Gegenargumente zu den Interessen der Industrie und zu zerstörerischen Outdoor-Aktivitäten bündeln. Kritik, die gegen das Konzept der Wildnis vorgebracht wurde, enthielt die Punkte: ethnozentrisch, androzentrisch, unwissenschaftlich, undiplomatisch oder unzeitgemäß.[72] Die Texte, die in der Anthologie versammelt sind, sollen Aufschluss über die Debatte geben. Gary Snyder ist ebenso vertreten wie auch John Muir oder Dave Foreman.

Die *Wilderness*-Debatte hält bis heute an. Die Interessen der Umweltschützer stehen denen der Politik und Industrie gegenüber. Ein Konflikt, der seit der Einführung des *Wilderness Act* existiert. Der Umwelthistoriker James Morton Turner unterteilt diese Entwicklung in drei Stufen. Die pragmatische *Wilderness*-Bewegung, die Polarisierung der *Wilderness*-Politik sowie neue Visionen für die amerikanische *Wilderness.*[73] Gary Snyder durchlief alle drei Stufen und schuf mit *The Practice of the Wild* und seinen Gedanken zum Bioregionalismus eine solche neue Vision. Seine Ideen konnten einfach und erfolgversprechend angewendet werden.

Für eine gelungene Anwendung muss man sich auch mit der Methode des Wilden auseinandersetzen. Dazu muss man verstehen, wie das Phänomen Wildnis in der menschlichen Kulturwelt funktioniert.[74] Die Wildnis, so Snyder, ist

70 Snyder zitiert von: William Cronon, The Trouble with Wilderness; or Getting Back to the Wrong Nature, in: William Cronon (Hrsg.), Uncommon Ground: Rethinking the Human Place in Nature. New York 1996, 89.

71 D-050: Box II, 139:46 Oelschlaeger, Max October 1, 1989.

72 J. Baird Callicott, Michael P. Nelson, Introduction, in: Dies. (Hrsg.), The Great New Wilderness Debate. Athens, GA 1998, 2.

73 James Morton Turner, The Politics of Modern Wilderness, in: Michael Lewis (Hrsg.), American Wilderness: A New History. Oxford 2007, 244.

74 Grace Yoon, Kann Lyrik die Welt retten? Gary Snyder: Ein Porträt [Transkript]. Deutschlandfunk 27.06.2014.

nicht ausrottbar und wird unweigerlich zurückkehren und es wieder grüner werden lassen.[75]

Der Literaturwissenschaftler Sherman Paul sagte über Snyder: »I know of no one since Thoreau who has so thoroughly espoused the wild as Gary Snyder – and no one who is so much his poet.«[76] Mit dem Rückzug Snyders nach *Kitkitdizze*, seinem Haus in der Sierra Nevada, welches er im Einklang mit der Natur gebaut hatte, eröffnet sich für viele die Möglichkeit, seine Konzepte aus erster Hand zu erfahren und zu erleben.

3.3 Westküstenidentität und Ökotopie

»The West has been historically the home of possibility«, so beschreibt der Autor William Kittredge den amerikanischen Westen.[77] In diesem Westen bietet sich Schriftstellern und Poeten die Möglichkeit, über ihre Region zu reflektieren und an ihrer Gestaltung mitzuwirken. Die spezielle geografische Lage mit ihren landschaftlichen Besonderheiten führte im letzten Jahrhundert zu vielen einprägsamen Erzählungen und Gedichten über die Region, zu denen auch Snyder einen großen Teil beitrug.

In dem Buch *How to read the American West* des Geografie-Professors William K. Wyckoff wird anhand von 100 regionalen und geografischen Besonderheiten des Westens versucht, die Region zu analysieren. Mittels dieser Merkmale würde Snyders jetzige Heimat in *Kitkitdizze* in folgende drei von Wyckoffs Kategorien passen: *High Country, Conifers* und *Surface Mining* (Abb. 26–28).[78] Viele Eigenschaften dieser Landschaft finden sich auch in Snyders Werk wieder.

High Country, also etwa »Hochland« oder »Hohes Land«, ist in Snyders Fall die *High Sierra*, einer der markantesten Bergzüge im Westen der Vereinigten Staaten. Die Sierra Nevada, wortwörtlich der »verschneite Gebirgszug«, beginnt nur wenige Meilen entfernt von *Kitkitdizze*. Das in nordsüdlicher Richtung verlaufende Gebirge fungiert als natürliche Grenze zum Rest der Vereinigten Staaten.

Kitkitdizze, welches sich noch unterhalb der Baumgrenze befindet, ist umgeben von Nadelhölzern, daher sind auch *Conifers* ein Symbol für den amerikanischen Westen. Die am häufigsten verbreitete Koniferenart in dieser Gegend ist die Ponderosa-Kiefer, die für ein immergrünes Landschaftsbild sorgt. Der artenreiche Wald trägt zu einem gesunden Ökosystem bei, birgt aber wegen der

75 Snyder, Martin, Nobody Home, 59. (Zitat: »wildness is ineradicable and that wilderness inevitably returns, grows green again«).

76 Sherman Paul, From Lookout to Ashram: The Way of Gary Snyder, in: Patrick D. Murphy (Hrsg.), Critical Essays on Gary Snyder. Boston, MA 1991, 76.

77 William Kittredge (Hrsg.), The Portable Western Reader. New York 1997, XIX.

78 William Wyckoff, How to read the American West: A Field Guide. Seattle 2014, 46–49 High Country, 74–77 Conifers, 132–135 Surface Mining.

Abb. 26–28: Besonderheiten des Westens: *High Sierra* (oben links, Foto: Martin Spenger); *Conifers* (oben rechts, Foto: Marshman); *Surface Mining* (Foto: Denver Public Library)

vorherrschenden Trockenheit auch die Gefahr von Waldbränden. In ein Gedicht aus den 1970er-Jahren baute Snyder Beschreibungen dieser Sierra-Landschaft ein: »O Mama« zeichnet ein Bild vom Lebenskreislauf der Nadelbäume in dieser überwiegend trockenen Gegend (Abb. 29).

Das dritte markante Merkmal der Landschaft um *Kitkitdizze* sind die Spuren des *Surface Mining*, überwiegend vom hydraulischen Bergbau. Dies zeigt sich beispielsweise durch ein altes, ausgetrocknetes Flussbett in der direkten Nachbarschaft von *Kitkitdizze*, welches die Goldsucher hinterlassen hatten. Die ersten Schürfer waren 1849 in der Region angekommen und hatten ihre Arbeiten bereits

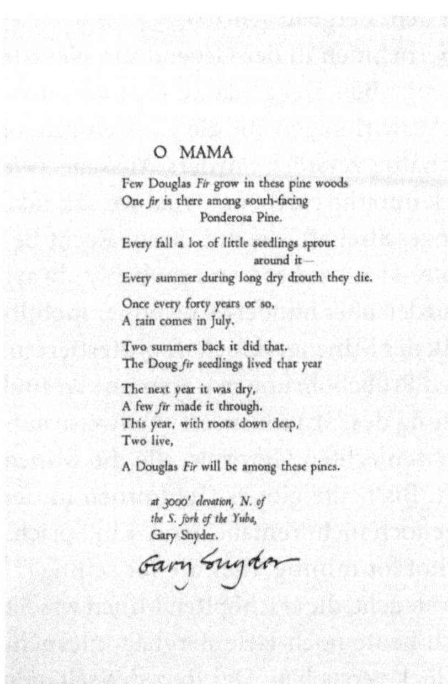

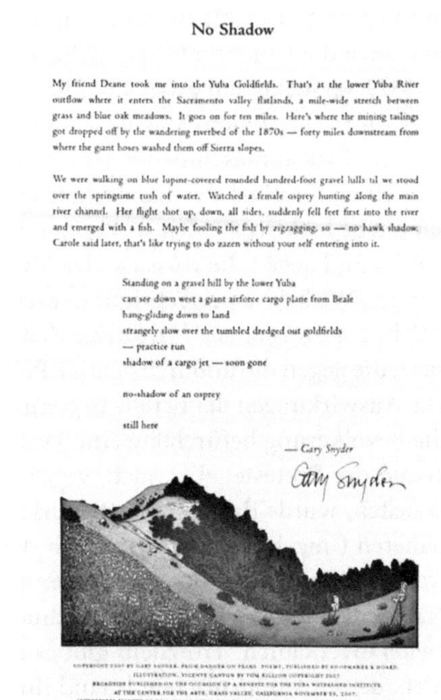

Abb. 29 u. 30: Zwei Broadsides, die die Westküstenzugehörigkeit Snyders verdeutlichen: *O Mama*, nicht datiert [ca. 1975] (*Gary Snyder Papers*, Special Collections, UC Davis Library) und *No Shadow*, 2007 (Bild: © Tom Killion)

1870 wieder eingestellt, da die Goldvorkommen in der Gegend nicht rentabel waren. In dieser kurzen Zeit war das Land aber durch die Minenarbeiter und Goldschürfer verändert worden. Außerdem hatten in den 1850er-Jahren bei Nevada City die ersten Versuche begonnen, ganze Landschaftszüge mit Wasserhochdruck wegzuspülen, um Goldvorkommen zu finden. Dies hatte zur Folge, dass es zu Überschwemmungen und Erosionen kam; auch heute noch lassen sich die Folgen in der Landschaft erkennen. Nachdem viele Gebiete überflutet und insgesamt fast 16,000 Hektar Farmland zerstört worden waren, hatten viele Farmer in der Gegend geklagt, um einen Stopp der Bergbauarbeiten zu erwirken. Erst 1884 wurde von Richter Lorenzo Sawyer ein Gesetz erlassen, welches die Methode des *Hydraulic Mining* und der Entsorgung des Mülls über das Wassersystem untersagte.[79] Snyder äußerte zu dem Thema, dass das Goldschürfen in

79 Geri Spieler, Fight to Keep Gold Miners Away, in: San Francisco Chronicle, 25. Dezember 1979, 2.

der Region fast nichts hinterlassen hatte.[80] Es war kaum mehr Gold zu finden und auch die Landschaft hatte sehr unter dem Bergbau gelitten.

1979 versuchte ein großes Bergbauunternehmen in der Gegend um Nevada City, die tiefliegenden Gold-Reserven auszugraben. Der geplante Tagebau durch schwere Erdbaumaschinen hätte erneut Auswirkungen auf die Umwelt gehabt und einen Großteil der Landschaft nachhaltig zerstört. Snyders Aussage »We should be looking at what we can put back into the earth, not what we can take out«, stand gegen die Aussage der Minengesellschaft, die auf ihrem Recht beharrte: »We have a perfect right to excavate. This has been and probably always will be a mining area.«[81] In kurzer Zeit wurden über hundert Anwohner mobilisiert, die gegen die undurchsichtige Politik der Minengesellschaft protestierten. Die Auswirkungen der bereits begonnenen Probebohrungen waren unklar und die Bevölkerung befürchtete eine Vergiftung des Grundwassers. Teilweise aufgrund der Proteste, aber auch wegen der schlechten Gewinne, die die Minen erzielten, wurde das Land weiterverkauft. Bis heute gibt es Goldminen in der näheren Umgebung von *Kitkitdizze*, die jedoch nicht rentabel sind. Ein Sprichwort aus der Gegend besagt: »Mines are not for mining, they are for selling«.[82] Nach jedem Besitzerwechsel wird schnell versucht, die erschöpften Minen wieder weiterzuverkaufen. Trotzdem gibt es auch heute noch viele Bergbauunternehmen, die im kalifornischen Inland ihr Glück versuchen. Der Reiz der seltenen Rohstoffe besteht nach wie vor.

In Kalifornien besonders erwähnenswert ist zudem der Bevölkerungszuwachs. Während es 1940 rund 7 Millionen Einwohner hatte, so sind es 2018 bereits fast 40 Millionen. Dazu beigetragen hat sicher auch der stetig wachsende Wirtschaftssektor. Würde man die Wirtschaft Kaliforniens unabhängig von den Vereinigten Staaten betrachten, würde sie im globalen Vergleich auf Platz 6 landen.[83] In vielerlei Hinsicht ist Kalifornien also stark von seiner Geografie und Wirtschaft geprägt. Doch auch die Einwohner leisten einen großen Beitrag zum Wohlstand ihrer Region. An der Westküste finden sich viele Start-up-Unternehmen und auch die großen Städte wie San Francisco, Portland und Seattle sind bekannt für ihre Innovationen im Bereich Nachhaltigkeit. Auch der Historiker Donald Worster betont Snyders Westküstenidentität: »I like Berkeley, I like California, and I especially like Gary Snyder.«[84] Worster las während seines Studiums in Connecticut Gary Snyders Prosa und kannte ihn als bedeutende Stimme des Westens.

80 Jim Burns, Reknowned poets raise $1,000 in gold battle, in: Union, 17. September 1979.

81 Spieler, Fight to Keep Gold Miners Away, 2.

82 Interview mit Gary Snyder. Audio, 17.11.2012, 1:29:53.

83 Dale Kasler, California economy surges to No. 6 in global rankings, in: Sacramento Bee 14. Juni 2016.

84 D-050: Box II, 207:46 Worster, Donald E. April 15, 1992.

Auch Snyder hat eine eigene Liste von Persönlichkeiten, die insbesondere die Westküste in Kalifornien formten. Er spricht von drei Persönlichkeiten, deren Geschichten in seinen Augen nachhaltige Spuren hinterließen, John Muir, Robinson Jeffers und Ishi:

The story of Ishi is one of our stories, here in California. The other story is John Muir. And then a third figure that is very important is Robinson Jeffers, the poet. Those are the founding people that inspired Californians, and Washingtonians and Oregonians, too. To start, from the West Coast standpoint, to think about how to live.[85]

John Muir, der in dieser Arbeit schon des Öfteren Erwähnung fand, wurde in Schottland geboren, verbrachte aber den Großteil seines Lebens an der kalifornischen Westküste. Muir arbeitete als Schäfer in der *High Sierra* und beschrieb die kalifornische Flora und Fauna ausführlich in seinem Bericht *My first summer in the Sierra*. Die Tagebücher, die er zwischen 1869 und 1875 in den Sierras anfertigte, beinhalten das Rohmaterial für fast alle späteren Veröffentlichungen Muirs über die Sierra und offenbaren eine Weltanschauung, die sich mit dem Schutz der Landschaft beschäftigt.[86] Im Jahr 1874 war Muir entlang des Yuba Rivers unterwegs, nicht weit von dem Ort entfernt, an dem Snyder später *Kitkitdizze* baute. Der kalifornische Künstler Tom Killion beschreibt Muirs Sicht auf die natürliche Welt als zeitgenössisch. Darin sind auch einige spirituelle Aspekte zu finden, die Snyder fast 100 Jahre später in den Bergen Kaliforniens für sich entdeckte. Die Berge haben laut Muir eine heilende Wirkung auf die Stadtmenschen.[87] Snyder kannte die Tagebücher Muirs in der Zusammenstellung von Linnie Marsh Wolfes *John of the Mountains*. In einem Brief an seinen Freund Robert Aitken fasste Snyder das Leben Muirs wie folgt zusammen:

A complex & powerful man, who started as a Scotch Calvinist mechanic-inventor, became a walker & a botanist, ended up in California and went through some powerful experiences in the high Sierra that transformed him into a non- or post-Christian all-species all-nature ecstatic mystic & devotee, solitary gyoja, and after a decade of mountain life, got married, raised a family & became totally political & skilful in the way of the world in order to lay the foundations for preserving some wilderness and shaping some respect for nature.[88]

In dieser Beschreibung finden sich viele Parallelen zu Snyder selbst. Muir war auch regelmäßig in Oregon und Washington unterwegs. Snyder, der den Mount Hood in Washington über 40-mal bestieg, schrieb über den Berg: »I was forever

85 Interview mit Gary Snyder. Audio, 17.11.2012, 1:07:30.

86 Gary Snyder, Tom Killion, The High Sierra of California. Berkeley 2002, 16.

87 Ebd.

88 D-050 Box II, 1:13 Aitken, Robert April 10, 1988 [Anmerkung: *Gyoja* ist ein berühmter japanischer Asket].

changed by that place of rock and sky.«[89] John Muir äußerte über dieselbe Gegend: »The whole mountain appeared as one glorious manifestation of divine power, enthusiastic and benevolent, glowing like a countenance with ineffable repose and beauty, before which we could only gaze in devout and lowly admiration.«[90]

1985 besuchte Snyder das Haus John Muirs am Highway 4 bei San Francisco. Er schrieb in sein Tagebuch: »We can understand how he could meet with the president; found and lead the Sierra Club.«[91] Bereits kurz zuvor hatte er nach der Lektüre von Frederick Turners *Rediscovering America: John Muir in His Time and Ours* begonnen, nach Gemeinsamkeiten zwischen Muir und sich selbst zu suchen (Abb. 31 und 32):

I'm truly a writer, have taken language on not as an obstacle but a loved tool. And he (w/his century) gets stuck w/endless observation and no curiosity about the mind & eye of the observer, hence no emptiness.
Also, I have a curiosity about wilderness and culture/society/history alike. Looking for dynamics there.[92]

Dabei wird deutlich, wie sehr Snyder Muirs Arbeit schätzte, sich aber gleichzeitig auch von ihm abgrenzt. Während Thoreau und Muir auch als Botaniker tätig waren, ist dies bei Snyder nur eine Nebenbeschäftigung, die im Vergleich zu seiner Tätigkeit als Schriftsteller nur eine untergeordnete Rolle spielt. Für ihn steht das Interesse an den verschiedenen Kulturen und die Mensch-Natur-Beziehung im Vordergrund.[93] Während er im Umweltschutz viele gleiche Ziele verfolgte wie Muir, so war seine Rolle als Dichter immer maßgebend.

Der Dichter Robinson Jeffers (Abb. 33), wie Muir auch ein schottischer Presbyterianer, wurde 1887 in Pittsburgh geboren und zog 1903 mit seiner Familie nach Kalifornien. Wie Snyder 50 Jahre später baute sich Jeffers 1913 mit eigenen Händen sein Haus in Carmel. Jeffers war von der Landschaft der Westküste fasziniert und machte sie zum Thema vieler seiner Gedichte. Der Künstler Tom Killion bezeichnet Jeffers als den größten Dichter der kalifornischen Küste.[94] Während bei Jeffers die Küste im Vordergrund steht, sind es bei Snyder die Berge. Die beiden Dichter verbindet jedoch die geografische Lage im Nordwesten Amerikas und ihr Bezug zu diesem Ort. Es finden sich auch Parallelen in ihren

89 Gary Snyder, The Making of *Mountains and Rivers Without End*, in: Ders.: Mountains and Rivers Without End. Washington, DC 1996, 153.

90 John Muir, Steep Trails [1918]. Ithaca, NY 2009, 297.

91 D-050: Box I, 90:4 [Journal], Book 26, 1985 June 23–1985 December 31 [Eintrag vom 1. Juli 1985].

92 D-050: Box I, 90:1 [Journal], Book 23.1, China, 1984 October 16–1984 December 9.

93 D-050: Box I, 91:1 [Journal], Book 29, 1988.

94 Gary Snyder, Tom Killion, California's Wild Edge: The Coast in Poetry, Prints, and History. Berkeley 2015, 99.

Abb. 31 u. 32: John Muir (links, Foto: F.P. Chatsworthy) u. Gary Snyder (rechts, Foto: Bob Lickter)

Gedichten. So trägt Jeffers' Gedichtband von 1948 den Titel *The Double Axe*, was an Snyders Sammlung von 1983 mit dem Titel *Axe Handles* erinnert. In den Werken beider Dichter wird dem Werkzeug und dem Handwerk eine zentrale Rolle beigemessen. In *The Double Axe* war auch das Gedicht »The Inhumanist« enthalten, welches die Theorie des *inhumanism* beinhaltet. In *Earth House Hold* griff Snyder diese Thematik auf: »reject the human; but the tension of human events, brutal and tragic, against a non-human background? like Jeffers?«[95] Bei Snyder wird dem Menschen jedoch auch zugesprochen, als Teil der Natur zu agieren und zu wirken. Charles Molesworth sieht darin eine Abgrenzung Snyders von traditionellen Dichtern, die die Natur nur als Kulisse benutzten.[96] Der Politologe Petr Kopecký merkt bei der Lektüre Jeffers an, dass der Dichter bereits früh fundamentale Fragen der Umweltethik anspricht, besonders, ob nichtmenschliche Lebensformen einen innerlichen Wert haben.[97] In »The Inhumanist« spricht Jeffers von einem »transhuman intrinsic value«.[98] Damit

95 Gary Snyder, Earth House Hold: Technical Notes & Queries To Fellow Dharma Revolutionaries. New York 1969, 3.

96 Molesworth, The Political and Poetic Vision of *Turtle Island*, 155.

97 Petr Kopecký, The California Crucible: Literary Harbingers of Deep Ecology. Ostravě 2007, 74.

98 Robinson Jeffers, The Double Axe and other Poems. New York 1977, 56.

meint er, die Menschen sollten die Schönheit der Natur auf der Erde schätzen und sich vom Solipsismus verabschieden. Gleichzeitig erkennt er die relative Bedeutungslosigkeit der Menschheit, die ihm 1924 bewusst wurde, als der Astronom Edwin Hubble weitere Galaxien entdeckte. All diese Aspekte ließ er in sein Gedicht mit einfließen. Der Kriegsgegner Jeffers wurde mit *The Double Axe* auch zu einem politischen Dichter. Im Vorwort proklamiert er, der Inhumanismus sei eine Philosophie, die dem Menschen helfen könne, eine rationalere Sichtweise auf die Welt zu gewinnen.[99]

Im Rahmen der Forschungsreihe *Reinventing Nature* der *University of California* führt Snyder zu Beginn der 1990er-Jahre einen neuen Begriff ein: *Panhumanism.* Panhumanismus steht laut Snyder für eine humanistische Wissenschaft, die auch das Nichtmenschliche umfasst.[100] Die Art und Weise, mit der die Wissenschaften die Natur betrachten und erforschen, unterliegt einem ständigen Wandel. Es wird neuen Ideen nachgegangen, neue Konzepte werden erprobt. Zumeist stehen die Rolle des Menschen und seine Auswirkungen auf die Umwelt im Vordergrund. Eines der Hauptanliegen Snyders ist es, den Fokus vom Menschen abzuwenden und die Natur als Ganzes zu betrachten. Der Panhumanismus nimmt den bisherigen, in der Wissenschaft häufig gebrauchten Humanismus als Ausgangspunkt, um ihn um neue Aspekte zu erweitern. Zum Beispiel den anderer Lebewesen, deren Bedeutung Snyder schon in vielen anderen Kulturen hervorgehoben fand, die er aber im abendländischen Raum vermisst. In einigen asiatischen Weltanschauungen, aber auch bei den Indigenen Nordamerikas wird also, wenn man Snyders Ausführungen genauer betrachtet, der von ihm so bezeichnete Panhumanismus schon lange praktiziert. Seine Aufzeichnungen aus Indien und Japan, sowie seine Arbeiten am *Reed College* belegen diese These.

In den 1990er-Jahren sagte Snyder, »Jeffers and Rexroth both […] were the only two poets of any strength who had written about the landscape of the American West, and it certainly helped give me the courage to start doing the same.«[101] Kenneth Rexroth war eine wichtige Inspirationsquelle für Snyder, aber es bestand auch eine Art Wechselwirkung zwischen den beiden Dichtern. Snyder war sehr angetan von den Beschreibungen der Sierra Nevada in Rexroth' Gedichten.[102] Aber auch Rexroth wurde von Snyders Werk beeinflusst, was er ironisch mit einer Bemerkung über die Popularität Snyders in einem Interview bestätigte: »they really dig all this Gary Snyder bear-shit-on-the-trail poetry, they have contact with nature, and, of course, as you know, the genuine ecological

99 Ebd., XXI.
100 Snyder, The Rediscovery of Turtle Island, 237.
101 Snyder, The Gary Snyder Reader, 325.
102 siehe z. B. Kenneth Rexroth, In the Sierra: Mountain Writings. New York 2012.

Abb. 33 u. 34: Robinson Jeffers (links, Foto: Horace Lyon) u. Ishi (rechts, Foto: Saxton T. Pope)

revolution's rolling now and involving thousands.«[103] Trotz dieser Verbindungen mit Rexroth nahm Robinson Jeffers für Snyder eine noch bedeutendere Vorreiterposition ein, was die literarische Definition der Landschaft des amerikanischen Westens angeht.

Die dritte Person in Snyders Kanon der drei großen Geschichten Kaliforniens ist Ishi, der letzte *Yahi* (Abb. 34). Die Yahi-Indianer, die vor dem Goldrausch in Kalifornien noch mehrere Hundert Stammesmitglieder zählten, wurden in den 1860er-Jahren fast komplett ausgelöscht. Ishi und einige seiner Familienmitglieder zogen sich immer weiter in die Wildnis zurück, um den Kontakt mit den weißen Siedlern zu meiden. Nach mehreren Jahren in der Abgeschiedenheit des *Deer Creek Valley* in *Tehama County*, Kalifornien, blieb Ishi als letzter Überlebender seines Stammes übrig. 1911 tauchte er, von Einsamkeit und Hunger geplagt, in Oroville auf, wo er bei der Bevölkerung Verwirrung auslöste und in das örtliche Gefängnis gebracht wurde. Da sich niemand mit Ishi verständigen konnte, wurden Spezialisten aus dem Anthropologie-Department in Berkeley angefragt. Diese konnten Ishi den *Yahi* zuordnen und sich in der totgeglaubten *Yahi*-Sprache mit ihm verständigen. Sie nahmen ihn mit nach Berkeley, wo vor allem der Anthropologe Alfred Kroeber sich um Ishi kümmerte und ihn studierte. Er wurde langsam in die moderne Gesellschaft eingeführt und verbrachte die Zeit bis zu seinem Tod im Jahr 1916 – er starb an Tuberkulose – in der Bay Area. Ishis Geschichte ist in Kalifornien weit verbreitet und es existieren zahlreiche Bücher über den letzten *Yahi*, darunter auch einige Jugendbücher. Das

103 Kenneth Rexroth, David Meltzer, Kenneth Rexroth (1969) [Interview], in: David Meltzer (Hrsg.), San Francisco Beat: Talking with the Poets. San Francisco 2001, 261.

bekannteste unter ihnen ist *Ishi, Last of His Tribe* von Theodora Kroeber. Auch Snyder und seine Söhne Kai und Gen wuchsen mit den Geschichten über Ishi auf.[104] Sein Sohn Kai machte nach der Lektüre des Buches sogar einen Ausflug nach *Ishi Country*, welches seit 1984 als *Ishi Wilderness* bekannt ist. Bereits im Mai 1979 war Gary Snyder an der *Ishi Wilderness Conference* in Chico beteiligt. Chico ist die Stadt, die am nächsten an der *Ishi Wilderness* liegt. Die Konferenz sollte mit einem Antrag für ein neues Naturschutzgebiet verbunden werden. Snyder ging in seinem Vortrag auf die Besonderheiten der Landschaft ein, welche von tiefen, sich verzweigenden Tälern geprägt ist. Diese hatten es Ishi möglich gemacht, die Zivilisation so lange zu meiden. Snyder, der die Region zuvor nur aus Büchern gekannt hatte, beschrieb sie bei einer Wanderung im Rahmen der Konferenz als »spiritual-geographical-historical-axis of northern California.«[105] Snyder betonte weiter, dass die dortige Landschaft ohne Ishi nicht das wäre, was sie heute ist. Durch den Bezug zum letzten Überlebenden der *Yahi* wird deutlich, dass auch eine auf den ersten Blick unbewohnbare Gegend durch das Wissen der Ureinwohner Nordamerikas als Heimat dienen könne. Er sah darin das Potenzial für einen Weg hin zu einem alternativen, energieärmeren Lebensstil, wie er auch in seinen Texten über den Bioregionalismus zu finden ist. Snyders immer wiederkehrendes Mantra in der Rede war: »We'll be here a thousand years from now.«[106] Damit wollte er nachdrücklich auf die Notwendigkeit der Erhaltung und des Schutzes der Landschaft hinweisen. Für Snyder war es ein zentrales Anliegen, sich bewusst zu machen, dass die Geschichte der anglo-amerikanischen Präsenz in Kalifornien lediglich 150 Jahre zurückreicht; aus diesem Grund müsse man darauf hinarbeiten, das schädliche Eingreifen der Menschen in die Natur zu reduzieren. Es sei wichtig, den Energieverbrauch der Bevölkerung zu reduzieren und die Landschaft besser zu verstehen, um mit ihr in Einklang leben zu können. Dies spiegelt sich wider in Snyders Leben in *Kitkitdizze*, das er als »minimal impact place« sieht.[107] Ishi dient in gewisser Weise als Vorbild, von dem man zumindest Teile eines solchen Lebensstils lernen konnte. Dabei, betonte Snyder in seinem Vortrag in Chico, solle man aber nicht bis in die Steinzeit zurückgehen, sondern seinen jetzigen Lebensstil betrachten und auf dieser Basis Lösungsansätze für einen niedrigeren Energieverbrauch ausarbeiten. Auch der Schutz der Landschaft müsse damit gewährleistet sein. 1984 wurde mit dem *California Wilderness Act* die ehemalige Heimat von Ishi zur *Wilderness Area* erhoben.

104 Kai Snyder, Having a Poet as a Dad is Kind of Like Having a Fireman as a Dad, in: Jon Halper (Hrsg.), Gary Snyder: Dimensions of a Life. San Francisco 1991, 139.

105 D-050, Box I, 46:7 »Talk at Ishi Wilderness Conference,« prose published in Upriver Downriver, 1979.

106 Ebd.

107 Interview mit Gary Snyder. Audio, 17.11.2012, 1:26:55.

Nicht weit entfernt von der *Ishi Wilderness* ist das Gebiet des *Inimim Forest*, zu dem das Land rund um Gary Snyders Haus *Kitkitdizze* gehört. Hier ist ein weiterer Aspekt in der Geschichte der amerikanischen Westküste erwähnenswert. Das 19. Jahrhundert war geprägt vom Glauben an ein *Manifest Destiny*, welches den Vereinigten Staaten einen göttlichen Auftrag zur Expansion zusprach, der sich in der Besiedelung bis zur westlichen Grenze, den Pazifik, niederschlug. Diese Grenze ist auch als *Frontier* bekannt. Ende des 19. Jahrhunderts stellte der Historiker Frederick Jackson Turner die Frontierthese auf, die eben diese Grenze als Katalysator für die amerikanische Identität ansah. Snyder stimmte zu, dass jede Diskussion über den amerikanischen Westen eine Diskussion über die *Frontier* beinhaltet, aber jede Diskussion über die *Frontier* sollte zugleich eine Diskussion über *Wilderness* sein.[108] Diese Wildnis wurde von den Euro-Amerikanern als ein zu bezwingender Gegner angesehen. Als Turner in seiner These das vorläufige Ende der *Frontier* beschrieb, kam die Frage auf, was mit dem Land im Westen geschehen sollte.[109] Als immer mehr Land an der Westküste besiedelt wurde, ernannte man einen Großteil des unbesiedelten Landes zu öffentlichem Grund. Die Wildnis wurde nun nicht mehr als Gegner betrachtet, sondern als wertvolle und gleichzeitig bedrohte Ressource. Damit begann sich Anfang des 20. Jahrhunderts die Wahrnehmung der Berge und Wälder zu wandeln. Heute befinden sich in Kalifornien immer noch 15 % des Landes in staatlicher Hand und werden vom *Bureau of Land Management (BLM)* verwaltet.

Der *Inimim Forest* ist ebenfalls öffentlicher Grund und wird vom *Yuba Watershed Institute* in Zusammenarbeit mit dem BLM verwaltet. Da die Gemeinden und regionalen Organisationen ein Mitspracherecht bei Entscheidungen haben, die das Land betreffen, spricht Snyder von »small local destinies«.[110] Damit ist gemeint, dass erst in den letzten Jahrzehnten viele Amerikaner mitbekamen, dass das *public land* ebenfalls ein Land der Leute ist.[111] Snyder und die Anwohner der *San Juan Ridge* haben sich gemeinsam organisiert und setzen sich aktiv für den Schutz der Wildnis auf dem Land ein. So helfen die Anwohner und das BLM zum Beispiel bei Waldbränden zusammen, um durch die Verbreitung und Kontrolle von kleineren Bränden die Vielfalt der Wälder zu bewahren und gleichzeitig eine nachhaltige Forstwirtschaft zu garantieren.[112] Snyder fasst diese Arbeit zusammen:

108 D-050: Box IV, 6:15 Okinawa trip materials, November 22–28, 1989 [A synopsis of the paper »Ancient Forests of the Far West«].

109 Frederick Jackson Turner, The Significance of the Frontier in American History, in: Clyde A. Milner II, Major Problems in the History of the American West. Lexington, MA 1989, 21.

110 Gary Snyder at the Brockport Writers Forum. Video, 1972, 13:13.

111 Snyder, Earth Day and the war against the imagination, 6.

112 Trevor Carolan, New World Dharma. Albany, NY 2016, 34.

This kind of community involvement with public land decision-making is groundbreaking. It took thousands of hours, and six years of volunteer work for us to get to this point. We studied and inventoried the public forest and its wildlife, and then wrote the better part of the management plan, with professional advice from the BLM, and it is now the document officially guiding the stewardship of the Inimim Forest.[113]

Viele der gemeinsamen Aktivitäten auf der *San Juan Ridge* spielen sich auch auf den Privatgrundstücken ab, welche oft keine Abgrenzungen zum Umland besitzen. Um *Kitkitdizze* herum vereinen sich kalifornische Elemente mit den transpazifischen Ansichten Snyders. Die Westküstenidentität Snyders wird so um asiatische Elemente erweitert. 1982 baute er wenige hundert Meter entfernt von seinem Haus ein Zendo, eine japanische Gebetshalle. Die Idee bestand schon seit dem Kauf des Grundstücks, aber anfangs wurden die buddhistischen Veranstaltungen unter freiem Himmel abgehalten. Snyder baute den Zendo im Gedenken an seinen *Reed*-Kommilitonen Lew Welch. Welch war kurz nach der Fertigstellung seiner ersten Gedichtsammlung in eine tiefe Depression verfallen, hatte einen Abschiedsbrief geschrieben, den er in *Kitkitdizze* ließ, und verschwand mit einem Revolver im Wald. Da er daraufhin nicht mehr gesehen wurde, ging man davon aus, dass er sich das Leben genommen hatte. Der Zendo wird *Ring of Bone* genannt, nach einem Gedichttitel von Welch, der sich gleichzeitig auf die Anordnung der Gedichte in seiner Sammlung bezog. Sie sollten nicht chronologisch gelesen werden, sondern in einem Kreis, in dem man zwischen den Gedichten hin und her springen kann.[114] Der *Ring of Bone*-Zendo zu Ehren von Welch wurde 1982 eingeweiht. Bereits ein Jahr zuvor hatte Snyder erste Entwürfe in seine Tagebücher gezeichnet (Abb. 35–37).[115]

Snyders Westküstenzugehörigkeit ermöglichten es ihm zudem, zwischen 1975 und 1979 die kalifornische Politik mitzugestalten. Ein wichtiger Kontakt Snyders war der Gouverneur Jerry Brown, der ebenfalls am Buddhismus interessiert war. Unter Brown, der ein aktiver Umweltschützer war, wurde Snyder zum Vorsitzenden des neu ins Leben gerufenen *California Arts Council*. Die Mitglieder des *Councils* wurden nicht vergütet, hatten aber genügend Mittel zur Förderung der Künstler in Kalifornien zur Verfügung. Über die Rolle der Kunst in der Politik sagte Snyder:

If we value art and higher cultural forms (and they should be valued, because they are preserves of the human spirit – as Lévi-Strauss says, »national parks of the mind«), then the people themselves are going to have to keep them going until the time when the

113 Gary Snyder, The Work of the Yuba Watershed Institute 2002, in: Bruce Boyd, Liese Greensfelder (Hrsg.), The Nature of this Place: Investigations and Adventures in the Yuba Watershed. Grass Valley 2010, 198.

114 Lew Welch, Ring of Bone: Collected Poems. San Francisco 2012, 17.

115 Howard Junker (Hrsg.), The Writer's Notebook. New York 1995, 206.

Abb. 35: Snyders Tagebucheintrag vom 8.10.1981
(Bild: Gary Snyder)

Abb. 36 u. 37: Bauarbeiten am Zendo (links, Foto: *Gary Snyder Papers*, Special Collections, UC Davis Library) u. Der fertige Zendo heute (rechts, Foto: Martin Spenger)

fossil fuel subsidy is withdrawn and the arts can compete in the free market economy like the family farm.[116]

Für Snyder war die Hauptaufgabe des *Arts Council*, bestehende und neue Kunstformen zu fördern und damit für die Weiterentwicklung der Künste in Kali-

116 Snyder, The Real Work, 132.

fornien zu sorgen. Er zog den Vergleich zwischen Künsten und bedrohten Tierarten und sah die Notwendigkeit einer staatlichen Förderung von beiden als gegeben an.

Zum Amtseintritt Snyders als Vorsitzender des *Arts Council* gab es jedoch einige Komplikationen, da Snyder in *Kitkitdizze* noch keinen Telefonanschluss besaß. Er musste regelmäßig zwölf Meilen bis zum nächsten Telefon fahren, welches sich bei *Toki's Okinawan Noodle and Bait Shop* befand. In seinem Gedicht »Under the Sign of Toki's« in *Axe Handles* beschrieb er, wie er sich von der Vermittlung diverse Nummern von Gesprächspartnern geben ließ, um die Gespräche als Vorsitzender des *Arts Council* abwickeln zu können.[117] Von der Abgeschiedenheit in *Kitkitdizze* ging es für Snyder bald direkt ins Kapitol, dem kalifornischen Regierungssitz in Sacramento. Peter Coyote, ein ehemaliger *Digger*, folgte einer Empfehlung Snyders, und arbeitete ebenfalls im *Arts Council* mit. Coyote erinnert sich an die Sitzungen im Kapitol:

> Gary Snyder's contributions to the council were unique. He explored this political territory the same way he explored a new ridge with a pack on his back – by keeping his eyes open, practicing mindfulness, and determining carefully where to place his foot next. [...] He never seemed to create antipathy or enemies among those with different philosophies or opinions. It was fun to watch Gary chair meetings in the state capitol, appearing before the legislators with a red bandanna around his forehead, his hair tied Navajo style, wearing [...] his natty fishing vest with a handembroidered turtle on the breast, representing Turtle Island.[118]

Mit Snyders Einzug ins Kapitol wurden in Kalifornien in den folgenden Jahren Künstler aller Ethnien gefördert; die kulturelle Diversität expandierte und wurde einem größeren Publikum zugänglich. Neben indigenen Künstlern wurden auch Kunstprojekte von Afro-Amerikanern, Hispanics und weiteren Bevölkerungsgruppen gefördert. Auch gab es während Snyders Zeit beim *Arts Council* Projekte, die in Zusammenarbeit mit Verlagen Gefängnisliteratur aus den kalifornischen Haftanstalten veröffentlichten.

Die Arbeit im Kapitol brachte für Snyder Vorteile. So war es die Nähe zu Gouverneur Brown, die auch Umweltthemen auf die Tagesordnung der kalifornischen Politik brachte. Snyder nahm inoffiziell die Rolle des Beraters ein. Wenn er nicht im Kapitol war und Brown in wichtigen Angelegenheiten einen dringenden Rat von ihm brauchte, schickte er einen *State Trooper* nach *Kitkitdizze*, um mit Snyder, der immer noch kein Telefon hatte, zu kommunizieren.[119] Im Sommer 1976 war Jerry Brown auch selbst häufiger in *Kitkitdizze*, um sich vom

117 Gary Snyder, Under the Sign of Toki's, in: Ders.: Axe Handles. New York 1983, 79–80.

118 Peter Coyote, Sleeping where I fall: A Chronicle. Berkeley 2015, 336.

119 Paul Winter, It was the Whales that Brought me to Gary Snyder, in: Jon Halper (Hrsg.), Gary Snyder: Dimensions of a Life. San Francisco 1991, 340.

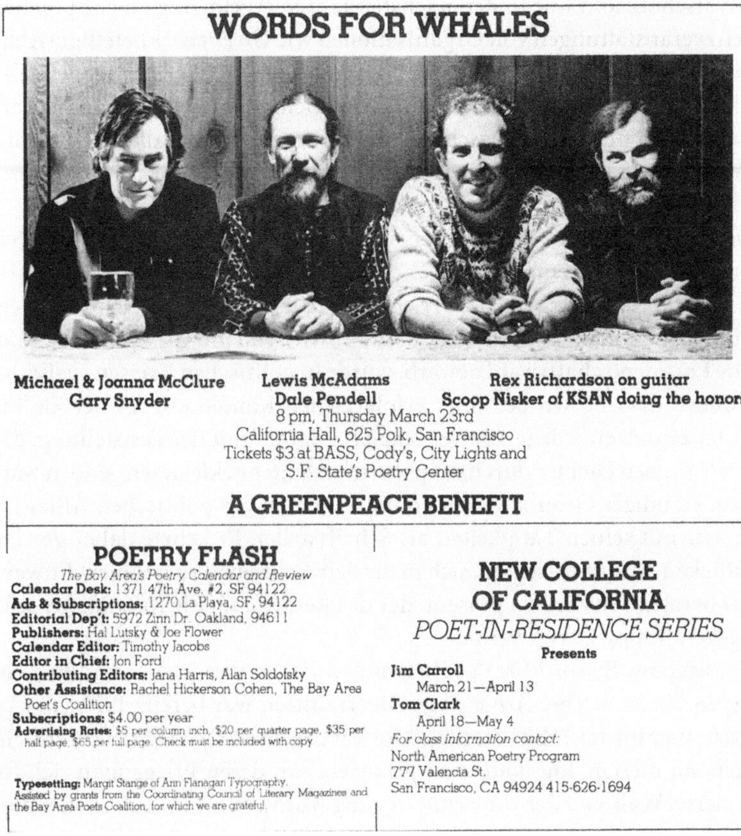

Abb. 38: Plakat für *Words For Whales: A Greenpeace Benefit*, 1978 (*Gary Snyder Papers*, Special Collections, UC Davis Library)

Alltag der Politik zu erholen. Schließlich kaufte er sich ein Stück Land unweit von Snyders Haus.

Ein Plan, der beispielsweise in *Kitkitdizze* bei Gesprächen zwischen dem Gouverneur und dem Dichter entstand, war eine Benefizveranstaltung zum Schutz der Wale. Zum ersten Mal war das Thema 1972 während der UN-Konferenz in Stockholm aufgegriffen worden und hatte dazu geführt, dass 1976 ein großes Netzwerk aus Walschützern in Amerika, besonders an der Westküste, aktiv wurde. Am 20. November rief Brown den *Whale Day* aus. Neben Musikern wie Joni Mitchell und John Sebastian trug auch Gary Snyder seine Gedichte vor über 4.500 Leuten im Publikum vor.[120] Durch Berichterstattungen in Tageszeitungen

120 Monica Bay, A Whale of a Benefit Concert, in: Rolling Stone, 30. Dezember 1976, 14.

und Magazinen wie dem *Rolling Stone* wurde Snyder schnell zur Stimme für den Walschutz und war in den nächsten Jahren regelmäßig an entsprechenden Benefizveranstaltungen von Organisationen wie *Greenpeace* beteiligt (Abb. 38).

Für Brown war Snyder einer der bedeutendsten Denker der 1980er-Jahre.[121] Snyder erwiderte diese Ehre, indem er Gedichte verfasste, die das Verhältnis zwischen ihm und Brown beschrieben. So zum Beispiel »Talking Late with the Governor about the Budget«, in dem die Amtsgeschäfte im Kapitol beschrieben werden.[122]

Der Journalist Eliot Weinberger merkt in einem Interview an, dass Snyder einer der wenigen, wenn nicht sogar der einzige Dichter ist, dem die amerikanische Bevölkerung zutraute, dass er ernsthaft an politischen Machtentscheidungen mitwirken könne.[123] Als sich Jerry Brown 1980 um die Spitzenkandidatur für die Präsidentschaftswahl bewarb, wurde in politischen Kreisen spaßeshalber spekuliert, dass Brown bei einer erfolgreichen Kandidatur Snyder als Innenminister einsetzen würde. Snyder reagierte darauf mit der Feststellung, dass in vielen Nationen Dichter durchaus politische Ämter bekleideten, jedoch wäre für ihn ein ständiges Gebundensein an die Pflichten des politischen Alltags nicht vereinbar mit seinen Tätigkeiten als Schriftsteller. Er kehrte daher der Politik den Rücken zu und entschied, sich mehr dem Schreiben zu widmen. Er war aber weiter beratend für Brown präsent, der das Rennen um die Kandidatur schließlich gegen Jimmy Carter verlor.

Ein weiteres Beispiel für das Zusammenwirken von Snyder und Brown war der 1978 wiederbelebte *Arbor Day*. Die Tradition war bereits 1872 vom Landwirtschaftsminister Julius Sterling Morton begründet worden und enthielt den Brauch, an diesem Tag Bäume zu pflanzen, um deren Pflege man sich fortan kümmerte. Während der Umweltbewegung wurde dieser Brauch wieder populär und der Gouverneur rief am 7. März 1978 den *Arbor Day* in Kalifornien aus. Er gab ein Gedicht in Auftrag, welches Snyder für diesen Tag anfertigte. Das Gedicht »Gold, Green« wurde in den kalifornischen Tageszeitungen abgedruckt und endet mit den Strophen:

> Let it be
> On a day in March
> California;
> When the grass is green
> On the rolling hills
> And the snow
> Is deep in the mountains –

121 Bob Sylva, A Poet's Private World, in: The Sacramento Bee, 10. Mai 1981, Scene/1.

122 Gary Snyder, Talking Late with the Governor about the Budget, in: Ders., Axe Handles. New York 1983, 81–82.

123 Snyder, The Gary Snyder Reader, 322.

Let it be
On a day like this
That we plant a tree
California
For the years to come
For the little ones
and the lakes
Will be pure in the mountains –

Let it be gold and green
California;
That we touch the ground
That we heal the land
From the mountains to the sea.[124]

Seitdem wird das Gedicht jedes Jahr zum *Arbor Day* in Zeitungen abgedruckt und mit Jerry Browns Wiederwahl zum Gouverneur von Kalifornien 2011 wurde es auch auf der Homepage des Bundesstaats veröffentlicht. Der ursprünglichen Proklamation fügte Brown Folgendes hinzu: »Trees provide shelter for us and for birds and wildlife. They give us shade and conserve our soil. We harvest fruit from trees and at the same time enjoy their beauty.«[125] Die Rolle Snyders bei der Proklamation machte ihn zu einem inoffiziellen *Poet laureate* für Kalifornien.

»I like to say, sometimes, that I live on the edge of the eastern Pacific.«[126] Snyder hatte mit der Idee von *Turtle Island* ein Art von Utopie geschaffen, in der alle Ethnien und Einwohner des Nordamerikanischen Kontinents ihr Land durch den Prozess der *Re-Inhabitation* neu entdecken, was zur Idee des alten und neuen *Turtle Island* führte.

Ein Aspekt, der teilweise in den Werken Snyders – und besonders in den Romanen des Schriftstellers Ernest Callenbach – auftaucht, ist der der Utopie. Snyder sprach das Thema bereits 1979 in einer Podiumsdiskussion mit Callenbach während der *Listening to the Earth Conference* an[127] und berief sich dabei auf David Brower, der gesagt hatte, dass man nicht in die Steinzeit zurück müsse um eine bessere Umweltsituation vorzufinden, sondern dass bereits die 1920er-Jahre einen guten Ausgangspunkt darstellten.[128] Damals war die Bevölkerung nur halb so groß gewesen, und in den Vereinigten Staaten hatte es ein funktionierendes öffentliches Verkehrswesen gegeben. Für Snyder war es daher nicht utopisch, sich an der Vergangenheit zu orientieren:

124 Gary Snyder, Gold, Green, in: San Francisco Chronicle, 7. März 1978, 8.

125 Larry Liebert, Gov. Brown Will Root for Trees, in: San Francisco Chronicle, 7. März 1978, 8.

126 Snyder, Killion, California's Wild Edge, 21.

127 Gary Snyder et al., Cities: Salvaging the Parts, in: The Planet Drum Review, Vol. 1, no. 3 (1981), 12.

128 Ebd.

Oddly enough, we are so spaced out in our condition as of this decayed twentieth century, that we literally do not know how our grandparents got along. How did they keep the food from spoiling? So the past is actually useful to us as a body of information about alternative transportation, technologies, and diversified and sophisticated agricultures which kept cultigens growing that were appropriate bioregionally before they were washed out by agribusiness. There were, for example, 300 species of apples around the year 1900 and now you're lucky if you can buy more than 5 kinds of apples at the market.[129]

Callenbach führte weitere Argumente an, die für eine Gesellschaft nützlich sein könnten, wie zum Beispiel die Solarenergie. Er sagte, dass alle organischen Dinge auf der Erde durch Solarenergie produziert würden.[130]

Viele der von Callenbach auf der Podiumsdiskussion vorgebrachten Punkte finden sich bereits in seinem 1975 erschienenen Roman *Ecotopia* (Abb. 39). In dem Roman, der in der Zukunft des Jahres 1999 spielt, haben sich Kalifornien, Washington und Oregon von den Vereinigten Staaten losgesagt und eine neue Nation namens *Ecotopia* gegründet. Die Einwohner *Ecotopias* leben im Einklang mit der Natur, recyceln alle Materialien und nutzten alternative Energieformen wie Solarenergie. In der Handlung des Romans ist zum ersten Mal seit der Trennung der Länder ein amerikanischer Journalist in *Ecotopia* und schildert seine Beobachtungen.

Callenbach sah später in Peter Berg und dem Bioregionalismus eine Möglichkeit, diese Utopie zu verwirklichen. Seiner Meinung nach half Berg ein globales Umweltbewusstsein aufzubauen, das dem Menschen eine Art Anleitung gab um festzustellen, wo man sich befand und auf welche Zukunft man sich zubewegte.[131] Auch Snyder nahm eine zentrale Rolle ein, da seine Texte ebenfalls die Leser ermutigten, so zu leben, als wäre der Planet ein Zuhause, um das man sich aber auch kümmern musste. Bill Devall und George Sessions sehen als eine der wichtigsten Themen in *Ecotopia* die Philosophie, die sich an der indigenen Bevölkerung orientiert.[132] Gary Snyder wäre ein Musterbewohner dieses utopischen Landes gewesen. In *Ecotopia* ist die Anthropologie eine Wissenschaft, der eine große und praktische Bedeutung beigemessen wird. Auch für Snyder war die Anthropologie ein Startpunkt, der ihm dabei half, sich mit Umweltfragestellungen in anderen Kulturen auseinanderzusetzen. Des Weiteren integrierte er viele Themen, die er während seines Studiums gelernt hatte, in seine Gedichte und Essays. Callenbach schrieb in *Ecotopia* über das Verhältnis zur indigenen Bevölkerung:

129 Ebd.

130 Ebd.

131 Ernest Callenbach, Foreword, in: Peter Berg, Envisioning Sustainability. San Francisco 2009, [1–2].

132 Devall, Sessions, Deep Ecology, 163.

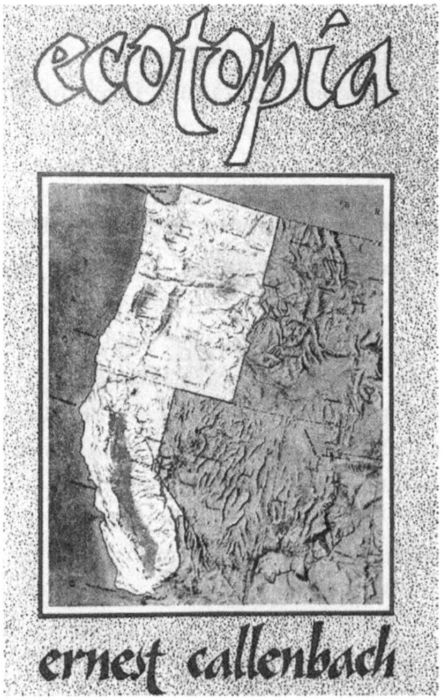

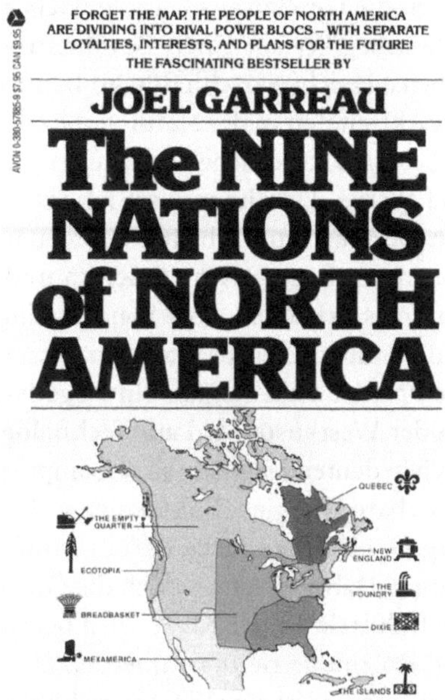

Abb. 39 (links): Ernest Callenbachs *Ecotopia* (© Ernest Callenbach/Banyan Tree Books); *Abb. 40 (rechts):* Joel Garreaus *The Nine Nations of North America* (© Joel Garreau/The Garreau Group)

> Many Ecotopians sentimental about Indians, and there's some sense in which they envy the Indians their lost natural place in the American wilderness. Indeed this probably a major Ecotopian myth; keep hearing references to what Indians would or wouldn't do in a given situation.[133]

Daraus leiten die Einwohner *Ecotopias* ab, dass auch sie die Erde wie eine Mutter behandeln müssen. Kinder lernen schon früh die verschiedenen Pflanzen- und Tierarten kennen und auch das Erwachsenenleben ist mit einem ständigen Lernprozess verbunden. Wer in *Ecotopia* ein Haus bauen will muss zuvor bei der Forstverwaltung anfragen und für einige Zeit als Holzfäller im Wald arbeiten, bevor er mit dem Bau beginnen darf.[134] Alle Gebäude müssen aus erneuerbaren und biologisch abbaubaren Materialien bestehen.

Da sich *Ecotopia* von den USA abgespalten hat, orientiert sich das Land an Asien. Der Pazifik ist im Roman eine leichter zu überwindende Grenze als die Sierra Nevada zu den Vereinigten Staaten. Die Politik in *Ecotopia* wirkt, als

133 Ernest Callenbach, Ecotopia (30th Anniversary Edition). Berkeley 2004, 29.
134 Ebd., 35.

wären die Gesetze aus Gary Snyders *Four Changes* übernommen worden. Das politische Ziel ist, einen Bevölkerungsrückgang anzustreben, sowie in allen Lebensbereichen nachhaltig zu handeln.[135] Die Freizeitgestaltung ist ebenfalls mit Aktivitäten in der Natur verbunden, zum Beispiel Wandern und Skitouren.

Ecotopia hatte, neben der grünen, auch Einfluss auf viele andere Bewegungen und Werke. Erwähnenswert ist das Buch *The Nine Nations of North America* von Joel Garreau (Abb. 40). Garreau untersucht darin die verschiedenen Funktionen der Regionen in Amerika und kommt zu dem Schluss, dass *Ecotopia*, würde es existieren, eine Sonderstellung in Nordamerika hätte. So beschreibt er die industriell geprägten Bundesstaaten im Nordosten als *The Foundry*. Für *Ecotopia* ist diese Region ein Negativ-Beispiel, von dem es sich fort orientiert. An der Westküste wird auf Technologien gesetzt, die auch im 21. Jahrhundert noch bedeutend sind. So sind Computer und Mikrochips ebenso wichtig wie erneuerbare Energien. Kalifornien ist in Garreaus Bild von *Ecotopia* getrennt, Los Angeles gehört zu *Mexamerica*, dafür ist die Pazifikküste Alaskas noch Teil der Nation. Dabei werden jedoch die Ölvorkommen in Alaska ausgegrenzt und nur die Industrie an der Küste wird betrachtet, die sich aus nachhaltiger Fischerei und Holzindustrie zusammensetzt.[136]

»Ecotopia« ist eine Wortneuschöpfung und setzt sich aus den Begriffen »Ökologie« und »Utopie« zusammen, bezeichnet also eine »ökologische Utopie«. Dabei grenzt sich der Pazifische Nordwesten auch in der Wirklichkeit in vielen Bereichen von den Vereinigten Staaten ab. Für viele Staaten in den USA ist die Politik an der Westküste bereits ökotopisch, weshalb der kalifornische Gouverneur Brown bei seiner Kandidatur um die US-Präsidentschaft 1980 als »Governor Moonbeam« bezeichnet wurde. Der Begriff »moonbeam vote« wurde von dem Journalisten Mike Royko eingeführt und soll für die Stimmen von jungen und idealistischen Wählern, überwiegend aus Kalifornien, stehen.[137] Dies kann auch als Anspielung auf seine offene und direkte Umweltpolitik verstanden werden, die bei den jungen kalifornischen Wählern positiv aufgenommen wurde. Ein weiteres Beispiel für Browns zum Teil unkonventionelle Politik ist, dass auch der kalifornische *Arts Council* unter Snyder seine Wirkungsbereiche in Bioregionen aufgeteilt hatte, statt sich an den politischen Verwaltungseinheiten zu orientieren.[138] Es sind eben diese Ideen, wie die Anthropologen Joshua Lockyer und James R. Veteto anmerken, die durch bioregionale Planung entstehen. »[They] are in effect »planning for the world« through active experiments in their own

135 Ebd., 61.

136 Joel Garreau, The Nine Nations of North America. Boston 1981, 253.

137 Jesse McKinley, How Jerry Brown Became ›Governor Moonbeam‹, in: The New York Times, 6. März 2010.

138 Ebd., 252.

communities and the development of ecotopian models that may be altered, refined, and expanded as appropriate for other local biocultural contexts.«[139]

Die Grenzen von *Ecotopia* sind ebenfalls natürlicher Art. Im Süden bilden die Tehachapi-Berge die Grenze, im Westen der Pazifik, im Osten die Gebirgszüge der Sierra Nevada und der *Cascade Mountains* und im Norden die Wildnis Alaskas. In einem Interview definiert Snyder diese Region als die »Westküste«:

> My sense of the West Coast [...] is that it runs from somewhere about the Big Sur River – the southern-most river that salmon run in – from there north to the Straits of Georgia and beyond, to Glacier Bay in southern Alaska. It is one territory in my mind. People all relate to each other across it; we share a lot of the same concerns and text and a lot of the same trees and birds.[140]

Teilweise erweitert Snyder diese Region noch um die Inselgruppe der Aleuten und schlägt einen Bogen zu Hokkaido und den restlichen japanischen Inseln bis nach Taiwan.[141] Dies sind alles Orte, an denen Snyder gelebt hat und die seine Westküstenidentität ausmachen.

Für den nordkalifornischen Newsletter *Upriver/Downriver* schrieb Snyder Anfang der 1990er-Jahre den Text *Don't Move*, der als realitätsorientiert den vielen utopischen Ansätzen gegenüberstehen sollte. Ohne utopische Ideen, so Snyder, sei sein Vorschlag, die Wildnis, die Bauern, die Menschen und ihre Geschäfte wieder zum Vorschein zu bringen, sehr einfach. Man solle sich nicht bewegen, sondern innehalten.[142] Indem man sich in einer bestimmten Region niederließ, könne man sich einfacher an der lokalen Politik beteiligen. Dies fange bei der Bildung an, zum Beispiel in Schulen und Planungsausschüssen. So ließen sich Schritt für Schritt eigene Interessen und Interessen im Sinne des Umweltschutzes durchsetzen. Indem man eine rege Beteiligung in der Regionalpolitik hervorrufe, könnten laut Snyder später auch die gleichen Interessen auf nationaler Ebene angesprochen werden. Dabei sei wichtig, dieses Wissen über den Ort auch an die Kinder weiterzugeben, und die Kenntnisse für kommende Generationen zu sichern. Snyder hatte seit seinem Einzug in *Kitkitdizze* diese Regeln befolgt und konnte in verschiedenen Projekten Erfolge vorweisen.

Es sind also die »independent spirited people all up and down the west coast«, die diese Region ausmachen – so beschrieben von Gary Snyder.[143] Er selbst gehört

139 Joshua Lockyer, James R. Veteto, Environmental Anthropology Engaging Ecotopia: An Introduction, in: Dies. (Hrsg.), Environmental Anthropology Engaging Ecotopia: Bioregionalism, Permaculture, and Ecovillages. New York 2013, 4.

140 Trevor Carolan, The Wild Mind of Gary Snyder, in: Lion's Roar: Buddhist Wisdom for Our Time, 1. Mai 1996.

141 Snyder, The Gary Snyder Reader, 331.

142 Gary Snyder, Don't Move! Things that really work, in: Upriver Downriver, no. 10, n. d. [ca. 1991].

143 Interview mit Gary Snyder. Audio, 17.11.2012, 1:08:50.

ebenso dazu wie Robinson Jeffers, John Muir und Ishi. Er baute sein Haus in der *San Juan Ridge* und wurde so zu einem Bestandteil der Westküste. Die Kulturen, die er während der vorangegangenen Jahre studiert hatte, sind laut dem Literaturwissenschaftler Peter Quigley für Snyder wichtig, um zentrale Lektionen zum Verständnis des Landes und über das Leben darauf geben zu können.[144] Auch fand Snyder in ihnen Vorbilder, wie eine gesunde Gemeinschaft aufgebaut werden kann und funktioniert. Er ging einen Schritt weiter als Jeffers und Muir und etablierte seine soziale Vision in *Kitkitdizze*.[145]

Der Literaturwissenschaftler Corey Lee Lewis von der *University of Nevada* beschreibt in seinem Buch *Reading the Trail* einen Kompass, der angehenden Umweltforschern bei ihren Feldstudien helfen soll (Abb. 41). Lewis wandelt dabei auf den Spuren John Muirs, der Schriftstellerin Mary Austin und auch Gary Snyders, indem er versucht, die kalifornische Landschaft durch diese drei Autoren zu beschreiben. Sein Kompass vereint die wichtigsten Voraussetzungen und Kenntnisse zum Studium dieser drei.

Die Voraussetzungen, die Lewis nennt, sind *Worldly Experience, Natural Sciences, Environmental Humanities* und *Self-Knowledge*. Diese Darstellung lässt sich jedoch nicht nur auf die neue Generation von Forschern anwenden, zu denen sich Lewis zählt, sondern könnte sich auch aus Gary Snyders Biografie ableiten.

Am Anfang würde bei Snyder *Self Knowledge* stehen. Er begann schon in seiner Kindheit und Jugend, sich und seine Umwelt intensiv wahrzunehmen und alles genauer zu betrachten. Das zeigt auch seine Abschlussarbeit am *Reed College*, in der er sich eigenständig mit den Grundlagen der Anthropologie und Mytheninterpretation vertraut machte. Später – in der *Beat Generation* – wird *Self Knowledge* noch deutlicher: Sein Auftreten und die Themen der Gedichte, die er vortrug, unterschieden sich deutlich vom *Beat*-Mainstream und gaben eine neue Denkrichtung vor.

Anschließend begann die Phase der *Worldly Experience*, die Snyder durch seine Beschäftigung mit verschiedenen Kulturen und seine ausgedehnten Reisen erlangte. Als Erstes machte er sich mit den Indigenen Nordamerikas und ihren Bräuchen vertraut, um sich später an der Literatur der westlichen und fernöstlichen Welt zu orientieren. Dabei errichtete er sein eigenes Weltbild, das sich unter anderem an den Panhumanismus anlehnt.

Mit seiner Rückkehr in die Vereinigten Staaten gegen Ende der 1960er-Jahre begann Snyder, sich den *Natural Sciences* und den *Environmental Humanities* zuzuwenden. Beide Punkte sind wichtig, um seinen selbstgewählten Lebensstil in *Kitkitdizze* zu verstehen. Was die Konzepte der *Deep Ecology* und des Bioregionalismus angeht, so ist eine Betrachtung der wissenschaftlichen Aspekte

144 Peter Quigley, Housing the Environmental Imagination: Politics, Beauty, and Refuge in American Nature Writing. Cambridge 2012, 196.

145 Ebd., 208.

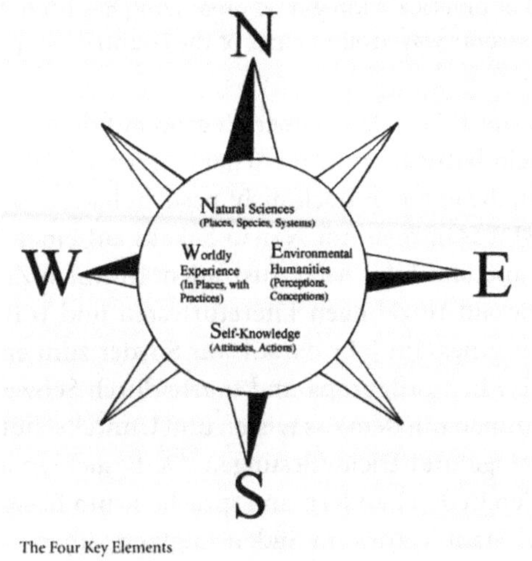

Abb. 41: The Four Key Elements, wie von Corey Lee Lewis in *Reading the Trail* aufgezeigt.

unabdinglich, um die Ideen in die Praxis umsetzen. Jedoch begleitet Snyder die *Worldly Experience* bis heute.

Seinen Erfolg in Kalifornien fasst Snyder wie folgt zusammen:

Environmentalism brings us to really understanding that environmental issues are not solved just by science alone. They're solved by feeling, by art, by artists, by everyone who is involved in it in one way or another.[146]

3.4 Globale Auswirkungen

Snyder bezeichnete sein Haus in der Sierra Nevada 1995 als einen winzigen Knoten in einem großen Netz gerade entstehender bioregionaler Heimatorte und Heimstätten.[147] Wenige Jahre später in einem Interview mit David Meltzer bestätigt er dies:

Up to a certain point, change can be accomplished by individuals or small groups, which is a good argument for community and grassroots activism. Because then what you have is a model. Others look at one working model and say, »Hey, they did it! Maybe we can do it!.« That's the way watershed consciousness, watershed organizing,

146 Snyder, Martin, Nobody Home, 84.

147 Gary Snyder, Kitkitdizze: Ein Knoten im Netz, in: Ders.: Fünf Ortungen: Essays der 90er Jahre. Göttingen 1997, [7].

and a certain kind of practical bioregional organizing has been. It's done by models. It's spread in a grassroots way around parts of the country – in parts of the world.[148]

Nachdem Snyder die 1970er-Jahre überwiegend auf dem nordamerikanischen Kontinent verbracht hatte, begann er wieder zu reisen. Viele seiner Ziele befanden sich an Orten, die er zuvor noch nicht besucht hatte.

So fuhr er 1981 zusammen mit Nanao Sakaki auf einer Lesereise mit dem Titel »Poems of Land and Life« nach Australien. In einem Zeitraum von sieben Wochen waren sie auf unzähligen Literaturfesten und trafen auch viele Gemeinden der Aborigines. Im Jahr darauf war Snyder zum ersten Mal auf einer ausgedehnten Reise in Nordeuropa und tourte durch Schweden, England und Schottland. Zusammen mit dem Essayisten und Umweltschützer Wendell Berry hielt er viele Vorträge und Dichterlesungen. Sie besuchten auch Vertretungen der grünen Parteien in den Ländern und sprachen zum Beispiel in der heutigen Muster-*Transition*-Stadt Totnes im Süden Englands über Landwirtschaft und Bioregionalismus.

Am 14. Oktober 1984 brach eine Delegation amerikanischer Dichter nach China auf, um dort auf Einladung der *Chinese Writer's Association* an Literaturfesten teilzunehmen. Allen Ginsberg, Snyders Reisegefährte aus Indien, war ebenfalls Teil der Gruppe. In einem Gedicht aus dieser Zeit mit dem Titel »Improvisation in Beijing« nennt er Snyder als einen seiner Einflüsse: »I write poetry because young friend Gary Snyder sat to look at his thoughts as part of external phenomenal world just like a 1984 conference table.«[149] Wie für Ginsberg war es auch Snyders erster Aufenthalt in China. Nachdem Snyder bereits über 30 Jahren die chinesische Sprache und Kultur studiert hatte, war er auch mit seinen Studien zu dem Dichter Han Shan in dem Land bekannt geworden. Viele Chinesen achteten Snyder dafür, dass er chinesische Gedichte ins Englische übertragen und sie somit der westlichen Kultur nähergebracht hatte. Snyder bemerkte einen Wandel in der chinesischen Dichterszene. Während in den Jahrzehnten zuvor die Dichtung in China durch die kommunistische Bewegung stark politisch gewesen war, so begannen Mitte der 1980er-Jahre immer mehr Dichter, sich am Volk zu orientieren und Respekt für die Umwelt in ihr Werk zu integrieren.[150] Die Chinesen sprachen nun offener über Zusammenhänge, wie zum Beispiel Kahlschlag und Erosion, über die Abhängigkeit von Kohle für Heizung und Produktion und die Verschmutzung der Luft.

In China writers are important. The Chinese feel that writings have the power to shape the will and imagination of the people, that the issues that concern writers are things

148 Snyder, Meltzer, Gary Snyder (1999) [Interview], 284.

149 Allen Ginsberg, Improvisation in Beijing, in: Ders., Collected Poems 1947–1997. London 2009, 937–939.

150 Judy McDermott, A poet's pilgrimage, in: The Oregonian, 30. September 1985, C3.

people will think about, that writers are the conscience of the government. This is because writers are willing to speak out before anyone else is.[151]

Die Frage chinesischer Teilnehmer der Veranstaltungen, ob Schriftsteller auch in der amerikanischen Regierung einen großen Stellenwert genossen, musste Snyder verneinen.[152] Er war sehr beeindruckt, welche Auswirkungen seine Übersetzungen in China hatten. Bei zahlreichen Empfängen wurden die amerikanischen Dichter hochrangigen politischen Funktionären vorgestellt, was laut Snyder eine äußerst trockene Angelegenheit war. Als jedoch die Übersetzerin der Gruppe bei solch einer Veranstaltung den Mitgliedern des Politbüros der Kommunistischen Partei Chinas erzählte, dass Snyder die Gedichte Han Shans übersetzt hatte, hellten sich die Mienen der Politiker auf. Viele strahlten und einige zitierten sogar Gedichte Han Shans auf Chinesisch.[153] Nach einer Woche in Peking begab sich die Delegation nach Xian und Shanghai, bevor sie in die Vereinigten Staaten zurückkehrte.

1994 besuchte Gary Snyder seinen Sohn Kai in Sambia, der zuvor Umweltgeografie studiert hatte und dort Daten der Lebensräume von Wildtieren für die Verarbeitung in geografischen Informationssystemen erfasste.[154] Neben Ausflügen zu den Victoriafällen und in die Kalahari verbrachten sie Zeit in Botswana. Dort wanderten sie viel und Gary Snyder studierte ausführlich die Naturwunder am Okavango.

Ein Jahr später ging es für Snyder an einen Ort, den er schon lange besuchen wollte, nämlich die Himalaya-Region in Nepal. Hier wanderte er mehrere Tage in Höhen zwischen 4.500 und 5.000 Metern in den Wassereinzugsgebieten des Mount Everest. Snyder war sehr beeindruckt von der buddhistischen Kultur des Landes und von den Dorfgemeinschaften, die für ihn ein Idealbeispiel für einen angepassten bioregionalen Lebensstil darstellten.[155]

Den größten Einfluss hatte Snyder ab Mitte der 1990er-Jahre in einigen europäischen Ländern. Dabei war das Interesse sehr unterschiedlich ausgerichtet. Während in Spanien und Griechenland die Zuhörer mehr an den Gedichten Snyders interessiert waren, so war man in den osteuropäischen Ländern und in Italien eher neugierig auf seinen Umweltaktivismus und Bioregionalismus.

Bereits ein Jahrhundert zuvor war der Amerikaner George Perkins Marsh in der Po-Ebene in Italien gewesen und hatte dort 1864 das Buch *Man and Nature: Or, Physical Geography as Modified by Human Action* geschrieben, welches heute als das erste Werk gilt, das die Auswirkungen des Menschen auf die Umwelt beschreibt. Der Umwelthistoriker John Elder begab sich 2006 in seinem Buch

151 Ebd.
152 Ebd.
153 Snyder, The Gary Snyder Reader, 325.
154 Snyder, Martin, Nobody Home, 169.
155 Ebd., 197.

Pilgrimage to Vallombrosa auf eine Pilgerreise von Marshs Geburtsort Woodstock in Vermont zu seinem Sterbeort Vallombrosa in der Toskana. Dabei traf er in Mantua auf den Gründer des italienischen Bioregionalismus, Giuseppe Moretti. Morettis Farm war erst kurz zuvor vom Hochwasser des Po überflutet worden. Marsh hatte Überschwemmungen dieser Art in seinem Buch als Folge der Entwaldung vorhergesagt und auch Gary Snyder beschrieb diese Konsequenzen in seinen Essays.[156] Snyders Werke sind in Italien weit verbreitet, einige davon hat Moretti selbst übersetzt.

Elder beobachtete viele Übereinstimmungen des Bauernalltags in Italien mit jenem in den Vereinigten Staaten.[157] Probleme mit der Umwelt, oft von den Menschen selbst verursacht, finden sich auf beiden Seiten des Atlantiks. Das Klima um *Kitkitdizze* unterscheidet sich nicht sonderlich von dem in der Po-Ebene. Vielleicht ist gerade deshalb das Konzept des Bioregionalismus in Italien so positiv aufgenommen worden.

Snyder und Moretti trafen sich zum ersten Mal 1991 während der *Shasta-Bioregional*-Konferenz in Kalifornien. Moretti hatte zuvor Snyders Gedichte und Kerouacs *The Dharma Bums* gelesen und sich deshalb entschlossen, den Bauernhof seiner Eltern zu übernehmen.[158] Der Bioregionalismus war in den 1980er-Jahren langsam nach Europa gelangt und Moretti versuchte, die Ideen Peter Bergs und Snyders in der Po-Ebene umzusetzen. Im September 2004 war Snyder zum ersten Mal für einen längeren Aufenthalt in Italien und besuchte zusammen mit Moretti die Wassereinzugsgebiete des Landes. Neben Lesungen und Vorträgen anlässlich der italienischen Ausgabe von *Turtle Island*, wollte Snyder weitere Aspekte des Landes kennenlernen. Unter anderem war er in den Dolomiten wandern und besuchte das Ötzi-Museum in Bozen.[159]

Mittlerweile profitiert auch die Bioregionalismus-Bewegung in Amerika von der Arbeit der italienischen Kollegen. 2015 veröffentlichte Moretti einen Artikel in *Planet Drum*, der in Kalifornien herausgegeben Zeitschrift für bioregionale Nachhaltigkeit. Darin nimmt er, ähnlich wie Snyder zuvor, eine Analyse von Wörtern vor. Während *Wilderness* in verschiedenen Sprachen unterschiedliche Bedeutungen hat, so ist auch *indigenous* in verschiedenen Regionen unterschiedlich zu verstehen. In Italien zum Beispiel ist im Lexikon zu lesen, dass eine Person als »indigen« bezeichnet werden kann, wenn sie dort lebt, wo sie geboren wurde.[160] Dies steht im Kontrast zur englischen Auffassung, die tiefer geht und

156 John Elder, Pilgrimage to Vallombrosa: From Vermont to Italy in the Footsteps of George Perkins Marsh. Charlottesville 2006, 90.

157 Ebd., 87.

158 Giuseppe Moretti, Gary Snyder: Touring Italy and its Watersheds, in: Beat Scene 47 (Spring 2005), 49.

159 Ebd.

160 Giuseppe Moretti, Notes for a new/old bioregional indigenousness, in: Planet Drum (Spring 2015), 1.

sich mehr auf die Jahrhunderte oder Jahrtausende zurückreichenden Wurzeln bezieht. Jedoch sei, so Moretti, das Wissen von mehreren Generationen wichtig, um sich in einer Bioregion zurechtzufinden. Deshalb finde er die italienische Übersetzung von »indigenous« nicht passend.

Snyder betonte gegenüber Moretti, wie wichtig es sei, sich der jeweiligen Situation anzupassen:

> In North America we are still learning our place, and we have the challenge of inventing our own culture. We are not settled, we are not burdened with some big history, we can focus simply on creating a culture that fits into the ancient landscape and to respect not just human tradition but geological time. We must be able to say we will be living here for a thousand years to come.[161]

Er erklärte weiter, dass das Modell des Bioregionalismus als Anleitung für moderne Gesellschaften angesehen werden könne und dass nachhaltige Lebensstile in allen Regionen der Welt möglich seien. Auf Morettis Frage, ob Bioregionalismus auch in Europa, wo viel Natur zerstört wurde, eine Zukunft habe, war Snyder genauso optimistisch. Er sprach nicht von einer Zerstörung der Natur in Europa, sondern von einer Verminderung. Durch die *Re-inhabitation* der Regionen sei es durchaus möglich, die Natur wieder verstärkt zurückzubringen.[162]

Das Netzwerk der Bioregionen in Italien wächst und erstreckt sich inzwischen auf viele Regionen. Die Zeitschrift *Lato Selvatico* berichtet über verschiedene aktuelle Entwicklungen, enthält aber auch Texte von Peter Berg und Gary Snyder. Korrespondenz zwischen der *Yuba-Watershed*-Region und der *Po-River-Basin*-Bioregion findet regelmäßig statt. Dabei geht es unter anderem auch um die Rückkehr wilder Tiere in die Regionen. Während sich nach der Bildung erster Bioregion-Gruppen um *Kitkitdizze* die Sichtungen von Bären, Berglöwen und anderen in der Region selteneren Tieren wieder mehrten, bemerkt Moretti in seiner Bioregion ähnliche Veränderungen.[163] Tierarten wie Salamander, Weihen und Marder werden wieder häufiger beobachtet. Snyder und Moretti tauschten sich in Briefen über die Rückkehr von Wölfen und Bären in Italien aus und verglichen die Veränderungen mit denen in der Sierra Nevada.[164] Dabei setzen sie sich auch mit der Frage auseinander, wie man offizielle Stellen, wie zum Beispiel Nationalparkverwaltungen, in diese Beobachtungen und Planungen mit einbinden könne.

Auf ähnliches Interesse an seinem Umweltaktivismus stieß Snyder auch in Tschechien. Der ehemalige Prager Bürgermeister, Jaroslav Koran, war ein Kenner

161 Moretti, Re-inhabiting Europe [Interview mit Gary Snyder].

162 Ebd.

163 Moretti, Watersheds of the Mind, 13

164 Giuseppe Moretti, Bearbaiting in Italy, in: Bruce Boyd, Liese Greensfelder (Hrsg.), The Nature of this Place: Investigations and Adventures in the Yuba Watershed. Grass Valley 2010, 69.

der *Beats*. Er hatte bereits zahlreiche Gedichte von Gary Snyder ins Tschechische übersetzt, als Snyder zum ersten Mal das Land besuchte.[165] Snyder zeigte sich sehr angetan davon, dass Künstler in dem Land teilweise hohe politische Ämter innehatten. So war der von 1989 bis 2003 amtierende tschechische Präsident, Vaclav Havel, Schriftsteller. Gary Snyder besuchte die tschechischen Städte Prag, Olomouc und Brno im Dezember 1998. Ein weiterer tschechischer Übersetzer von Snyders Werken, Luboš Snížek, merkte an, welch großes Interesse in Tschechien an der Literatur der amerikanischen Gegenbewegungen sowie an Themen wie Umwelt und Naturschutz existierte. Snížek führte aus, dass viele Tschechen sich mit Snyders Verständnis von Gemeinschaft und Bioregionalismus identifizieren konnten, da viele in ländlichen Gegenden aufgewachsen waren. Er sagte: »The fact is that Gary Snyder is well known in the Czech Republic as the Thoreauesque personality of the world ecology movement.«[166]

Interessant ist, dass Übersetzer bei Gary Snyders Texten oft an ihre Grenzen stoßen. Für viele Wörter, wie zum Beispiel *wilderness* gibt es in anderen Sprachen keine passenden Begriffe. »Due to Gary Snyder poetry and essays I still discover strange »back countries« of the Czech language. The more I find, the larger the region of the Czech language is. Due to Gary Snyder I learn to love Czech«, stellte Snížek fest.[167] Ähnliches äußerten weitere Übersetzer, wie zum Beispiel die Brasilianerin Luci Collin. Sie hat eine umfangreiche Liste erstellt, die unübersetzbare Wörter enthält, gegliedert nach Kategorien wie geografischen Besonderheiten und Regionen, Begriffen aus Flora und Fauna, sowie Berufen und Aktivitäten.[168] Eine solche Liste ließe sich auch für das Deutsche erstellen, denn auch hier gibt es für einige Begriffe, wie zum Beispiel »riprap« oder »forest lookout« keine passende Übersetzung.

Snyder ist es wichtig, sich frühzeitig und regelmäßig mit den Übersetzern seiner Werke abzusprechen und geeignete Übersetzungen für seine verwendeten Wörter zu finden, damit der Inhalt auch nach der Übersetzung noch die gleiche Wirkung auf den Leser hat.

165 Morgan, I Celebrate Myself, 609.

166 Luboš Snížek, Why we Czechs can understand Gary Snyder poetry, in: NEW: International Visual and Verbal Communication, Issue 1 2005, 49.

167 Ebd.

168 Luci Collin, Snyder in Portuguese – Language, Culture and Context, in: NEW: International Visual and Verbal Communication, Issue 1 2005, 59.

3.5 Lebenswerke: *Mountains and Rivers Without End* und *The Great Clod*

»Writing is my métier [...]. I'm a rural intellectual [...]. Ideas and language are the sharpest tools in my tool kit. So I use my toolkit to the best of my advantage.«[169] Bei diesem Zitat wird deutlich, dass bei Snyder Aktivismus und Schreiben eng miteinander verbunden sind.

Zwei lang erwartete Werke Snyders wurden in den letzten Jahren veröffentlicht. Das erste ist das epische 152 Seiten lange Gedicht *Mountains and Rivers Without End*, welches Snyder 1954 begann und 1996 beendete. Das andere Werk, *The Great Clod*, ist eine Essay-Sammlung, die Beobachtungen zur Umweltgeschichte Chinas und Japans enthält. Die Arbeit daran begann bereits 1969, jedoch wurde es erst 2016 veröffentlicht.

Beide Bücher zeigen, wie viel Zeit und Arbeit Snyder in sein Werk investiert. Auf eine Frage des Literaturwissenschaftlers Ekbert Faas aus dem Jahr 1978, ob sich Snyder auch mit Literaturkritik beschäftige, gibt dieser zur Antwort:

> Hardly ever. In fact, I probably haven't read criticism for 15 years. It isn't that I even look down on it, it's that I don't have time for it. That is to say if I make a choice of priorities of what I'm going to read, I'll read biology first, history second, anthropology third, poetry fourth and criticism somewhere at the end.[170]

Dabei beschäftigen sich Literaturkritiker schon lange mit Snyders Werken – *Mountains and Rivers Without End* wird gerne mit Ezra Pounds *The Cantos* und Walt Whitmans *Leaves of Grass* verglichen. Der Dichter Robert Hass sieht Snyders Gedicht ebenfalls in der Tradition der amerikanischen Langgedichte. Er bemerkte besonders viele Parallelen zwischen *The Cantos* und *Mountains and Rivers Without End*.[171] Dabei sind besonders die Ziele der Gedichte erwähnenswert, da beide Dichter versuchen, die Gesellschaft umzuformen, indem sie eine neue Wissenstradition einführen. Laut Hass wollte Pound eine alternative, nicht-christliche Leseliste über die menschlichen Kulturen anbieten, um die Gesellschaft neu zu ordnen.[172] Auch Snyder bietet in gewisser Weise eine solche Liste an, jedoch stehen bei ihm die Landschaft und der Umweltgedanke im Vordergrund. Während Pounds *Cantos* ein offener Gedichtzyklus ist, plante Snyder,

169 Nicholas O'Connell, Gary Snyder [Interview], in: Ders., At the Field's End: Interviews with 22 Pacific Northwest Writers. Seattle 1998, 376.

170 Ekbert Faas, Gary Snyder [Interview], in: Ders. (Hrsg.), Towards A New American Poetics. Santa Barbara 1978, 116.

171 Robert Hass, Proceeding by Clues: Reading Mountains and Rivers Without End, in: Mark Gonnerman (Hrsg.), A Sense of the Whole: Reading Gary Snyder's Mountains and Rivers Without End. Berkeley 2015, 146.

172 Ebd., 147.

sein Werk zu beenden. Obwohl der Name impliziert, dass das Gedicht endlos weitergeht, so ist *Mountains and Rivers Without End* inzwischen vollständig.[173] Snyder hatte immer vor, das Gedicht zu einem bestimmten Zeitpunkt zu Ende zu bringen. Während bis zur Veröffentlichung jährlich neue Gedichte hinzu kamen, passte Snyder gleichzeitig schon geschriebene Gedichte an, damit das Werk als Ganzes zusammenwirken konnte.

Nach der Veröffentlichung von *The Practice of the Wild* arbeitete Snyder von 1992 bis 1996 an der Fertigstellung von *Mountains and Rivers Without End.* Er unterbrach in dieser Zeit alle anderen Schreibprojekte, vernachlässigte seinen Garten und das Grundstück und gab keine Vorträge oder Gedichtlesungen.[174]

Um zu verstehen, wie groß die Auswirkungen des Buches auf Snyders Publikum waren, ist es aufschlussreich, die Vorträge aus dem Konferenzband *A Sense of the Whole: Reading Gary Snyder's Mountains and Rivers Without End* genauer zu betrachten. 1997, nur ein Jahr nach der Veröffentlichung von Snyders Buch fand ein von Literaturprofessor Mark Gonnerman organisierter Workshop über das Werk an der *Stanford University* statt.

Gary Snyder, der ebenfalls bei dem Workshop anwesend war, sah die Landschaft als eines der zentralen Themen der Sammlung an.[175] Er beschreibt in seinem Buch die Landschaft der Westküste, vom pazifischen Nordwesten bis nach Kalifornien. Dabei ist das Landschaftsbild, welches er von den Feuerwachtürmen zeichnet, besonders einprägsam. Die Türme hatten ihm die Weite und Dimension der Landschaft nähergebracht und ihn an die chinesische Landschaftsmalerei auf den ausrollbaren Bildern erinnert.[176]

Snyder entnahm den Titel für seine Gedichtsammlung der chinesischen Kunstform *Shan shui*. Einzeln übersetzt bedeuten die Wörter so viel wie »Berge« und »Wasser«, in der Verbindung werden sie jedoch zu »Landschaft«. Diese Form wurde in China bereits im 5. Jahrhundert nach Christus zuerst in der Malerei angewandt und dann auch in der Dichtkunst übernommen. Während seiner Zeit in Berkeley las Snyder in einem Buch über die Querrolle *Mountains and Rivers without End* und prägte sich den Namen ein, mit der Absicht, ihn in einem Gedicht zu verwenden. In den 1970er-Jahren bekam er außerdem die Gelegenheit, zwei Querrollen zu studieren, die das Gedichtprojekt voranbrachten. Die erste Rolle ist im *Cleveland Museum of Art* ausgestellt, trägt den Titel *Streams and Mountains without End* und stammt aus der Song-Dynastie (960–1279);

173 Faas, Gary Snyder [Interview], 134.

174 Snyder, The Gary Snyder Reader, 334.

175 Gary Snyder, Jack Shoemaker, Opening Conversation, in: Mark Gonnerman (Hrsg.), A Sense of the Whole: Reading Gary Snyder's Mountains and Rivers Without End. Berkeley 2015, 36.

176 Ebd., 39.

Abb. 42: Querrolle *Mountains and Rivers without End* (Freer Gallery of Art)

sie ist auch auf dem Buchdeckel von Snyders Gedichtband abgebildet.[177] Die zweite Rolle, *Mountains and Rivers without End* des Künstlers Lu Yuan aus der Qing-Dynastie (1644–1912) ist in der *Freer Gallery of Art* in Washington, DC ausgestellt (Abb. 42).[178] Snyder vermutet, dass die Rolle von Lu Yuan diejenige ist, über die er in Berkeley gelesen hatte. Die Kuratoren erlaubten es Snyder, die Rolle in zwei privaten Sitzungen ausgiebig zu studieren.[179]

Der Literaturwissenschaftler Patrick Murphy ist der Ansicht, dass Snyder die Form der Querrollen auf das Gedicht übertragen hat.[180] Am Ende der Bildrollen finden sich Schriftstücke, die oft im Lauf mehrerer Hundert Jahre hinzugefügt wurden, um zu zeigen, wie das Bild über einen langen Zeitraum auf die Betrachter eingewirkt hat. Genau diese Texte aus der Rolle des *Cleveland Museum of Art* zitiert Snyder zu Beginn von *Mountains and Rivers Without End.* Die übrigen Gedichte in Snyders Zusammenstellung lassen sich als Folge dieser Betrachtung lesen.

Ähnlich wie die Anmerkungen in der Rolle viel über ihre Autoren preisgeben, so weist auch *Mountains and Rivers Without End* autobiografische Züge auf. Der Literaturwissenschaftler John P. O'Grady geht sogar so weit, das Gesamtwerk Snyders als eine der großen spirituellen Autobiografien Nordamerikas anzusehen, die sich immer weiterentwickelt.[181] Auch wenn man bei dieser These von den Prosastücken absehen muss, so lässt sie sich problemlos auf seine Gedichte anwenden, besonders auf *Mountains and Rivers Without End.* Wie Robert Hass bemerkt, sind die Gedichte darin überwiegend chronologisch angeordnet, was auf eine von Snyder gewollt autobiografische Struktur schließen lässt.[182] Während

177 Snyder, The Making of *Mountains and Rivers Without End*, 156. Die Rolle lässt sich auf der Webseite des Cleveland Museum of Art betrachten: https://www.clevelandart.org/art/1953.126 (26.10.2016)

178 Die Rolle lässt sich auf der Webseite der Freer Gallery of Art betrachten: http://www.asia.si.edu/explore/china/handscroll/F1947_17.asp (26.10.2016)

179 Snyder, The Making of *Mountains and Rivers Without End*, 156.

180 Patrick D. Murphy, A Place for Wayfaring: The Poetry and Prose of Gary Snyder. Corvallis, OR 2000, 179.

181 John P. O'Grady, Gary Snyder, in: The Western Literature Association (Hrsg.), Updating the Literary West. Forth Worth 1997, 313.

182 Hass, Proceeding by Clues, 151.

viele Gedichte aus den 1950er- und 1960er-Jahren enthalten sind, finden sich nur drei Gedichte aus den 1970er-Jahren. Dies liegt daran, wie Snyder selbst in einem Vortrag sagte, dass er sich Anfang der 1970er-Jahre mit dem Text *Mountains and Waters Sutra* des japanischen Zen-Buddhisten Dōgen befasste. Snyder setzte sich mit dem Sutra bereits in einem Essay der Sammlung *The Practice of the Wild* auseinander. Wie Snyder in den 1950er-Jahren, so war Dōgen bereits im 13. Jahrhundert auf den Mount Hiei bei Kyoto gestiegen.[183] Er hatte die Berge beschrieben, ohne auf den Kontext von Wildnis einzugehen, jedoch wollte er das Bild der Berge für die Zukunft erhalten. Es war diese unverfängliche Sicht auf die Natur, die Snyder in den 1970er-Jahren seine Arbeit an *Mountains and Rivers Without End* überdenken ließ. Dabei ist der Ost-Asien-Experte Carl Bielefeldt der Meinung, dass Dōgen kein Umweltschützer gewesen sei, der seiner Zeit weit voraus war, sondern er sieht in ihm einen traditionellen Buddhisten.[184] Diesen Schriftsteller studierte Snyder erst nach seinem Aufenthalt in Japan – was an mehreren Stellen in seinem Gedichtband verarbeitet wird, am prominesten in dem Gedicht »We Wash Our Bowls in This Water«, in dem er sogar Dōgen zitiert: »Sounds of streams and shapes of mountains. / The sounds never stop and the shapes never cease.«[185]

Die Landschaft mit ihren Bergen und Flüssen ist auch heute noch Thema der chinesischen Malerei. Snyder betont, dass inzwischen auch Städte zu diesem Bild dazugehören und dass auf Querrollen aus den 1970er-Jahren auch oft Wasserdämme oder Überlandleitungen vorkommen.[186] Dabei, so Snyder, ist aber immer noch die Schönheit der Landschaft erkennbar. Der chinesische Dichter Tu Fu, der im 7. Jahrhundert lebte, schrieb: »The country is ruined: yet / mountains and rivers remain.«[187] Diese Zeilen sind in China so bekannt, sagt Snyder, dass sie mittlerweile einen sprichwörtlichen Status haben.[188] Das Zitat lässt sich problemlos auf die von Snyder beschriebenen Landschaftsbilder aus den 1970er-Jahren übertragen, auch wenn Tu Fu wahrscheinlich ein anderes Verderben der Land-

183 Gary Snyder, Blue Mountains Constantly Walking, in Ders., The Practice of the Wild (with a new Preface by the Author). Berkeley 2010, 104.

184 Carl Bielefeldt, Buddhism in Mountain and Rivers Without End, in: Mark Gonnerman (Hrsg.), A Sense of the Whole: Reading Gary Snyder's Mountains and Rivers Without End. Berkeley 2015, 218.

185 Gary Snyder, We Wash Our Bowls in This Water, in: Ders., Mountains and Rivers Without End. Washington, DC 1996, 138.

186 Gary Snyder, Eric Todd Smith, The Space Goes On: A Conversation about Mountains and Rivers Without End, in: Mark Gonnerman (Hrsg.), A Sense of the Whole: Reading Gary Snyder's Mountains and Rivers Without End. Berkeley 2015, 273.

187 Gary Snyder, The Old Masters and the Old Women, in: Ders., A Place in Space: Ethics, Aesthetics, and Watershed. Berkeley 1995, 103.

188 Tim Dean, The Other's Voice: Cultural Imperialism and Poetic Impersonality in Gary Snyder's ›Mountains and Rivers without End‹, in: Contemporary Literature, Vol. 41, No. 3 (Autumn, 2000), 465.

schaft ansprach. Es ist beeindruckend, welche große Rolle die Landschaft in der asiatischen Kultur über einen so langen Zeitraum spielte, und dass sich Aussagen auch nach fast 1.300 Jahren noch anwenden lassen.

Während bei der chinesischen Literatur der Landschaft (*shan shui*) vor allem die wilde Landschaft im Vordergrund steht, so gibt es mit den *Felder und Gärten*-Gedichten (*t'ien-yuan-shih*) eine weitere Literaturgattung, die sich mit Landschaft beschäftigt. In ihnen wird jedoch überwiegend die gebändigte Landschaft beschrieben. Da Snyder in Asien diese Gattungen und die Geschichte der asiatischen Umwelt lange studiert hatte, arbeitete er nach *Mountains and Rivers Without End* an einem weiteren zentralen Werk, einer umfassende Umweltgeschichte Chinas und Japans.

The Great Clod wurde ursprünglich 1969 von David Brower für *Friends of the Earth* in Auftrag gegeben. Brower wusste von Snyders Expertise und wollte im Hinblick auf die olympischen Winterspiele in Hokkaido eine zusammenfassende Betrachtung der Umweltprobleme Japans und ihrer Geschichte veröffentlichen. Brower erhoffte sich Munition, die er für seine Protestaktionen gegen die olympischen Spiele verwenden konnte.[189] Als Snyder mit dem Projekt anfing, fand er in Berkeley nur einen Aufsatz, der sich mit der Umwelt Asiens auseinandersetzte, nämlich Edward H. Schafers »Hunting Parks and Animal Enclosures in Ancient China.«[190] 1972 verbrachte Snyder einige Wochen in Japan, durchwanderte die japanische Berglandschaft und studierte die Natur.

In einem Brief an die *Friends of the Earth* schrieb Snyder, welche Themen er in dieses Projekt mit einfließen lassen wollte.[191] Basierend auf den Tagebüchern von seinem Aufenthalt in Hokkaido wollte er die geologischen und biologischen Grundlagen der Region betrachten sowie die Zerstörung der Natur in Japan und China. Ferner wollte er die Ureinwohner Hokkaidos, die *Ainu*, genauer studieren. Er zog damals erste Vergleiche zwischen den *Ainu* und den Ureinwohnern Nordamerikas, da sie in mancher Hinsicht ein ähnliches Schicksal teilten. Er beschäftigte sich mit den Geschichten und Bräuchen der *Ainu*, die in einer ähnlichen Landschaft wie der des Pazifischen Nordwestens lebten:

> As the Ainu saw it, from the inner mountains upstream, and from the sea depths downstream, game came as visitors. Master of the one realm is Bear, master of the other is Killer Whale. The deer or salmon would leave behind their flesh bodies in exchange for being entertained with songs, stories, and wine by the humans.[192]

189 Gary Snyder, The Great Clod: Notes and Memoirs on Nature and History in East Asia. Berkeley 2016, XIII.

190 Gary Snyder, Robert Hass, Lost in Translation, 58:47. (Der Aufsatz von Edward H. Schafer wurde im Journal of the Economic and Social History of the Orient, XI (1968) auf den Seiten 318–348 veröffentlicht).

191 D-050: Box II, 58:68 Friends of the Earth December 5, 1974.

192 Gary Snyder in: Donald L. Philippi, Songs of Gods, Songs of Humans: The Epic Tradition of Ainu. Princeton 1979, IX.

Die Kultur der *Ainu* ging während der Zeit des japanischen Nationalismus fast verloren. Snyder erlebte die *Ainu*-Kultur jedoch nicht als verblassenden Überrest einer vergangenen Zeit, sondern fand in der Bevölkerung Stammesälteste und Lehrer, die ihm altes Wissen über die Bioregionen Japans vermittelten.[193] Erst 2008 wurden die *Ainu* in Japan nach jahrelanger Unterdrückung als indigenes Volk anerkannt.[194] Diese Faktoren wollte Snyder zusammenfassend mit der modernen Industriekultur Japans vergleichen und alternative Modelle für Japans Zukunft ausarbeiten.

Da sich die Arbeiten an dem Buch hinzogen und die olympischen Winterspiele in Japan bereits stattgefunden hatten, verloren die Auftraggeber das Interesse an der Veröffentlichung. Für Snyder ergab dies die Gelegenheit, seine bisher investierte Arbeit auf andere Regionen Japans und Chinas auszuweiten. 1979 schrieb er an Brower, der das Projekt immer noch spannend fand, dass sein bisher fertiges Material sich fast ausschließlich mit China beschäftige.[195] Er hatte zuvor in der Sonderausgabe des Magazins *CoEvolution Quarterly* einen Zwischenstand seiner Forschung veröffentlicht, der mit dem Zusatz »from the Hokkaido book in progress« versehen war.[196] Dieser Artikel, *Wild in China*, ist der wahrscheinlich bekannteste Teil aus dem später veröffentlichten *The Great Clod*.

In den 1980er-Jahren besuchte Snyder noch einmal Japan, um mehr über die dortigen Umweltprobleme zu erfahren. Die japanische Bürgerbewegung *Jishu-Koza* machte während dieser Zeit bereits auf die großen ökologischen Probleme Japans aufmerksam: Nuklearenergie und Bevölkerungswachstum.[197] Snyder bemerkte auch, dass seit seinem dortigen Aufenthalt in den frühen 1960er-Jahren die Anzahl der Automobile zugenommen hatte. Während seinerzeit fast nur Taxis, Lastwagen und Fahrräder auf den Straßen waren, erkannte er nun, 20 Jahre später, die Straßen kaum mehr wieder. Er sprach vom einem Versinken Kyotos im »fossil fuel dream«.[198]

Der Umweltschutz war in Japan in den 1980er-Jahren eine Volksbewegung, die Unterstützung von den Gewerkschaften bekam, da nicht der Schutz der Wildnis im Vordergrund stand, sondern die Gesundheit der Arbeiter. Dieser anthropozentrische Ansatz der Bewegung in Japan bekämpfte die gleichen Probleme wie die Umweltschützer in den Vereinigten Staaten, nur mit einer anderen Prämisse.[199] Luft- und Wasserverschmutzung, Bergbauabfälle und

193 Ebd.

194 Masami Ito, Diet officially declares Ainu indigenous, in: The Japan Times (7. Juni 2008).

195 D-050: Box II, 1:31 Gary Snyder to David Brower January 18, 1979.

196 D-050: Box I, 10:65 Journal for the Protection of All Beings.

197 D-050: Box I, 88:6 [Journal], Book 17A, Japan Notes, 1981 June-July.

198 D-050: Box I, 89:1 [Journal], Book 17, 1981 May 31–1981 July 31 [Eintrag vom 3. Juni 1981].

199 D-050: Box I, 74:21 »Snyder's Introduction,« by Phil Woods, University of Oregon, March 8, 1983, 4.

Schwermetallvergiftungen waren Gründe für eine Verschlechterung der Gesundheit der japanischen Arbeiter, weshalb primär deren Ursachen bekämpft wurden. Dies hatte gleichzeitig Auswirkungen auf den Schutz der Landschaft, wie Snyder anmerkte.

Das Interesse an China ergab sich ursprünglich aus einer Fußnote des Japan-Buches, die bald immer umfangreicher wurde. Snyder war der Meinung, dass er für ein besseres Verständnis der japanischen Umweltgeschichte zuerst die letzten 2.500 Jahre der Geschichte Chinas betrachten müsse.[200] Dabei fand er heraus:

> I got interested in China for the wrong reason. That is, I thought I had come onto a fully engaged civilization that maintained a respectful and careful regard for the land itself, and the many other beings who already lived there. It turned out that I was wrong, but in a very complex and challenging way.[201]

Während einem Interview mit Gary Snyder im Jahre 2012 lag auf einem Tisch Mark Elvins Buch *The Retreat of the Elephants: An Environmental History of China*, welches bereits 2004 veröffentlicht wurde. Snyder erwähnte in diesem Interview ebenfalls eine Anzahl an umwelthistorischen Büchern, die auf Chinesisch bisher in China erschienen sind, aber fast ausschließlich von Aktivisten und Gelehrten verwendet werden.[202] Dabei wird vor allem auf zeitnahe Umweltprobleme eingegangen, weniger auf die Geschichte.

Über Elvins Buch, worin ein Zeitraum von fast 4.000 Jahren chinesischer Umweltgeschichte abgearbeitet wird, sagte Snyder: »That book that came out is so good that I don't have to worry about it.«[203] Elvins Buch gliederte sich in drei Sektionen. Im ersten Teil *Schablonen* gibt er einen allgemeinen Überblick über die Umweltgeschichte Chinas und erwähnt darin auch den Rückzug der Elefanten aus China, der dem Buch seinen Titel gab. Er stellt die Frage nach den langfristigen Gründen für die Transformation der Umwelt, und wie diese Veränderungen, besonders die Wasser-Regelungstechnik, die Wirtschaft, Bevölkerung und Politik beeinflusst hatten. Die beiden anderen Teile *Besonderheiten* und *Wahrnehmung* betrachten regionale Beispiele und wie die Bevölkerung Chinas die Natur wahrnahm. Snyder, der mit dieser Einteilung zufrieden war, da auch die Natur und die Kultur mitsamt Dichtung Erwähnung in Elvins Buch fanden, hatte bereits 2012 aufgegeben, eine umfassende Umweltgeschichte Chinas zu veröffentlichen. Der Grund dafür war eine zu große Distanz zu China und den entsprechenden Primärquellen und zu Bibliotheken mit Literatur über die Umwelt Chinas.

200 Snyder, The Great Clod, XV.
201 Ebd., XVIII.
202 Interview mit Gary Snyder. Audio, 17.11.2012, 25:40.
203 Interview mit Gary Snyder. Audio, 17.11.2012, 27:59.

Was Snyder daher 2016 mit *The Great Clod* veröffentlichte, ist eine Sammlung von Notizen und Essays über die Natur in Ostasien. Die ersten beiden Kapitel »Summer in Hokkaido« und »All He Sees Is Blue« hätten sehr gut in das von David Brower gewünschte Hokkaido-Buch gepasst, da Snyder sich darin mit der Landschaft der japanischen Insel auseinandersetzt und auch die *Ainu* genauer betrachtet. Die restlichen Kapitel beschäftigten sich fast ausschließlich mit China.

2014 wurde Snyder gefragt, ob sich die Umweltsituation in der Welt verbessere oder verschlechtere. Snyder berief sich bei seiner Antwort auf seine Studien der letzten Jahre. Er war der Meinung, dass sich die Situation immer mehr verschlechtere:[204]

> The two great conundrums are Climate Change and Energy. It may well be that it's already far too late to have any effect on the progress of climate change and its effect on ecosystems and human populations. Although alternative energy resources work in specific cases and places, they cannot stand in for the energy demands that will keep the global economy from making more nuclear plants, drilling for more oil and gas, and mining for more coal.[205]

Trotz der negativen Prognosen ist für Snyder eine langfristige Planung wichtig. Er geht in seinen Ausführungen wieder von der Westküste Nordamerikas aus. Als Beispiel nennt er die Monterey-Kiefer (*pinus radiata*) welche ursprünglich nur an einem kleinen Küstengebiet Kaliforniens heimisch war. Im 19. Jahrhundert wurde sie nach Neuseeland eingeführt und macht dort heute fast den gesamten forstwirtschaftlichen Plantagenbestand aus. Die Monterey-Kiefer ist deutlich ertragreicher als eine normale Kiefer und das Holz wird überwiegend nach Japan und China und in die USA verkauft.[206] Dies ist für Snyder ein Beleg für den hohen Stellenwert der pazifischen Wirtschaft an der amerikanischen Westküste. Tokyo liegt beispielsweise näher an San Francisco als Paris.

Snyder zeigt sich jedoch optimistisch, was die Umweltbewegungen in Japan und China angeht. Bereits in den späten 1980ern formten sich Aktivistengruppen, die gegen den Bau der Drei-Schluchten-Talsperre am Jangtsekiang protestierten. Während des Baus gab es viele Kritikpunkte, zum Beispiel die Zerstörung der Natur und der Lebensräume bedrohter Arten, aber auch die Auswirkungen auf den Menschen wurden thematisiert. Darüber hinaus befand sich der Damm in einer erdbebengefährdeten Region. Der Damm wurde trotzdem gebaut, wobei ein Stausee von 600 Kilometern Länge und das größte Wasserkraftwerk der Erde entstanden. Für Snyder sind die Aktivisten, die gegen den

204 Julia Fiedorczuk, Can Poetry Save the Earth? An Interview with Gary Snyder, in: Polish Journal for American Studies, No.8, 2014, 15.

205 Ebd.

206 Interview mit Gary Snyder. Audio, 17.11.2012, 1:15:18.

Bau protestierten, Teil der wachsenden Umweltbewegung in China.[207] Snyder selbst hatte sich in Organisationen engagiert, die sich gegen den Bau einsetzten und chinesische Aktivisten unterstützten.

Mit Snyders Ansichten und Themen in *The Great Clod* und darüber hinaus wird deutlich, wie sehr er die kulturellen Aspekte in Ostasien mit Umweltthemen in Verbindung bringt und dabei immer seine Position an der amerikanischen Westküste berücksichtigt. Er ging sogar so weit, zu sagen, dass man die Situation in Nordamerika besser nachvollziehen kann, indem man durch China, Japan und Indien reist. China wurde vor 1000 Jahren entwaldet, Japan erst vor 150 Jahren.[208] Snyder merkte an, dass es an der amerikanischen Westküste immer noch unberührte gemäßigte Urwälder gibt. Dies ist im Weltmaßstab gesehen eine besondere Kostbarkeit, die geschützt werden müsse.[209] Japan hat heute zwar große Nadelholzwälder, diese sind jedoch keine ursprünglichen Wälder mehr, sondern aufgrund der hohen Nachfrage an Nutzholz entstanden. Dafür sieht Snyder in der nachhaltigen Forstwirtschaft Japans ein Potenzial, welches auch auf andere Erdregionen angewendet werden kann. Für geeignete Regionen Japans wird ein Mosaikplan erstellt, der aus relativ kleinen bewaldeten Flächen besteht, die abwechselnd durch Kahlschlag gefällt werden.[210] Für Snyder ist jedoch eine nachhaltige Forstwirtschaft, wie sie in der San Juan Ridge betrieben wird, die ideale. Dabei ist wichtig, im Wald nachhaltig zu forsten: »intelligently, sustainably logging second growth, third growth, fourth growth and on and on, for the next ten thousand years.«[211]

Snyders Arbeit basiert kontinuierlich auf der Entdeckung und Darstellung der menschlichen Interaktion mit der Umwelt.[212] Diese Entdeckungen teilt er durch seine Poesie, seine Essays und in Interviews mit. Dabei praktiziert er gleichzeitig selbst Umweltschutz und ist durch seine Verwurzelung in *Kitkitdizze* das grüne Gewissen des nordamerikanischen Westens.

207 Interview mit Gary Snyder. Audio, 17.11.2012, 21:20.
208 Brown, Mountains and Rivers Without End, 67.
209 Ebd.
210 Ebd.
211 Ebd.
212 Paige Tovey, The Transatlantic Eco-Romanticism of Gary Snyder. New York 2013, 27.

4. Epilog

Range after range of mountains
Year after year after year.
I am still in love.

4 X 40086, On the summit[1]

In dem Gedicht »On Climbing the Sierra Matterhorn Again After Thirty-one Years« wird deutlich, wie sehr Snyder sich den Bergen der Sierra Nevada verbunden fühlt. Auch heute noch, erkennbar an der Besteigung des Mount Thoreau, ist die Bergregion um *Kitkitdizze* seine gewählte Heimat.

Zum ersten Mal treffe ich Gary Snyder 2012 in einem gemütlichen Buchladen-Café in Grass Valley, um ihm von meinen Dissertationsplänen zu erzählen. Ich bin überrascht und sehr gespannt, als er mich am Ende des Interviews einlädt, ihn in *Kitkitdizze* zu besuchen, um sich weiter über meine Schreibpläne zu unterhalten. Um zu Gary Snyders Haus zu kommen, muss man einer unauffälligen Straße folgen, die auf dem Highway 49 zwischen Nevada City und Downieville abzweigt. Bei meiner Anfahrt überquere ich den *South Yuba River* und durchfahre ehemaliges Goldsucherland mit karger Landschaft und ausgetrockneten Flussbetten (Abb. 43 und 44). Danach geht es wieder in ein großes Waldstück. Die Bäume sind beeindruckend und der Mietwagen ist nicht das bestgeeignete Fahrzeug für die unbefestigte Straße. Ebenfalls erweist sich das Navigationsgerät als nutzlos, da es trotz der eingegebenen Adresse nicht die richtigen Straßen findet. Obwohl wir in einem Zeitalter modernster Technologie leben, bin ich daher auf eine Landkarte und eine von Gary Snyder am Tag zuvor aufgezeichnete Beschreibung angewiesen, um sein Haus zu finden.

Als ich das Haus erreiche, sehe ich bereits die Umrisse von *Kitkitdizze* auf einer Lichtung, umringt von hohen Bäumen, überwiegend Ponderosa-Kiefern. Nicht weit entfernt vom Haus findet sich ein großer Teich, den Snyder in den 1970er-Jahren ausgehoben hat und der perfekt in die Landschaft integriert ist.[2] Die Eingangstür zeigt nach Westen, wie es auch bei den Behausungen der *Hopi*-Indianer üblich ist.[3] Die Gegenstände, die man in und um das Haus herum sieht, zeugen von den verschiedenen Einflüssen, die Snyder prägten. Es hängen große Trummsägen von Snyders Vater und Großvater an der Wand neben

1 Gary Snyder, On Climbing the Sierra Matterhorn Again After Thirty-One Years, in Ders., No Nature: New and Selected Poems. New York 1992, 362.

2 vgl. Iain Sinclair, American Smoke: Journeys to the End of the Light. London 2013, 237.

3 Giuseppe Moretti, Hanging Around Kitkitdizze with Gary Snyder. Portiolo 2009, 4.

Abb. 43 u. 44: Straße und Landschaft auf dem Weg nach *Kitkitdizze* (Fotos: Martin Spenger)

modernen Kettensägen. Auch im Haupthaus sind zahlreiche zum Teil kuriose Gegenstände, vieles Andenken von seinen Reisen. An einer Tür klebt ein ausgeschnittener Comic-Strip von *Mr. Natural*, einer Figur des amerikanischen Künstlers Robert Crumb. Snyders Pudeldame Emi begleitet uns durch das Haus

Abb. 45 u. 46: Gary Snyder an seinem Laptop, ca. 1995 (Foto: © Ed Kashi/VII); u: Snyders Hund Emi in der Bibliothek in *Kitkitdizze*, 2012 (Foto: Martin Spenger)

und wir begeben uns in einen hellen Raum mit einem beeindruckenden Blick auf die wilde Landschaft der Sierras, um bei einer Tasse grünen Tees das Interview fortzusetzen.

Für mich war es überraschend in *Kitkitdizze* einen Computer vorzufinden. Doch elektronische Geräte, auch wenn Snyder sie in vielerlei Hinsicht als Zeitfresser ansieht, haben für ihn einen praktischen Nutzen und dienen ihm, im Falle des Computers, zur Arbeit und zur Recherche (Abb. 45).[4] Dabei ist er pragmatisch. Über einen Vorgänger seines Macintosh hat er sogar 1988 ein Gedicht geschrieben, welches den Titel »Why I Take Good Care of My Macintosh«. Darin beschreibt er die Gefahr, durch einen Druck auf die *delete*-Taste ganze Textwelten zu löschen, und auch die Vergänglichkeit moderner Technik: »And because my computer and me are both brief in this world, / both foolish, and we have earthly fates«.[5]

4 Iain Sinclair, Kitkitdizze… Seeing Gary Snyder. Coventry 2013, [11].

5 Gary Snyder, Why I take Good Care of My Macintosh, in: Ders., This Present Moment. Berkeley 2015, 9.

Eine Solaranlage trägt dazu bei, dass *Kitkitdizze* sich immer noch selbst versorgt. Snyder spricht in diesem Zusammenhang von den Möglichkeiten der Energie-Dezentralisierung, die die Abhängigkeit von zentralen Energieanbietern aufheben könnte.[6] Um die Bedeutung der Energie-Dezentralisierung zu stärken, zitiert er, im Sinne der *Deep Ecology*, auch den britischen Schriftsteller Aldous Huxley. Schon vor Jahren schrieb Huxley in *After Many a Summer Dies the Swan* über eine Freiheit und Unabhängigkeit, die dem Menschen durch dezentrale Energiequellen möglich gemacht werden könnte.[7]

Trotz des Computers und anderen elektronischen Geräten sucht man den für amerikanische Haushalte stereotypen Fernseher vergeblich. Snyder ist froh darüber, nie solch ein Gerät besessen zu haben und auch, dass Gedichte so gut wie nicht im Fernsehprogramm enthalten sind. Darin sieht er sogar eine Stärke des Genres. Während das Fernsehen in Snyders Augen Gesellschaften zerstört, so sind Gedichte eine lebendige Kunstform, die in vielen Regionen, wie auch in der *San Juan Ridge*, einen Teil des kulturellen Lebens ausmachen.[8] In vielen Dörfern in Nordamerika, besonders in Alaska, sind durch die Einführung von Fernsehgeräten die Gemeinschaften auseinandergebrochen und es gab kaum noch ein öffentliches Leben, weshalb Snyder das Fernsehen als eine Art »Opium des Volkes« sieht.[9]

Bei einem Spaziergang über Snyders Grundstück kommen wir auch zu der nur wenige Gehminuten entfernten Scheune, welche ursprünglich als Pferdestall angedacht war. An diesen ursprünglichen Zweck erinnern nur noch ein paar alte Sättel, die auf einem Querbalken hängen. Die Scheue ist beheizt und steht voller Bücherregale, die mit Snyders eigenen Werken und deren Übersetzungen, sowie mit viel Literatur gefüllt sind, die er während seiner Karriere angesammelt hat.

Als der befreundete Aktivist und Schauspieler Peter Coyote einmal bei Gary Snyder zu Besuch war und ihm bei Arbeiten am Haus half, erzählte ihm Snyder an einem Nachmittag Historisches aus elf Jahrhunderten buddhistischer Geschichte und deckte dabei sieben Länder und unterschiedlichste Regionen ab.[10] Als Coyote erschöpft vom Zuhören fragte, woher Snyder dies alles wusste und wie er das Wissen verwalte, führte Snyder ihn in seine mit Büchern gefüllte Scheune. In der Mitte des Raumes stand ein riesiger Zettelkatalog, in dem alle Themen, mit denen Snyder sich in seiner Karriere beschäftigt hatte, ordentlich sortiert, sowie in Unterkategorien aufgeteilt waren:

6 Snyder, The Real Work, 147.

7 Ebd.

8 Thanassis Papathanassiou Vagenas (Regisseur), Gary Snyder: Ecology and Poetry. Film 2002, 31:20.

9 Ebd.

10 Peter Coyote, The Rainman's Third Cure: An Irregular Education. Berkeley 2015, 171.

Buddhism, for instance, was further categorized into Hinayana and Mahayana, and how those divisions played out culturally and practically in India, Indonesia, Japan, China, Korea, Vietnam, etcetera. An equally large number of drawers were dedicated to anthropology, and its own subdivisions: the Paleolithic, Amero-Indian, Okinawans, Ainu, Kan Bushman, and cultures I had never heard of. Gary pulled out a library card with a series of Roman and cardinal numerals he'd inscribed in black ink, and explained, »These tell me which of my journals elaborate this particular issue.[11]

Auf die Frage eines Interviewers, ob er sich Gedanken über sein Vermächtnis mache, antwortete Snyder ebenso pragmatisch »I don't have to. All I worry about is what I can control.«[12] Er gab ebenfalls seit den 1960er-Jahren immer die gleiche, teilweise leicht abgewandelte Antwort, wenn er gefragt wird, was man tun könnte um die Welt zu verbessern. Es gibt nichts, was eine Person tun kann um die Welt und Umwelt zu schützen. Jedoch, so Snyder, sollte sich die Person auf einer lokalen Ebene bewegen und von dort aus agieren. Indem man die Flora und Fauna seiner Umgebung studiert und dabei die menschliche und nichtmenschliche Nachbarschaft kennenlernt, kann eine Gemeinschaft entstehen. Als nächster Schritt sollte man sich dann bei lokalen Problemen engagieren und zum Beispiel bei Gemeinderäten oder Schulvorständen aktiv werden. So kann man zumindest die lokale Gemeinschaft stärken und verbessern und sich durch diese Erfahrung auch größere Aufgaben vornehmen.[13]

Snyder hat seit seiner Rückkehr in die Vereinigten Staaten die Schritte, die er in seiner Antwort erwähnt, selbst durchlaufen und erfolgreich umgesetzt. Neben dem *Yuba Watershed Institute* auf lokaler Ebene hat er auch in der kalifornischen Politik mitgewirkt und Umweltschützer rund um die Erde inspiriert. In seinem Gedicht »For All« wird sein Engagement deutlich:

For All
I pledge allegiance to the soil
  of Turtle Island,
and to the beings who thereon dwell
  one ecosystem
  in diversity
  under the sun
With joyful interpenetration for all.[14]

Während mit dem *Pledge of Allegiance* eine direkte Anspielung auf den Treueschwur gegenüber den Vereinigten Staaten erfolgt, zeigt sich in »For All« auch

11 Ebd., 171.

12 Jerry Baker, Gary Snyder talks writing, influences, Reed College and Portland [Interview], in: The Oregonian, 30.11.2011.

13 J. M. White, Naropa Journals: William Burroughs, Allen Ginsberg and the Beat Generation. Brush Creek, TN 2015, 142.

14 Gary Snyder, For All, in: Ders., Axe Handles. New York 1983, 113–114.

das wiederkehrende Thema in Snyders Werk – die Erwähnung von *Turtle Island*. Die im Gedicht erwähnten Verflechtungen lassen sich besonders in *Kitkitdizze* spüren. Wie Snyder sein Stück Land in der Sierra Nevada beschreibt, ist es in der Tat nur ein kleiner Knotenpunkt im globalen Netz.

Als wir den Rundgang um das Haus beenden, habe ich alle »Sehenswürdigkeiten« um *Kitkitdizze* gesehen. Angefangen vom beeindruckenden Zendo, über das Generatorhäuschen mit mehreren Generationen von Solarzellen, mit einem Abstecher zu Allen Ginsbergs ehemaliger Hütte bis hin zu Snyders interessanter Bibliothek. Die umliegende Landschaft und Natur konnte man dabei von allen Orten aus besonders gut wahrnehmen, und Snyders Erzählungen von Berglöwen und Bären, die in der letzten Zeit zahlreicher geworden sind, lassen den Ort noch wilder erscheinen.

Snyder wirkt trotz seiner 82 Jahre sehr jugendlich. Er zeigt sich immer noch interessiert an neuen Themen und gibt mir auf jede meiner Fragen ausführlich Antwort. Nach einer letzten Tasse Tee verabschiede ich mich von Gary und Emi, seinem Hund. Auf der Rückfahrt achte ich noch einmal besonders auf die Landschaft, die ich durchfahre. Nach dem Gespräch mit Snyder kann ich diese nun besser einordnen und kenne sogar die Namen einiger Bäume und Vögel, die nur an der kalifornischen Westküste heimisch sind.

Durch die Beschäftigung mit Snyders Leben und Werk wird deutlich, welche überragende Rolle er in der Umweltbewegung hatte und immer noch hat. Mit seinem Aktivismus und dem Fokus auf das Lokale wurde er zum grünen Gewissen der Westküste Nordamerikas. Seine Gedichte und Essays inspirierten und inspirieren Umweltbewegungen auf der ganzen Welt.

Abb. 47: Gary Snyder im November 2012 in *Kitkitdizze* (Foto: Martin Spenger)

Dank

An dieser Stelle möchte ich all denjenigen danken, die zum Gelingen dieser Dissertation beigetragen haben. Der größte Dank gilt meinem Doktorvater, Christof Mauch, der mein Vorhaben von Beginn an unterstützt hat, immer für Fragen offen war und mich mit wertvoller Kritik und hilfreichen Ratschlägen über den gesamten Promotionsprozess hinweg begleitet hat. Für die Übernahme der Zweit- und Drittbegutachtung danke ich Uwe Lübken und Sascha Pöhlmann.

Diese Arbeit ist an der Ludwig-Maximilians-Universität München im Rahmen des Doktorandenprogramms »Environment and Society« entstanden. Ich danke den Studierenden sowie den Koordinatorinnen und Koordinatoren des Programms für viel guten Input und spannende Diskussionen im Bereich Umwelt und Gesellschaft. Das *Rachel Carson Center* hat mir durch meine Arbeit als Bibliothekar und den engen Austausch mit internationalen Gastwissenschaftlerinnen und Gastwissenschaftlern einen umfassenden Einblick in die Umweltgeschichte gegeben. Vielen Dank an die beiden Direktoren, Christof Mauch und Helmuth Trischler, sowie an alle Kolleginnen und Kollegen. Für die anregenden Gespräche danke ich besonders Manuel Arias-Maldonado, John Barry, Robert Emmett, Axel Goodbody, Werner Krauß, Jon Mathieu, Kenichi Matsui, Anne Milne, Ruth Oldenziel, Christopher Pastore, Istvan Praet, Bron Taylor, Erdenetuya Urtnast, Sabine Wilke, Donald Worster und Frank Zelko.

Meine Forschungsaufenthalte in den USA wären ohne die hilfreichen Auskünfte von Bibliotheks- und Archivpersonal nur halb so gewinnbringend gewesen. In den *Archives and Special Collections* der *University of California* in Davis unterstützten mich Daryl Morrison, Jenny Hodge und John Sherlock. Danken möchte ich auch dem Biografierten selbst: Gary Snyder stand mir bereitwillig für Fragen zur Verfügung und gewährte mir in persönlichen Gesprächen Einblicke in sein Leben und Schaffen.

Weiterhin gilt mein Dank den Fotografinnen und Fotografen sowie den Bibliotheken, Museen und Verlagen, die mir die Erlaubnis zur Verwendung von Abbildungen und Gedichten in dieser Veröffentlichung gegeben haben. Für das Lektorat herzlichen Dank an Susanne Darabas.

Zuletzt möchte ich mich bei meinen Freunden und meiner Familie, dabei ganz besonders bei Lisa, bedanken. Danke, dass ihr mich über die Jahre hinweg unterstützt und an mich geglaubt hat.

Chronologie

[Die Stationen bis 1998 sind größtenteils aus Gary Snyder, The Gary Snyder Reader. Washington, DC 1999, 611–614 übernommen und übersetzt.]

1930 Geburt am 8. Mai in San Francisco (Eltern: Harold und Lois Wilkie Snyder).

1932 Geburt der Schwester Anthea; Umzug der Familie Snyder nach Lake City bei Seattle, Washington und Aufbau einer Farm.

1942 Umzug nach Portland, Oregon.

1943 Besuch der High School in Portland (bis 1947).

1945 Sommer: Besteigung des Mount St. Helen.

1946 Beitritt zur Bergsteigergruppe *Mazamas*; Besteigung des Mount Hood; Arbeit als Bürobote bei der Zeitung *Portland Oregonian*.

1947 Besteigung des Mount Baker und des Mount Rainier; Beginn des Anthropologie- und Literaturstudiums am *Reed College* in Portland.

1948 Sommer: Trampen nach New York City & Einschreibung bei der *Marine Cooks and Stewards Union*; kurze Aufenthalte in Kolumbien und Venezuela während der Arbeit auf einem Frachter.

1949 Sommer: Arbeit für den *U.S. Forest Service* im *Columbia National Forest* (heute: *Gifford Pinchot National Forest*) und im *Dosewallips State Park*.

1950 Veröffentlichung erster Gedichte in der Studentenzeitschrift *Janus*; Heirat mit Alison Gass; Arbeit bei Ausgrabungen im Fort Vancouver.

1951 Frühjahr: BA-Abschluss am *Reed College* mit der Abschlussarbeit *The Dimensions of a Haida Myth*; Arbeit in der *Warm Springs Indian Reservation*; ausgiebige Wanderungen in den *Olympic Mountains*; Herbst: Beginn des Anthropologiestudiums an der *Indiana University* in *Bloomington*.

1952 Frühjahr: Rückkehr an die Westküste; Sommer: Arbeit als Feuerwache auf dem *Crater Mountain* im *Mount Baker National Forest*; Scheidung von Alison Gass.

1953 Arbeit als Feuerwache auf dem *Sourdough Mountain* im *Mount Baker National Forest*; Arbeit an Gedichten für *Myths & Texts*; Einschreibung an der *University of California, Berkeley* für *East Asian Languages*.

1954 Arbeit als Holzfäller für die *Warm Springs Lumber Company* in Oregon.

1955	Teilnahme an Wegbefestigungsarbeiten im *Yosemite National Park*; Übersetzung von Gedichten des chinesischen Autors Han Shan; Kennenlernen der Dichter Jack Kerouac und Allen Ginsberg; Vortrag eigener Gedichte beim *Six Gallery Reading*.
1956	Reise nach Tokio, Leben im Zen-Tempel Shokoku-ji.
1957	Einschiffung auf Frachter mit Ziel USA, Zwischenstopps in Europa, Guam, Sri Lanka und Hawaii.
1958	Mehrmonatiger Aufenthalt an der Westküste der Vereinigten Staaten.
1959	Rückkehr nach Japan, Lernen unter Oda Sesso Roshi im Daitoku-ji-Kloster.
1960	Veröffentlichung des Gedichtbandes *Myths & Texts*; Heirat mit Joanne Kyger.
1961	Gegen Ende des Jahres Reisen mit Joanne Kyger über Sri Lanka nach Indien.
1962	Zusammentreffen mit Allen Ginsberg und Peter Orlovsky in Indien; gemeinsame Reisen durch das Land; Treffen mit dem Dalai Lama.
1963	Japan: Treffen mit Nanao Sakaki; Aufenthalt in den japanischen Alpen.
1964	Mai: Rückkehr nach San Francisco; Lehrtätigkeit an der *University of California, Berkeley*.
1965	Veröffentlichung der *Riprap & Cold Mountains Poems*; Teilnahme an der *Berkeley Poetry Conference*; Proteste gegen den Vietnamkrieg; Circumambulation des Mount Tamalpais; Scheidung von Joanne Kyger.
1966	Aufenthalt in Japan; gegen Ende des Jahres Rückkehr an die Westküste; Besteigung des *Mount Whitney*.
1967	Januar: Mitorganisation des *Gathering of the Tribes*, welches als Beginn der Hippies gilt; kurz darauf Rückkehr nach Japan, dort Besuch Nanao Sakakis in dessen Kommune auf der Vulkaninsel Suwanose-jima; dort Heirat mit der Japanerin Masa Uehara.
1968	Geburt des Sohnes Kai in Japan; endgültige Rückkehr nach Amerika; Guggenheim Fellowship; Veröffentlichung von *The Back Country*.
1969	Geburt des Sohnes Gen; Veröffentlichung von *Earth House Hold*; Treffen mit Umweltaktivisten, Verbreitung der Texte *Smokey the Bear Sutra* und *Four Changes*.
1970	Umzug an die *San Juan Ridge* in den Ausläufern der *Sierra Nevada* und Bau seines Hauses Kitkitdizze; *Regarding Wave* wird veröffentlicht.
1971	Vorträge in den Vereinigten Staaten.
1972	Juni: Teilnahme an der UN-Umweltkonferenz in Stockholm; Juli: Reise nach Hokkaido, Japan zur Recherche für ein von David Brower in Auftrag gegebenes Buchprojekt.
1973	Veröffentlichung der *Fudo Trilogy*.

1974 Veröffentlichung von *Turtle Island.*
1975 Pulitzer-Preis für *Turtle Island*; erste MLA-Konferenz zu Snyders Gedichten in San Francisco; Mitglied im *California Arts Council* (bis 1979).
1977 Veröffentlichung von *The Old Ways.*
1979 Veröffentlichung von *He Who Hunted Birds in His Father's Village: The Dimension of a Haida Myth* (basierend auf Snyders Abschlussarbeit am Reed College).
1980 Veröffentlichung von *The Real Work: Interviews & Talks 1964–1979*, einer Sammlung von Interviews mit Gary Snyder.
1981 Herbst: Lesereise mit Nanao Sakaki nach Australien.
1982 Bau der Meditationshalle *Ring of Bone Zendo* neben Kitkitdizze; Herbst: Lesereisen in Schweden, Schottland und England.
1983 Veröffentlichung des Gedichtbands *Axe Handles* und des Reiseberichts *Passage through India.*
1984 Herbst: Reise nach China im Rahmen eines Austauschs von Dichtern durch die *Writers' Union.*
1985 Beginn der Lehrtätigkeit an der UC Davis.
1986 Veröffentlichung der Gedichtsammlung *Left Out in the Rain.*
1987 Aufnahme in die *American Academy of Arts and Letters*; Reisen und Vorträge in Alaska.
1989 *Fred S. Cody Memorial Award*; Scheidung von Masa Uehara.
1990 Beteiligung an der Gründung des *Yuba Watershed Institute*; Lesereise nach Taiwan; Veröffentlichung von *The Practice of the Wild.*
1991 Heirat Carole Koda; Herbst: Reise nach Japan.
1992 Lesereise nach Spanien; Veröffentlichung von *No Nature.*
1993 Aufnahme in die *American Academy of Arts and Sciences.*
1994 Reise mit seinen Söhnen nach und durch Botswana und Simbabwe.
1995 Veröffentlichung von *A Place in Space*; Lesereise in Irland; Herbst: Wanderungen in Nepal.
1996 Veröffentlichung von *Mountains and Rivers Without End*; Reise nach Frankreich zum Studium von Höhlenmalereien.
1997 *Bollingen Prize for Poetry*; *John Hay Award for Nature Writing.*
1998 Lesereisen nach Griechenland und Tschechien.
1999 Veröffentlichung von *The Gary Snyder Reader.*
2000 Ernennung zum *UC Davis Research Lecturer.*
2001 *California State Library Gold Medal for Excellence in the Humanities and Social Sciences.*
2002 Rückzug von offizieller Lehrtätigkeit an der *UC Davis*; Veröffentlichung von *Look Out* und *The High Sierra of California*; Lesereise nach Frankreich.
2003 Ernennung zum *Chancellor* der *Academy of American Poets.*

2004	Veröffentlichung von *Danger on Peaks*; Lesereise nach Italien.
2006	Tod von Carole Coda, Snyders Frau, nach langer Krankheit.
2007	Veröffentlichung von *Back on the Fire*.
2008	*Ruth Lily Poetry Prize*.
2009	Veröffentlichung des Briefwechsels zwischen Allen Ginsberg und Gary Snyder unter dem Titel *The Selected Letters of Allen Ginsberg und Gary Snyder, 1956–1991*.
2010	Dokumentarfilm *The Practice of the Wild* mit Gary Snyder und Jim Harrison als Hauptakteuren.
2011	Deutsche Version von *The Practice of the Wild* unter dem Titel »Lektionen der Wildnis«.
2012	*Wallace Stevens Award*.
2013	Lesereise nach Polen.
2014	Teilnahme an Plenarsitzung bei der Konferenz der *American Society for Environmental History (ASEH)* in San Francisco.
2015	Veröffentlichung von *This Present Moment*.
2016	Veröffentlichung von *The Great Clod*.

Bildnachweis

Autor und Verlag danken für die Überlassung von Bildvorlagen und Erteilung von Publikationsgenehmigungen. Bei Rückfragen kontaktieren Sie bitte Autor oder Verlag.

Abb. 1: Gary Snyder mit *Mohican*-Haarschnitt, 1944 (Special Collections, UC Davis Library: *Joann Cohn Cazden Collection*, D-228, Box 1: 28, Clipping, June/July 1947).

Abb. 2: Titelseite des *Sunday Oregonian* vom 12. August 1945 *(© 1945 The Oregonian. All rights reserved. Reprinted with permission)*.

Abb. 3: Fotografie des *Mount St. Helens* von Gary Snyder am 13. August 1945 (in: Gary Snyder, Danger on the Peaks, Washington, DC 2004, Bucheinband/Rückseite; Copyright © 2004, 2014 by Gary Snyder, from *Danger on the Peaks*. Reprinted by permission of Counterpoint Press.).

Abb. 4: Gary Snyder 1947 in der Redaktion des *Oregonian* (*The Oregonian Masthead*, June/July 1947: 3), *(© 1947 The Oregonian. All rights reserved. Reprinted with permission)*.

Abb. 5: Gary Snyder in einer Aussichtsstation im Mount Baker National Forest (Foto: Gary Snyder at Crater Mountain Lookout, Mount Baker National Forest, August 1952. Photo © Harold Vail).

Abb. 6: Philip Whalen in einer Aussichtsstationen im Mount Baker National Forest (Foto: Philip Whalen at Sourdough Mountain Lookout, Mount Baker National Forest, August 1955. Photo by Ed Danielsen © Estate of Philip Whalen).

Abb. 7: Gebetsfahnen in Erinnerung an die *Beats* und ihre buddhistischen Einflüsse auf dem *Desolation Lookout* in Kalifornien (Prayer Flags at Desolation Lookout, North Cascades National Park, July 1995 © John Suiter).

Abb. 8: Gary Snyders *Sourdough Mountain Journal* mit Übersetzungsübungen, Sommer 1953 (Special Collections, UC Davis Library: *Gary Snyder Papers*, D-050 I,1:1, Sourdough Mountain Journal, Summer, 1953).

Abb. 9: Kerouacs Manuskriptrolle *The Dharma Bums*, im Vordergrund eine Ausgabe von Dwight Goddards *A Buddhist Bible* (Jack Kerouac's original scroll of *The Dharma Bums*, written in December 1957. Also included: Kerouac's personal copy of Dwight Goddard's *A Buddhist Bible*; one of Kerouac's U.S. Army surplus rucksacks; Kerouac's own map of the North Cascades. Photograph © John Suiter).

Abb. 10: Gary Snyder in Kyoto, Japan, Juli 1963. (Foto: Allen Ginsberg, © Allen Ginsberg Estate)

Abb. 11: Aufnahme von Rajagriha mit Blick auf das entwaldete Tal (Foto: Gary Snyder), in: Gary Snyder. *Passage Through India*. Berkeley 2007, 54. (Copyright © 1972, 1983 by Gary Snyder, from *Passage Through India*. Reprinted by permission of Counterpoint Press).

Abb. 12: »Treffen der Beats«: Kyger, Ginsberg und Orlovsky in Delhi (Foto: Gary Snyder), in: Gary Snyder, *Passage Through India*. Berkeley 2007, 84. (Copyright © 1972, 1983 by Gary Snyder, from *Passage Through India*. Reprinted by permission of Counterpoint Press).

Abb. 13: Kyger, Ginsberg, Orlovsky vor der Kulisse des Himalaya (Foto: Gary Snyder), in: Gary Snyder. *Passage Through India*. Berkeley 2007, 97. (Copyright © 1972,

1983 by Gary Snyder, from *Passage Through India*. Reprinted by permission of Counterpoint Press).

Abb. 14: Gary Snyder, Philip Whalen und Lew Welch vor dem *Free Way Reading* im Juni 1964 (Foto: © Jim Hatch).

Abb. 15: Gary Snyder, Philip Whalen und weitere Demonstranten vor dem *Oakland Army Terminal* im Frühjahr 1965 (Foto: Gary Snyders Privatsammlung), in: Jon Halper, Gary Snyder, *Dimensions of a Life*. San Francisco 1991, [14].

Abb. 16: Mount Hiei bei Kyoto (Foto: Wikimedia Commons / 663highland, abgerufen von: https://commons.wikimedia.org/wiki/File:Takaragaike_Park_Kyoto07s3s4350.jpg (25.10.2016)).

Abb. 17: Mount Tamalpais in Kalifornien (Foto: Marin Convention & Visitors Bureau / visitmarin.org, abgerufen von: http://visitmarin.org/things-to-do/outdoor-activities/hiking/mount-tamalpais-state-park/ (25.10.2016)).

Abb. 18: Generator mit Solaranlage in *Kitkitdizze* (Foto: Martin Spenger).

Abb. 19: *Kitkitdizze*, 2012 (Foto: Martin Spenger).

Abb. 20: Titelcover der Erstausgaben von *The Real Work* (erschienen bei New Directions: 1980), (© New Directions/The Cherokee Labor Brigade), *Myths & Texts* (erschienen bei New Directions: 1960), (© New Directions/Natalie Machlis) und *Earth House Hold* (erschienen bei New Directions: 1969), (© New Directions/William Suttle).

Abb. 21: Gary Snyder mit einem *Earth First!*-T-Shirt vor *Kitkitdizze*, 1985 (Foto: © Claudia Kunin), in: Uri Hertz. »An Interview with Gary Snyder«, *Third Rail* 7 (1985/86): 51.

Abb. 22: Bioregionen an der Westküste Nordamerikas (Karte: David D. McCloskey), in: *Planet Drum Pulse* (Spring 2014): 8/9.

Abb. 23: *Green City*-Programm in einem *Planet Drum*-Newsletter von 1988 (Illustration: © 1982, used with permission from *Planet Drum Foundation*, P.O. Box 31251, San Francisco, CA 94131, USA. Originally designed & published in 1982 for Planet Drum Bundle #8, Eco-Decentralist Design).

Abb. 24: »Where you at?« Ein Test über die Wahrnehmung des Ortes, an dem man lebt. In: *CoEvolution Quarterly*, 32 (Winter 1981): 1.

Abb. 25: Veranstaltungsplakat für Snyders Wilderness-Seminar, 1986 (Special Collections, UC Davis Library: *Gary Snyder Papers*, D-050 Box I, 83:4).

Abb. 26: Besonderheiten des Westens: *High Sierra* (Foto: Martin Spenger).

Abb. 27: Besonderheiten des Westens: *Conifers* (Foto: Wikimedia Commons / Marshman, abgerufen von: https://commons.wikimedia.org/wiki/File:Conifer_forest.jpg (26.10.2016)).

Abb. 28: Besonderheiten des Westens: *Surface Mining* (Foto: Denver Public Library, Call Number X-60072, Hydraulic gold mining near Dutch Flats, California, C.P.R.R., [1857–1870?]).

Abb. 29: Zwei Broadsides, die die Westküstenzugehörigkeit Snyders verdeutlichen: 1) *O Mama*, nicht datiert [ca. 1975, wird später leicht verändert in Axe Handles als *Among* veröffentlicht] (Bild: Special Collections, UC Davis Library: *Gary Snyder Papers*, D-050 I, 23:11).

Abb. 30: Zwei Broadsides, die die Westküstenzugehörigkeit Snyders verdeutlichen: 2) *No Shadow*, 2007. (Bild: Illustration from *Vicente Canyon, Big Sur* © by Tom Killion, 2006).

Abb. 31: John Muir (Foto: [John] Muir with John Burroughs, taken in Yosemite. 1908, Photograph by F.P. Chatsworthy, UC Berkeley, Bancroft Library, Local Call Number: POR: Muir, John:55).

Abb. 32: Gary Snyder (Foto: © Bob Lickter, veröffentlicht in: »Earth Day and the war against the imagination« *Community Endeavor* 4, (May, 1990): 6).

Abb. 33: Robinson Jeffers (Foto: Photograph by Horace Lyon, Courtesy of the Tor House Foundation, Carmel, CA).

Abb. 34: Ishi (Foto: [Ishi with fire making tools]. 1914, UC Berkeley, Bancroft Library, Local Call Number: POR: Ishi: 6).

Abb. 35: Snyders Tagebucheintrag vom 8.10.1981 (Bild in: Howard Junker (Hg.). *The Writer's Notebook.* (New York 1995, 206)).

Abb. 36: Bauarbeiten am Zendo (Foto: Special Collections, UC Davis Library: *Gary Snyder Papers*, D-050 II, 3:71).

Abb. 37: Der fertige Zendo heute (Foto: Martin Spenger).

Abb. 38: Plakat für *Words For Whales: A Greenpeace Benefit*, March 23, 1978 (Special Collections, UC Davis Library: *Gary Snyder Papers*, D-050 IV, 13:5).

Abb. 39: Ernest Callenbachs *Ecotopia* (Bild: © Ernest Callenbach / Banyan Tree Books, for academic use only).

Abb. 40: Joel Garreaus *The Nine Nations of North America* (Bild: © Joel Garreau / The Garreau Group).

Abb. 41: *The Four Key Elements*, wie von Corey Lee Lewis in *Reading the Trail* aufgezeigt, in: Corey Lee Lewis. *Reading the Trail.* Reno: University of Nevada Press, 2005. 46.

Abb. 42: Querrolle *Mountains and Rivers without end*, wahrscheinlich von Lu Yuan, spätes 17. Jahrhundert. (Freer Gallery of Art, Smithsonian Institution, Washington, D.C.: Purchase – Charles Lang Freer Endowment, F1947.17 (Detail)).

Abb. 43: Straße auf dem Weg nach *Kitkitdizze* (Foto: Martin Spenger).

Abb. 44: Landschaft auf dem Weg nach *Kitkitdizze* (Foto: Martin Spenger).

Abb. 45: Gary Snyder an seinem Laptop, ca. 1995 (Foto: Ed Kashi/VII in: Gary Snyder. *Cultivating Wildness*, Audubon (May-June 1995), 66.).

Abb. 46: Snyders Hund Emi in der Bibliothek in *Kitkitdizze*, 2012 (Foto: Martin Spenger).

Abb. 47: Gary Snyder im November 2012 in *Kitkitdizze* (Foto: Martin Spenger).

Anmerkungen zu verwendeten Gedichten

Die Rechte für die in dieser Arbeit abgedruckten Gedichte liegen bei folgenden Verlagen:

Counterpoint Press:

»Piute Creek«, Copyright © 1958, 1959, 1965 by Gary Snyder, from *Rip Rap and Cold Mountain Poems*. Reprinted by permission of Counterpoint Press.

»For All«, Copyright © 1983 by Gary Snyder, from *Axe Handles*. Reprinted by permission of Counterpoint Press.

»Night Highway 99« and »The Circumambulation of Mt. Tamalpais«, Copyright © 1996 by Gary Snyder, from *Mountains and Rivers Without End*. Reprinted by permission of Counterpoint Press.

»Song of Taste« Copyright © 2007 by Gary Snyder, from *Back on the Fire*. Reprinted by permission of Counterpoint Press.

Grove Press:

»Eyes Full of Pitchpine Smoke«, Copyright © 2016 by The Estate of Allen Ginsberg/Gary Snyder, from *Wait Till I'm Dead*. Reprinted by permission of Grove Press.

New Directions:

»Nanao Knows« by Gary Snyder, from *The Back Country*, copyright © 1968 by Gary Snyder. Reprinted by permission of New Directions Publishing Corp.

»Revolution in the Revolution in the Revolution« by Gary Snyder, from *Regarding Wave*, copyright © 1970 by Gary Snyder. Reprinted by permission of New Directions Publishing Corp.

»For the Children« by Gary Snyder, from *Turtle Island*, copyright © 1974 by Gary Snyder. Reprinted by permission of New Directions Publishing Corp.

»Toward Climax« by Gary Snyder, from *Turtle Island*, copyright © 1974 by Gary Snyder. Reprinted by permission of New Directions Publishing Corp.

Pantheon Books/Penguin Random House:

»On Climbing the Sierra Matterhorn Again After Thirty-One Years,« and »Building« from NO NATURE by Gary Snyder, copyright © 1992 by Gary Snyder. Used by permission of Pantheon Books, an imprint of the Knopf Doubleday Publishing Group, a division of Penguin Random House LLC. All rights reserved.

Literaturverzeichnis

Archivmaterialien

UC Davis, Library, Department of Special Collections

D-050 The Gary Snyder Papers
Manuskripte und Tagebücher

Box I, 1:12 Chronological Work Diary, Last Year of Practice of the Wild, Jan. 10, 1989-Feb. 3, 1990.
Box I, 3:8 Against the San Juan Ridge County Water District, prose, 1972.
Box I, 5:50 »Postscript to Four Changes 1989,« May 5, 1989.
Box I, 7:2 Earth Day Speech (The Poet Speaks Out), Colorado State College, Greeley, Col., April 22, 1970; and letter from »Lavonne,« May 21, 1970.
Box I, 10:65 Journal for the Protection of All Beings / The CoEvolution Quarterly, no. 19, page proofs, 1978.
Box I, 22:9 [University of Michigan, Gary Snyder's Writer-in-Residence-Appearances], talks transcribed by Russell Gregory, 1971.
Box I, 22:56 Whale Night, June 1972.
Box I, 41:11 Proceedings of the Right to Remain Wild, A Public Choice, Nov. 17–19, 1975, 93.
Box I, 46:7 »Talk at Ishi Wilderness Conference,« prose published in Upriver Downriver, 1979.
Box I, 74:19 »Gary Snyder,« interview by David Meltzer, 1970.
Box I, 74:21 »Snyder's Introduction,« by Phil Woods, University of Oregon, March 8, 1983.
Box I, 75:13 City Lights in North Dakota: The Poet Looks at Industry and Ecology, extracts from open-mike sessions, 1974.
Box I, 86:7 [Journal], Book 5, 1970 August 17–1971 September 2.
Box I, 87:1 [Journal], Book 6, 1971 September 3–1972 June 4.
Box I, 88:6 [Journal], Book 17A, Japan Notes, 1981 June-July.
Box I, 89:1 [Journal], Book 17, 1981 May 31–1981 July 3.
Box I, 89:3 [Journal], Book 19, 1981 October 31–1982 May 6.
Box I, 89:6 [Journal], Book 22, 1983 June 4–1984 October 15.
Box I, 90:1 [Journal], Book 23.1, China, 1984 October 16–1984 December 9.
Box I, 90:4 [Journal], Book 26, 1985 June 23–1985 December 31.
Box I, 91:1 [Journal], Book 29, 1988.
Box I, 91:2 [Journal], Book 30, 1989.
Box I, 92:1 [Journal], Book 36, 1995.

Briefe

Box II, 1:11 Aitken, Robert March 22, 1988.
Box II, 1:13 Aitken, Robert April 10, 1988.
Box II, 1:31 Brower, David January 18, 1979.
Box II, 3:12 Snyder, Harold July 24, [1950].
Box II, 15:38 Berg, Peter July 29, 1987.
Box II, 15:40 Berg, Peter December 15.
Box II, 29:78 Charters, Ann January 5, 1970.

Box II, 56:48 Foreman, Dave April 7, 1985.
Box II, 58:63 Friends of the Earth June 9, 1971.
Box II, 58:68 Friends of the Earth December 5, 1974.
Box II, 59:7 Friends of the Earth March 14, 1985.
Box II, 74:4 Harrison, Jim May 1974.
Box II, 139:46 Oelschlaeger, Max October 1, 1989.
Box II, 154:66 Reynolds, Lloyd J. [January 22, 1970].
Box II, 167:45 Sessions, George December 1, 1981.
Box II, 167:70 Sessions, George September 16, 1985.
Box II, 167:78 Sessions, George December 18, 1987.
Box II, 168:2 Sessions, George November 27, 1990.
Box II, 189:71 United States. Coast Guard June 24, 1955.
Box II, 189:73 United States. Dept. of Agriculture. Office of Personnel March 23, 1955.
Box II, 189:74 United States. Forest Service February 10, 1954.
Box II, 189:83 United States. Forest Service April 22, 1954.
Box II, 207:46 Worster, Donald E. April 15, 1992.

Sonstiges
Box IV, 6:15 Okinawa trip materials, November 22–28, 1989.
Folio 1:4, Dear Mr. President, n. d.

D-228 Joann Cohn Cazden Collection
Box 1:22, Letter and envelope with enclosure, »Lines written sitting on a board on the summit of Mt. Hood at 4:00 in the morning, in a cold wind.« [Aug. 17, 1947].
Box 1:23, Letter and envelope, Aug. 21, 1947.
Box 1:24, Letter, [Aug. 1947].
Box 1:26, Letter, Dec. 12, 1948.
Box 1:28, Clipping, June/July 1947.
Box 1:30, Clipping, Jan. 2, 1948.
Box 1:31, Clipping, June 27, 1951.

Primärquellen

Baker, Jerry, Gary Snyder talks writing, influences, Reed College and Portland [Interview], in: The Oregonian (30. November 2011). Abgerufen von: http://www.oregonlive.com/books/index.ssf/2011/06/gary_snyder_talks_writing_infl.html (26.10.2016).
Bilbro, Jeffrey, Helping People Love the World: An Interview with Gary Snyder, in: ISLE: Interdisciplinary Studies in Literature and Environment, 18.2 (Spring 2011), 431–441.
Brown, Jerry, Mountains and Rivers Without End: Gary Snyder [Interview], in: Ders. Dialogues. Berkeley 1998, 63–78.
Charters, Ann (Hrsg.), Jack Kerouac: Selected Letters 1940–1956. London 1995.
–, Jack Kerouac: Selected Letters 1957–1969. London 2000.
Ebenkamp, Paul (Hrsg.), The Etiquette of Freedom: Gary Snyder, Jim Harrison, and ›The Practice of the Wild‹. Berkeley 2010.
Ginsberg, Allen, Collected Poems 1947–1997. London 2009.
–, Indian Journals: March 1962 – May 1963: Notebooks, Diary, Blank Pages, Writings. San Francisco 1970.
–, The National Security Archives Interview with Allen Ginsberg, August 11th, 1996, in: Beat Scene 71 (2013), 12–21.
Kerouac, Jack, Collected Poems. New York 2012.

–, Road Novels 1957–1960. New York 2007.
–, The Dharma Bums. New York 1958.
–, The Dharma Bums. London 1972.
Kyger, Joanne, Strange Big Moon: The Japan and India Journals: 1960–1964. Berkeley 2000.
Morgan, Bill (Hrsg.), The Selected Letters of Allen Ginsberg and Gary Snyder. Berkeley 2009.
Moretti, Giuseppe, Re-inhabiting Europe [Interview mit Gary Snyder], 7. Dezember 2002 [Transkript].
Muir, John, A thousand-mile walk to the Gulf. Boston 1916.
–, Steep Trails [1918]. Ithaca, NY 2009.
Rexroth, Kenneth, In the Sierra: Mountain Writings. New York 2012.
Rexroth, Kenneth/Meltzer, David, Kenneth Rexroth (1969) [Interview], in: David Meltzer (Hrsg.), San Francisco Beat: Talking with the Poets. San Francisco 2001, 228–275.
Snyder, Gary, A Place in Space: Ethics, Aesthetics, and Watersheds. Berkeley 1995.
–, Anyone with Yama-Bushi Tendencies: A Message from a California Member of Special Interest to Those Seeking Jobs Which Leave Time for Study and Zazen, in: Zen Notes (November 1954), 3–4.
–, Axe Handles. New York 1983.
–, Back on the Fire: Essays. Berkeley 2006.
–, Blue Mountains Constantly Walking, in: Ders., The Practice of the Wild (with a new Preface by the Author). Berkeley 2010, 104–123.
–, Buddhism and the Coming Revolution, in: Ders., Earth House Hold: Technical Notes & Queries To Fellow Dharma Revolutionaries. New York 1969, 90–93.
–, Cold Mountain Poems and Persons, in: Ders., Cold Mountain Poems: Twenty-Four Poems by Han Shan, translated by Gary Snyder. Berkeley 2013.
–, Cold Mountain Poems: Twenty-Four Poems by Han Shan, translated by Gary Snyder. Berkeley 2013.
–, Coming Into the Watershed, in: Ders., A Place in Space: Ethics, Aesthetics, and Watershed. Berkeley 1995, 219–235.
–, Danger on Peaks. Washington, DC 2004.
–, »Dear Dave,…«, in: Earth First! (August 1, 1982), 3.
–, Don't Move! Things that really work, in: Upriver Downriver 10 ([ca. 1991]).
–, Earth Day and the war against the imagination, in: Community Endeavor 4, 4 (May 1990), 6.
–, Earth House Hold: Technical Notes & Queries To Fellow Dharma Revolutionaries. New York 1969.
–, Energy is Eternal Delight, in: Ders., Turtle Island. New York 1974, 103–105.
–, Foreword, in: Edward H. Schafer, The Divine Woman: Dragon Ladies and Rain Maidens in T'ang Literature. San Francisco 1980, XI–XVI.
–, Foreword, in: Matthew Davis, Michael Farrell Scott, Opening the Mountain: Circumambulating Mount Tamalpais: A Ritual Walk. Emeryville, CA 2006, XIII–XIX.
–, Foreword, in: William Shipley (Hrsg.), The Maidu Indian Myths and Stories of Hanc'Ibyjim. Berkeley 1991, VII–X.
–, Four Changes, in: Ders., Turtle Island. New York 1974, 91–102.
–, Fünf Ortungen: Essays der 90er Jahre. Göttingen 1997.
–, Gary Snyder's Predictions for next environmental decade, in: ECONEWS 10, 6 (June 1980), 1.
–, Grace, in: Susan Suntree (Hrsg.), Wisdom of the East: Stories of Compassion, Inspiration, and Love. Chicago 2002, 299–302.
–, He Who Hunted Birds in His Father's Village: The Dimensions of a Haida Myth. Bolinas 1979.
–, He Who Hunted Birds in His Father's Village: The Dimensions of a Haida Myth. With a Foreword b Robert Bringhurst and a new Afterword by the Author. Berkeley 2007.

–, Kitkitdizze: Ein Knoten im Netz, in: Ders., Fünf Ortungen: Essays der 90er Jahre. Göttingen 1997.
–, Mountains and Rivers Without End. Washington, DC 1996.
–, No Nature: New and Selected Poems. New York 1992.
–, ›Notes on the Beat Generation‹ and ›The New Wind‹, in: Ders., A Place in Space: Ethics, Aesthetics, and Watershed. Berkeley 1995, 7–18.
–, Note to Drawknife, in: Doc Dachtler, Drawknife. Winters, CA 1985, VII.
–, Passage Through India: An Expanded and Illustrated Edition. Berkeley 2007.
–, Peter Berg, Counterculture, and the Bioregional Impulse, in: Cheryll Glotfelty, Eve Quesnel (Hrsg.), The Biosphere and the Bioregion: Essential Writings of Peter Berg. London 2015, 248–249.
–, Re-Inhabitation, in: Ders., The Old Ways: Six Essays. San Francisco 1977, 57–66.
–, Reinhabitation. in: Ders., A Place in Space: Ethics, Aesthetics, and Watershed. Berkeley 1995, 183–191.
–, Regarding Wave. New York 1970.
–, Riprap and Cold Mountain Poems: 50th Anniversary Edition. Berkeley 2009.
–, Smokey the Bear Sutra, in: Ders., A Place in Space: Ethics, Aesthetics, and Watershed. Berkeley 1995, 25–31.
–, The Back Country. New York 1968.
–, The Dharma Eye of D. A. Levy, in: Ders., The Old Ways: Six Essays. San Francisco 1977, 49–55.
–, The East West Interview, April 1977, in: Ders., The Real Work: Interviews & Talks 1964–1979. New York 1980, 92–137.
–, The Etiquette of Freedom, in: Ders., The Practice of the Wild (with a new Preface by the Author). Berkeley 2010, 3–26.
–, The Gary Snyder Reader: Prose, Poetry, and Translations 1952–1998. Washington, DC 1999.
–, The Great Clod: Notes and Memoirs on Nature and History in East Asia. Berkeley 2016.
–, The Making of Mountains and Rivers Without End, in: Ders., Mountains and Rivers Without End. Washington, DC 1996, 153–158.
–, The Old Masters and the Old Women, in: Ders., A Place in Space: Ethics, Aesthetics, and Watershed. Berkeley 1995, 99–108.
–, The Old Ways: Six Essays. San Francisco 1977.
–, The Practice of the Wild (with a new Preface by the Author). Berkeley 2010.
–, The Real Work: Interviews & Talks 1964–1979. New York 1980.
–, The Rediscovery of Turtle Island, in: Ders., A Place in Space: Ethics, Aesthetics, and Watershed. Berkeley 1995, 236–251.
–, The Return of Japhy Ryder [Interview], in: Berkeley Barb 6, 1, 173 (January 3–9, 1969), 12–14.
–, The Work of the Yuba Watershed Institute 2002, in: Bruce Boyd, Liese Greensfelder (Hrsg.), The Nature of this Place: Investigations and Adventures in the Yuba Watershed. Grass Valley 2010, 197–198.
–, The Youngsteigers, in: MAZAMA 29, 13 (1947), 54–55.
–, This Present Moment. Berkeley 2015.
–, Turtle Island. New York 1974.
–, Why Tribe, in: Ders., Earth House Hold: Technical Notes & Queries To Fellow Dharma Revolutionaries. New York 1969, 113–116.
–, Writers and the War Against Nature, in: Ders., Back on the Fire: Essays. Berkeley 2006, 61–71.
Snyder, Gary/Avila, Robert, SF360 Dialogues: Gary Snyder on Art, Anarchy and the Environment, in: SF360 (30.05.2010). Abgerufen von: http://Sf360.org/?pageid=12826 (26.10.2016).

Snyder, Gary/Killion, Tom, California's Wild Edge: The Coast in Poetry, Prints, and History. Berkeley 2015.
–, The High Sierra of California. Berkeley 2002.
Snyder, Gary/Loeffler, Jack, Gary Snyder [Interview], in: Jack Loeffler (Hrsg.), Headed Upstream: Interviews with Iconoclasts. Santa Fe 2010, 177–187.
Snyder, Gary/March, Michael, Poetry and Action, in: The Guardian Online (30.5.2007). Abgerufen von: http://www.guardian.co.uk/books/2007/may/30/culture.features (22.03.2012).
Snyder, Gary/Martin, Julia, Nobody Home: Writing, Buddhism, and Living in Places. San Antonio, TX 2014.
Snyder, Gary/Meltzer, David, Gary Snyder (1999) [Interview], in: David Meltzer (Hrsg.), San Francisco Beat: Talking with the Poets. San Francisco 2001, 276–293.
Snyder, Gary/Shoemaker, Jack, Opening Conversation, in: Mark Gonnerman (Hrsg.), A Sense of the Whole: Reading Gary Snyder's Mountains and Rivers Without End. Berkeley 2015, 33–42.
Snyder, Gary/Smith, Eric Todd, The Space Goes On: A Conversation about Mountains and Rivers Without End, in: Mark Gonnerman (Hrsg.), A Sense of the Whole: Reading Gary Snyder's Mountains and Rivers Without End. Berkeley 2015, 261–281.
Snyder, Gary/Tarn, Nathaniel, From Anthropologist to Informant: A Field Record of Gary Snyder, in: Alcheringa 4 (Autumn 1972), 104–113.
Snyder, Gary et al., Cities: Salvaging the Parts, in: The Planet Drum Review 1, 3 (1981), 12–13.
Taylor, Bron, Interview mit Gary Snyder (Davis, CA: 7. Juni 1993), [Transkript].
Welch, Lew, Ring of Bone: Collected Poems. San Francisco 2012.
Wriglesworth, Chad (Hrsg.), Distant Neighbors: The Selected Letters of Wendell Berry and Gary Snyder. Berkeley 2014.

Gedichte

Ginsberg, Allen, Improvisation in Beijing, in: Ders,. Collected Poems 1947–1997. London 2009, 937–939.
Ginsberg, Allen/Snyder, Gary, Eyes Full Of Pitchpine Smoke, in: Allen Ginsberg, Wait Till I'm Dead: Uncollected Poems. New York 2016, 116.
Snyder, Gary, A Berry Feast, in: Evergreen Review 1, 2, 114.
–, Atomic Dawn, in: Ders., Danger on Peaks. Washington, DC 2004, 9.
–, Building, in: Ders., No Nature: New and Selected Poems. New York 1992, 366–367.
–, For All, in: Ders., Axe Handles. New York 1983, 113–114.
–, For the Children, in: Ders., Turtle Island, 86.
–, Gold, Green, in: San Francisco Chronicle 7 (März 1978), 8.
–, Nanao Knows, in: Ders., The Back Country. New York 1968, 88.
–, Night Highway 99, in: Ders., Mountains and Rivers Without End. Washington, DC 1996, 11–24.
–, On Climbing the Sierra Matterhorn Again After Thirty-One Years, in: Ders., No Nature: New and Selected Poems. New York 1992, 362.
–, Piute Creek, in: Ders., Riprap and Cold Mountain Poems. Washington, DC 2009, 8.
–, Revolution in the Revolution in the Revolution, in: Ders., Regarding Wave. New York 1970, 39.
–, Songs for a Four-Crowned Dancing Hat, in: The Folio (March 1952), 27.
–, Talking Late with the Governor about the Budget, in: Ders., Axe Handles. New York 1983, 81–82.
–, The Circumambulation of Mt. Tamalpais, in: Ders., Mountains and Rivers Without End. Washington, DC 1996, 85–89.

–, Toward Climax, in: Ders., Turtle Island, 82–85.
–, Under the Sign of Toki's, in: Ders., Axe Handles. New York 1983, 79–80.
–, We Wash Our Bowls in This Water, in: Ders., Mountains and Rivers Without End. Washington, DC 1996, 137–139.
–, Why I take Good Care of My Macintosh, in: Ders., This Present Moment. Berkeley 2015, 9.

Sekundärliteratur

Allin, Craig W, The Politics of Wilderness Preservation. Fairbanks 2008.
Annual Report of the Corporation of the Chamber of Commerce of the State of New York. New York 1890.
Aronowitz, Al, Part 12: The Beat Papers of Al Aronowitz, in: The Blacklisted Journalist (01.07.1998). Abgerufen von: http://www.blacklistedjournalist.com/column35b.html (26.10.2016).
Badè, William Frederic, The Life and Letters of John Muir, Vol. 1. Boston 1924.
Baker, Deborah, A Blue Hand: The Beats in India. New York 2008.
Ball, Gordon, East Hill Farm: Seasons with Allen Ginsberg. Berkeley 2011.
Baker, Jeff, Gary Snyder comes home to Reed College, in: The Oregonian/OregonLive (18.6.2011). Abgerufen von: http://www.oregonlive.com/books/index.ssf/2011/06/gary_snyder_comes_home_to_reed.html (15.07.2011).
Bay, Monica, A Whale of a Benefit Concert, in: Rolling Stone 30 (Dezember 1976), 14.
Berg, Peter, Discovering Your Life-Place: A First Bioregional Workbook. San Francisco [1990].
–, Envisioning Sustainability. San Francisco 2009.
Berg, Peter/Dasmann, Raymond, Reinhabiting California, in: Cheryll Glotfelty, Eve Quesnel (Hrsg.), The Biosphere and the Bioregion: Essential Writings of Peter Berg. London 2015, 35–40.
Berghahn, Volker R., Structuralism and Biography: Some Concluding Thoughts on the Uncertainties of a Historiographical Genre, in: Volker R. Berghahn, Simone Lässig (Hrsg.), Biography between Structure and Agency: Central European Lives in International Historiography. New York 2008, 234–250.
Berghahn, Volker R./Lässig, Simone (Hrsg.), Biography between Structure and Agency: Central European Lives in International Historiography. New York 2008.
Bielefeldt, Carl, Buddhism in Mountain and Rivers Without End, in: Mark Gonnerman (Hrsg.), A Sense of the Whole: Reading Gary Snyder's Mountains and Rivers Without End. Berkeley 2015, 215–237.
Bly, Robert, American Poetry: Wildness and Domesticity. New York 1991.
Boyd, Bruce/Greensfelder, Liese (Hrsg.), The Nature of this Place: Investigations and Adventures in the Yuba Watershed. Grass Valley 2010.
Brady, Lisa M., Reflections on the Wilderness Act at Fifty: Editor's Introduction, in: Environmental History 19, 4 (October 2014), 714–715.
Brand, Steward, Whole Earth Discipline: Why Dense Cities, Nuclear Power, Transgenic Crops, Restored Wildlands, Radical Science, and Geoengineering Are Necessary. London 2010.
Bröckers, Mathias, Zweitausendeins. Der Versand. 40 Jahre danach. Frankfurt a. M. 2009.
Brower, David, For Earth's Sake: The Life and Times of David Brower. Salt Lake City 1990.
Brower, Kenneth, The Wildness Within: Remembering David Brower. Berkeley 2012.
Brown, Jerry, Dialogues. Berkeley 1998.
Buell, Lawrence et al., Literature and Environment, in: The Annual Review of Environment and Resources 36 (2011), 417–440.
Burns, Jim, Reknowned poets raise $1,000 in gold battle, in: Union (17. September 1979).
Burke, Peter, What is Cultural History? Cambridge 2004.

Callenbach, Ernest, Ecotopia (30th Anniversary Edition). Berkeley 2004.
–, Foreword, in: Peter Berg, Envisioning Sustainability. San Francisco 2009, [1–2].
Callicott, J. Baird/Nelson, Michael P., Introduction, in: Dies. (Hrsg.), The Great New Wilderness Debate. Athens, GA 1998, 1–20.
– (Hrsg.), The Great New Wilderness Debate. Athens, GA 1998.
Campbell, Joseph, The Hero with a Thousand Faces. New York 1967.
Carolan, Trevor, New World Dharma. Albany, NY 2016.
–, The Wild Mind of Gary Snyder, in: Lion's Roar: Buddhist Wisdom for Our Time (1. Mai 1996). Abgerufen von: http://www.lionsroar.com/the-wild-mind-of-gary-snyder/ (26.10.2016).
Cathedral Forest Rendezvous, in: The Oregonian (21. September 1984), B5.
Centell, Linda, Deep Ecology, in: The Union (31. März 1983).
Chandarlapaty, Raj, The Beat Generation and Counterculture: Paul Bowles, William S. Burroughs, Jack Kerouac. New York 2009.
Charters, Ann (Hrsg.), Beat Down to your Soul: What was the Beat Generation? London 2001.
Cohen, Jack, The Wildland-Urban Interface Fire Problem, in: Forest History Today (Fall 2008), 20–25.
Collin, Luci, Snyder in Portuguese – Language, Culture and Context, in: NEW: International Visual and Verbal Communication 1 (2005), 57–60.
Cook, Bruce, The Beat Generation: The tumultuous '50s movement and its impact on today. New York 1971.
Coyote, Peter, Sleeping where I fall: A Chronicle. Berkeley 2015.
–, The Rainman's Third Cure: An Irregular Education. Berkeley 2015.
Cronon, William, Foreword: The Myriad Tributaries of a Watershed Movement, in: David Stradling, The Environmental Moment. Seattle 2012, XI–XIII.
–, The Trouble with Wilderness; or Getting Back to the Wrong Nature, in: Ders. (Hrsg.), Uncommon Ground: Rethinking the Human Place in Nature. New York 1996, 69–90.
– (Hrsg.), Uncommon Ground: Rethinking the Human Place in Nature. New York 1996.
Dachtler, Doc, Drawknife. Winters, CA 1985.
Dardick, Geeta, Gary Snyder: Of Place and the Buddha-realm, Simply Living 2, 11 (1986), 39.
–, Gary Snyder: Rural Philosopher, in: Sacramento (August 1985), 50–54.
Davidson, Steward, The troubled marriage of Deep Ecology and Bioregionalism, in: Environmental Values 16, 3 (2007), 313–332.
Davis, Matthew/Scott, Michael Farrell, Opening the Mountain: Circumambulating Mount Tamalpais: A Ritual Walk. Emeryville, CA 2006.
De Bell, Garrett (Hrsg.), The Environmental Handbook: Prepared for the First National Environmental Teach-In. New York 1970.
de Haan, Binne, The Eclipse of Biography in Life Writing, in: Hans Renders, Binne de Haan (Hrsg.), Theoretical Discussions of Biography: Approaches from History, Microhistory, and Life Writing. Leiden 2014, 177–194.
Dean, Tim, The Other's Voice: Cultural Imperialism and Poetic Impersonality in Gary Snyder's ›Mountains and Rivers without End‹, in: Contemporary Literature 41, 3 (Autumn, 2000), 462–494.
Devall, Bill, George Sessions, Deep Ecology: Living as if nature mattered. Salt Lake City 1985.
Diederichsen, Diedrich/Franke, Anselm (Hrsg.), The Whole Earth: Kalifornien und das Verschwinden des Außen. Berlin 2013.
Drengson, Alan/Inoue, Yuichi, Introduction, in: Dies. (Hrsg.), The Deep Ecology Movement: An Introductory Anthology. Berkeley 1995, XVII–XXVIII.
– (Hrsg.), The Deep Ecology Movement: An Introductory Anthology. Berkeley 1995.
Dunn, Katherine, No Compromise! For the members of Earth First! some things just aren't negotiable, in: The Oregonian Sunday (25. November 1984), 7–12.

Dushek, George, »They're young seekers, not hippies«› Says Poet Ginsberg, in: San Francisco Chronicle (January 22, 1967), 11.

Ehrlich, Paul R., The Population Bomb. New York 1968.

Ekirch, Arthur, Man and Nature in America. New York 1963.

Elder, John, Pilgrimage to Vallombrosa: From Vermont to Italy in the Footsteps of George Perkins Marsh. Charlottesville 2006.

Ellis, Jeffrey C., On the Search for a Root Cause: Essentialist Tendencies in Environmental Discourse, in: William Cronon (Hrsg.), Uncommon Ground: Rethinking the Human Place in Nature. New York 1996, 256–268.

Ellison, Jim (Hrsg.), Younger Than That Now: Collected Interviews with Bob Dylan. New York 2004.

Faas, Ekbert, Gary Snyder [Interview], in: Ders. (Hrsg.), Towards A New American Poetics. Santa Barbara 1978, 105–146.

– (Hrsg.), Towards A New American Poetics. Santa Barbara 1978.

Ferlinghetti, Lawrence (Hrsg.), Journal for the Protection of All Beings. San Francisco 1961.

– (Hrsg.), Zum Schutze aller Lebewesen. Linden 1980.

Fetz, Bernhard/Hemecker, Wilhelm (Hrsg.), Theorie der Biographie: Grundlagentexte und Kommentar. Berlin 2011.

Fiedorczuk, Julia, Can Poetry Save the Earth? An Interview with Gary Snyder, in: Polish Journal for American Studies 8 (2014), 7–15.

Foreman, Dave, Gary Snyder: Tribal Founder, in: Jon Halper (Hrsg.), Gary Snyder: Dimensions of a Life. San Francisco 1991, 362–364.

–, Dave Foreman [Interview], in: Kenneth Brower, The Wildness Within: Remembering David Brower. Berkeley 2012, 215–228.

Garreau, Joel, The Nine Nations of North America. Boston 1981.

Gifford, Barry/Lee, Lawrence, Jack's Book: An Oral Biography of Jack Kerouac. New York 1994.

Glotfelty, Cheryll, Peter Berg: Living a Making, in: Cheryll Glotfelty, Eve Quesnel (Hrsg.), The Biosphere and the Bioregion: Essential Writings of Peter Berg. London 2015, 12–32.

Glotfelty, Cheryll/Quesnel, Eve (Hrsg.), The Biosphere and the Bioregion: Essential Writings of Peter Berg. London 2015.

Gottlieb, Robert, Forcing the Spring: The Transformation of the American Environmental Movement. Washington, DC 2005.

Gonnerman, Mark (Hrsg.), A Sense of the Whole: Reading Gary Snyder's Mountains and Rivers Without End. Berkeley 2015.

Halper, Jon (Hrsg.), Gary Snyder: Dimensions of a Life. San Francisco 1991.

Hass, Robert, Proceeding by Clues: Reading Mountains and Rivers Without End, in: Mark Gonnerman (Hrsg.), A Sense of the Whole: Reading Gary Snyder's Mountains and Rivers Without End. Berkeley 2015, 143–202.

Heitman, Danny, Not Exactly a Hermit: Henry David Thoreau, in: Humanities: The Magazine for the National Endowment for the Humanities (September/October 2012), 14–17.

Hendrick, George, The Influence of Thoreau's Civil Disobedience on Gandhi's Satyagraha, in: The New England Quarterly 29, 4 (Dec. 1956), 462–471.

Hobson, Geary (Hrsg.), The Remembered Earth: An Anthology of Contemporary Native American Literature. Albuquerque 1979.

–, The Rise of the White Shaman as a New Version of Cultural Imperialism, in: Ders. (Hrsg.), The Remembered Earth: An Anthology of Contemporary Native American Literature. Albuquerque 1979, 100–108.

Holmes, John Clellon, Dies ist die Beat Generation. Berlin 2010.

Hunter, Robert, The Storming of the Mind. New York 1972.

Hornung, Alfred, Ecology and Life Writing: Preface, in: Alfred Hornung, Zhao Baisheng (Hrsg.), Ecology and Life Writing. Heidelberg 2013, IX–XIX.

Hornung, Alfred/Baisheng, Zhao (Hrsg.), Ecology and Life Writing. Heidelberg 2013.

In Memoriam: Joan E. Baker '53, in: Reed Magazine 92, 2 (2013). Abgerufen von: http://www.reed.edu/reed_magazine/in-memoriam/obituaries/june2013/joan-e-baker-1953.html (26.10.2016).

Ito, Masami, Diet officially declares Ainu indigenous, in: The Japan Times (7. Juni 2008). Abgerufen von: http://www.japantimes.co.jp/news/2008/06/07/national/diet-officially-declares-ainu-indigenous/ (26.10.2016).

Junker, Howard (Hrsg.), The Writer's Notebook. New York 1995.

Kasler, Dale, California economy surges to No. 6 in global rankings, in: Sacramento Bee (14. Juni 2016). Abgerufen von: http://www.sacbee.com/news/business/article83780667.html (26.10.2016).

Katz, Eric et al., Introduction: Deep Ecology as Philosophy, in: Ders. (Hrsg.), Beneath the Surface: Critical Essays in the Philosophy of Deep Ecology. Cambridge, MA 2000. XXI.

– (Hrsg.), Beneath the Surface: Critical Essays in the Philosophy of Deep Ecology. Cambridge, MA 2000, IX–XXIV.

Kirk, Andrew G., Counterculture Green: The Whole Earth Catalog and American Environmentalism. Lawrence 2007.

Kittredge, William (Hrsg.), The Portable Western Reader. New York 1997.

Koda, Carole, First Winter, in: Jon Halper (Hrsg.), Gary Snyder: Dimensions of a Life. San Francisco 1991, 321–325.

Koffman, Rebecca, Ways We Speak, in: Reed Magazine (Winter 2008). Abgerufen von: http://www.reed.edu/reed_magazine/winter2008/features/ways_we_speak/ (26.10.2016).

Kopecký, Petr, The California Crucible: Literary Harbingers of Deep Ecology. Ostravě, 2007.

Krebs, Angelika, Einleitung, in: Dies. (Hrsg.), Naturethik: Grundtexte der gegenwärtigen tier- und ökoethischen Diskussion. Frankfurt a. M. 1997, 7–12.

– (Hrsg.), Naturethik: Grundtexte der gegenwärtigen tier- und ökoethischen Diskussion. Frankfurt a. M. 1997.

Krech III, Shepard, The Ecological Indian: Myth and History. New York 2000.

Lässig, Simone, Introduction: Biography in Modern History – Modern Historiography in Biography, in: Volker R. Berghahn, Simone Lässig (Hrsg.), Biography between Structure and Agency: Central European Lives in International Historiography. New York 2008, 1–26.

Levi, Giovanni, The Uses of Biography, in: Hans Renders, Binne de Haan (Hrsg.), Theoretical Discussions of Biography: Approaches from History, Microhistory, and Life Writing. Leiden 2014, 61–74.

Levine, Steve, The Be-In, in: San Francisco Oracle 6 (February 1967), 24.

Lewis, Martin W., Green Delusions: An Environmentalist Critique of Radical Environmentalism. Durham, MA 1992.

Lewis, Michael, American Wilderness: A New History. Oxford 2007.

Liebert, Larry. Gov. Brown Will Root for Trees, in: San Francisco Chronicle 7 (März 1978), 8.

Lockyer, Joshua/Veteto, James R. (Hrsg.), Environmental Anthropology Engaging Ecotopia: Bioregionalism, Permaculture, and Ecovillages. New York 2013.

–, Environmental Anthropology Engaging Ecotopia: An Introduction, in: Dies. (Hrsg.), Environmental Anthropology Engaging Ecotopia: Bioregionalism, Permaculture, and Ecovillages. New York 2013, 1–31.

Loeffler, Jack (Hrsg.), Headed Upstream: Interviews with Iconoclasts. Santa Fe 2010.

Louter, David, Contested Terrain: North Cascades National Park Service Complex, Washington: An Administrative History. Seattle 1998.

Mahar, J. Michael, Scenes from the Sidelines, in: Jon Halper (Hrsg.), Gary Snyder: Dimensions of a Life. San Francisco 1991, 8–15.

Marsh, Kevin R., Drawing Lines in the Forest: Creating Wilderness Areas in the Pacific Northwest. Seattle 2007.

Mathieu, Jon, The Third Dimension: A Comparative History of Mountains in the Modern Era. Cambridge 2011.
Matusow, Allen J., The Unraveling of America: A History of Liberalism in the 1960s. Athens, GA 2009.
Mauch, Christof et al. (Hrsg.), Shades of green: Environmental Activism Around the Globe. Lanham, MD 2006.
Mauch, Christof/Mayer, Sylvia, Introduction, in: Dies. (Hrsg.), American Environments: Climates - Cultures - Catastrophe. Heidelberg 2012, 1–5.
– (Hrsg.), American Environments: Climates - Cultures - Catastrophe, Heidelberg 2012.
McDermott, Judy, A poet's pilgrimage, in: The Oregonian (30. September 1985), C1–C3.
McKinley, Jesse, How Jerry Brown Became ›Governor Moonbeam‹, in: The New York Times (6. März 2010). Abgerufen von: https://www.nytimes.com/2010/03/07/weekinreview/07mckinley.html (17.08.2019).
McMahan, David L., The Making of Buddhist Modernism. Oxford 2008.
McNally, Dennis, Desolate Angel: Jack Kerouac, The Beat Generation, and America. Cambridge, MA 2003.
McNeil, Katherine, Gary Snyder: A Bibliography (Compiled by Katherine McNeil). New York City 1983.
Meltzer, David (Hrsg.), San Francisco Beat: Talking with the Poets. San Francisco 2001.
Milner II, Clyde A. (Hrsg.), Major Problems in the History of the American West. Lexington, MA 1989.
Mitchell, John G. (Hrsg.), Ecotactics: The Sierra Club Handbook for Environment Activists. New York 1970.
Molesworth, Charles, The Political and Poetic Vision of Turtle Island, in: Patrick D. Murphy (Hrsg.), Critical Essays on Gary Snyder. Boston, MA 1991, 144–156.
Moretti, Giuseppe, Bearbaiting in Italy, in: Bruce Boyd, Liese Greensfelder (Hrsg.), The Nature of this Place: Investigations and Adventures in the Yuba Watershed. Grass Valley 2010, 69.
–, Gary Snyder: Touring Italy and its Watersheds, in: Beat Scene 47 (Spring 2005), 48–50.
–, Hanging Around Kitkitdizze with Gary Snyder. Portiolo 2009.
–, Notes for a new/old bioregional indigenousness, in: Planet Drum (Spring 2015), 1–2.
–, Watersheds of the Mind. Brunswick, ME, 2005.
Morgan, Bill (Hrsg.), Howl on Trial: The Battle for Free Expression. San Francisco 2006.
–, I Celebrate Myself: The Somewhat Private Life of Allen Ginsberg. New York 2006.
–, The Beat Generation in San Francisco: A Literary Tour. San Francisco 2003.
–, The Beats Abroad: A Global Guide to the Beat Generation. San Francisco 2015.
Murphy, Patrick D., A Place for Wayfaring: The Poetry and Prose of Gary Snyder. Corvallis 2000.
– (Hrsg.), Critical Essays on Gary Snyder. Boston, MA 1991.
Myllyntaus, Timo (Hrsg.), Thinking through the Environment: Green Approaches to Global History. Cambridge 2011.
Næss, Arne, Die tiefenökologische Bewegung, in: Angelika Krebs (Hrsg.), Naturethik: Grundtexte der gegenwärtigen tier- und ökoethischen Diskussion. Frankfurt a. M. 1997, 182–210.
Neumann, Karl, Vexations and Variations: Buddhismus bei Jack Kerouac, in: Volker Zotz (Hrsg.), Schnittstellen: Festschrift für Armin Gottmann zum 70. Geburtstag. Luxemburg 2013, 131–153.
Niemi, Robert, The Ultimate, Illustrated Beats Chronology. Berkeley 2011.
Nock-Hee Park, Josephine, Apparitions of Asia: Modernist Form and Asian American Poetics. Oxford 2008.
O'Connell, Nicholas, At the Field's End: Interviews with 22 Pacific Northwest Writers. Seattle 1998.

–, Gary Snyder [Interview], in: Ders., At the Field's End: Interviews with 22 Pacific Northwest Writers. Seattle 1998, 364–380.

O'Grady, John P., Gary Snyder, in: The Western Literature Association (Hrsg.), Updating the Literary West. Forth Worth 1997, 313–320.

Oldmeadow, Harry, Journeys East: 20th Century Western Encounters with Eastern Religious Traditions. Bloomington 2004.

Orlovsky, Peter, A Life in Words: Intimate Chronicles of a Beat Writer. Boulder, CO 2014.

Paul, Sherman, From Lookout to Ashram: The Way of Gary Snyder, in: The Iowa Review 1, 3 (Summer 1970), 76–89.

–, From Lookout to Ashram: The Way of Gary Snyder, in: Patrick D. Murphy (Hrsg.), Critical Essays on Gary Snyder. Boston, MA 1991, 58–80.

–, In Search of the Primitive: Rereading David Antin, Jerome Rothenberg, and Gary Snyder. Baton Rouge 1986.

Philippi, Donald L., Songs of Gods, Songs of Humans: The Epic Tradition of Ainu. Princeton 1979.

Principles, Policies, and Procedures: Domestic Geographic Names (United States Boards on Geographical Names). Reston, VA 1997. Abgerufen von: http://geonames.usgs.gov/docs/pro_pol_pro.pdf (26.10.2016).

Prohl, Inken, California ›Zen‹: Buddhist Spirituality Made in America, in: Amerikastudien 59, 2 (2014), 193–206.

Pulitzer winner was Lincoln High student, in: The Oregonian (6.5.1975), A8.

Quigley, Peter, Housing the Environmental Imagination: Politics, Beauty, and Refuge in American Nature Writing. Cambridge 2012.

Renders, Hans, The Biographical Method, in: Hans Renders, Binne de Haan (Hrsg.), Theoretical Discussions of Biography: Approaches from History, Microhistory, and Life Writing. Leiden 2014, 222–231.

Renders, Hans/de Haan Binne (Hrsg.), Theoretical Discussions of Biography: Approaches from History, Microhistory, and Life Writing. Leiden 2014.

Robertson, David, Practicing the Wild – Present and Future Plans: An Interview with Gary Snyder, in: Patrick Murphy (Hrsg.), Critical Essays on Gary Snyder. Boston, MA 1991.

–, The Circumambulation of Mt. Tamalpais, in: Western American Literature 20, 1 (1995), 3–28.

Robinson, Kim Stanley, The Actual World: ›Mount Thoreau‹ and the naming of things in the wilderness, in: Slate (22.10.2014). Abgerufen von: http://www.slate.com/articles/arts/culturebox/2014/10/mount_thoreau_in_the_sierra_nevada_how_mountains_get_named_in_the_wilderness.html (26.10.2016).

Rome, Adam, The Genius of Earth Day: How a 1970 Teach-In Unexpectedly Made the First Green Generation. New York 2013.

Rorabaugh, W. J., American Hippies. Cambridge 2015.

Sale, Kirkpatrick, The Forest for the Trees: Can Today's Environmentalists Tell the Difference?, in: Mother Jones Magazine (November 1986), 29–33.

Scarce, Rik, Eco-Warriors: Understanding the Radical Environmental Movement, Updated Edition. New York 2007.

Schafer, Edward H., The Divine Woman: Dragon Ladies and Rain Maidens in T'ang Literature. San Francisco 1980.

Schneider, David, Crowded by Beauty: The Life and Zen of Poet Philip Whalen. Oakland 2015.

Scigaj, Leonard M., Sustainable Poetry: Four American Ecopoets. Lexington 1999.

Sessions, George, Deep Ecology and The New Age, in: Earth First! 7, 8 (23. September 1987), 27–29.

–, The Deep Ecology Movement: A Review, in: Environmental Review 11, 2 (Summer 1987), 105–125.

–, Gary Snyder: Post-Modern Man, in: Jon Halper (Hrsg.), Gary Snyder: Dimensions of a Life. San Francisco 1991, 365–370.
Sherlock, John, A Bibliography of Works By and About Gary Snyder: Based in part on the Gary Snyder Papers and Other Holdings of the University of California, Davis. Davis 2010.
Shipley, William (Hrsg.), The Maidu Indian Myths and Stories of Hanc'Ibyjim. Berkeley 1991.
Silko, Leslie Marmon, An Old-Time Indian Attack Conducted in Two Parts, in: Geary Hobson (Hrsg.), The Remembered Earth: An Anthology of Contemporary Native American Literature. Albuquerque 1979, 211–216.
Sinclair, Iain, American Smoke: Journeys to the End of the Light. London 2013.
–, Kitkitdizze… Seeing Gary Snyder. Coventry 2013.
Smith, Pat/Gosnell, Mariana, That Snyder Sutra, in: John G. Mitchell (Hrsg.), Ecotactics: The Sierra Club Handbook for Environment Activists. New York 1970, 84–87.
Snížek, Luboš, Why we Czechs can understand Gary Snyder poetry, in: NEW: International Visual and Verbal Communication 1 (2005), 48–49.
Snyder, Kai, Having a Poet as a Dad is Kind of Like Having a Fireman as a Dad, in: Jon Halper (Hrsg.), Gary Snyder: Dimensions of a Life. San Francisco 1991, 139–141.
Spieler, Geri, Fight to Keep Gold Miners Away, in: San Francisco Chronicle (25. Dezember 1979), 2.
Stone, Christopher D., Should Trees Have Standing? Law, Morality, and the Environment, Third Edition. Oxford 2010.
Stirling, Isabel, Zen Pioneer: The Life & Works of Ruth Fuller Sasaki. Berkeley 2006.
Stradling, David, Introduction, in: David Stradling (Hrsg.), The Environmental Moment. Seattle 2012, 3–11.
– (Hrsg.), The Environmental Moment. Seattle 2012.
Suiter, John, Poets on the Peaks: Gary Snyder, Philip Whalen & Jack Kerouac in the North Cascades. Washington, DC 2002.
–, When the Beats Came Back, in: Reed Magazine (Winter 2008). Abgerufen von: http://www.reed.edu/reed_magazine/winter2008/features/the_beats/ (26.10.2016).
Sullivan, Ann, Ex-copyboy takes Pulitzer Prize in stride, in: The Sunday Oregonian. (18.05.1975), E1.
Suntree, Susan (Hrsg.), Wisdom of the East: Stories of Compassion, Inspiration, and Love. Chicago 2002.
Sylva, Bob, A Poet's Private World, in: The Sacramento Bee (10. Mai 1981), Scene/1.
Taylor, Bron, Dark Green Religion: Nature Spirituality and the Planetary Future. Berkeley 2010.
Thoreau, Henry David/Porter, Eliot, In Wildness Is the Preservation of the World. Los Angeles 2012.
Tovey, Paige, The Transatlantic Eco-Romanticism of Gary Snyder. New York 2013.
The Mazamas were organized on the summit of Mount Hood in 1894, in: MAZAMA 29, 13 (1947), [1].
The Unanimous Declaration of Interdependence, in: Whole Earth Catalog (September 1969), 12–13.
The Western Literature Association (Hrsg.), Updating the Literary West. Forth Worth 1997.
Turner, James Morton, The Politics of Modern Wilderness, in: Michael Lewis (Hrsg.), American Wilderness: A New History. Oxford 2007, 243–260.
Turner, Frederick Jackson, The Significance of the Frontier in American History, in: Clyde A. Milner II (Hrsg.), Major Problems in the History of the American West. Lexington, MA 1989, 2–21.
United States Declaration of Independence (4. Juli 1776), Abgerufen von: http://www.archives.gov/exhibits/charters/declaration_transcript.html (26.10.2016).

Vision: Nation of Red Men: Eastern Scholar Works For Conservation, in: The Oregonian (18.4.1969), 12.
When the Berkeley political activists and the love generation of the Haight-Ashbury..., in: Berkeley Barb (13. Januar 1967), 3.
White, J. M., Naropa Journals: William Burroughs, Allen Ginsberg and the Beat Generation. Brush Creek, TN 2015.
Winter, Paul, It was the Whales that Brought me to Gary Snyder, in: Jon Halper (Hrsg.), Gary Snyder: Dimensions of a Life. San Francisco 1991, 340–343.
Worster, Donald, A Passion for Nature: The Life of John Muir. Oxford 2008.
–, Living in Nature: Biography and Environmental History, in: Timo Myllyntaus (Hrsg.), Thinking through the Environment: Green Approaches to Global History. Cambridge 2011, 28–39.
–, The Higher Altruism, in: Environmental History 19, 4 (October 2014), 716.
Wyckoff, William, How to read the American West: A Field Guide. Seattle 2014.
Yamazato, Katsunori, Kitkitdizze, Zendo, and Place: Gary Snyder as a Reinhabitory Poet, in: ISLE: Interdisciplinary Studies in Literature and Environment 1, 1 (Spring 1993), 51–63.
–, Snyder, Sakaki, and the Tribe, in: Jon Halper (Hrsg.), Gary Snyder, Dimensions of a Life. San Francisco 1991, 93–109.
Yoon, Grace. Kann Lyrik die Welt retten? Gary Snyder: Ein Porträt [Transkript]. (Deutschlandfunk, 27.06.2014).
Zahniser, Howard, The Wilderness Writings of Howard Zahniser. Seattle 2014.
Zapf, Hubert, Cultural Ecology, Literature, and Life Writing, in: Alfred Hornung, Zhao Baisheng (Hrsg.), Ecology and Life Writing. Heidelberg 2013, 3–25.
Zelko, Frank, Challenging Modernity: The Origins of Postwar Environmental Protest in the United States, in: Christof Mauch et al. (Hrsg.), Shades of Green: Environmental Activism Around the Globe. Lanham, MD 2006, 13–40.
–, Greenpeace: Von der Hippiebewegung zum Ökokonzern. Göttingen 2014.
Zotz, Volker (Hrsg.), Schnittstellen: Festschrift für Armin Gottmann zum 70. Geburtstag. Luxemburg 2013.

Audio- und Videodokumente

Duane, Kelly (Regie), Monumental: David Brower's Fight for Wild America. 2004. Film (88:00 min.).
Epstein, Rob/Friedman, Jeffrey (Regie), Howl. 2010. Film (85:00 min.).
Goldberg, Michael (Regie), A Zen Life: D. T. Suzuki. 2006. Film (77:00 min.).
Healey, John (Regie), The Practice of the Wild. 2010. Film (53:00 min.).
Kay, Stephen (Regie), The Last Time I Committed Suicide. 1997. Film (89:00 min.).
Krokidas, John (Regie), Kill Your Darlings. 2013. Film (104:00 min.).
Snyder, Gary, Gary Snyder at the Brockport Writers Forum, 8.11.1972. Video (15:00 min.).
Snyder, Gary/Hass, Robert, Lost in Translation: Environmental History in a Global Context – Plenary Session at the ASEH Conference, 13.03.2014. Audio (54:04 min.).
Spenger, Martin, Interview mit Gary Snyder, 17.11.2012. Audio (218:00 min.).
Vagenas, Thanassis Papathanassiou (Regie), Gary Snyder: Ecology and Poetry. 2002. Film (58:00 min.).
Walkow, Gary (Regie), Beat. 2000. Film (93:00 min.).
Workman, Chuck (Regie), The Source: The Story of the Beats and the Beat Generation. 1999. Film (85:00 min.).
Verschiedene, Beats in India [Konferenzmitschnitt], 14. Juni 2008. Video (8:27 min.).

Register